普通高等教育"十二五"重点规划教材

国家工科数学教学基地　国家级精品课程使用教材

Nucleus
新核心
理工基础教材

高等数学

（上册）

第三版

上海交通大学数学系　组编

U0270217

上海交通大学出版社

SHANGHAI JIAO TONG UNIVERSITY PRESS

内容提要

上海交通大学是全国工科数学教学基地,本教材专为少学时本科编写,分上、下两册.上册(六章)包括:函数,极限与连续,导数与微分,中值定理与导数的应用,积分学,微分方程.下册(四章)包括:向量代数与空间解析几何,多元函数微分学,多元函数积分学,无穷级数.

本书特点是结合实际,由浅入深,推理简明,便于自学;每章后附有适量的习题,书末附有习题答案.

本书可作高等院校的工业、农业、林业、医学、经济管理等专业及成人、高职教育各非数学专业的教材或教学参考书,也可供自学读者及有关科技工作者参考.

图书在版编目(CIP)数据

高等数学. 上册/ 上海交通大学数学系组编. —3版. —上海:上海交通大学出版社,2013(2019重印)
ISBN 978 - 7 - 313 - 10442 - 7

Ⅰ. ①高… Ⅱ. ①上… Ⅲ. ①高等数学-高等学校-教材 Ⅳ. ①013

中国版本图书馆 CIP 数据核字(2013)第 305538 号

高等数学(上册)
(第三版)

组　　编:上海交通大学数学系	
出版发行:上海交通大学出版社	地　　址:上海市番禺路 951 号
邮政编码:200030	电　　话:021 - 64071208
印　　制:常熟市大宏印刷有限公司	经　　销:全国新华书店
开　　本:787 mm×960 mm　1/16	印　　张:15.5
字　　数:289 千字	
版　　次:2001 年 8 月第 1 版　2013 年 12 月第 3 版	
书　　号:ISBN 978 - 7 - 313 - 10442 - 7/O	印　　次:2019 年 8 月第 16 次印刷
定　　价:32.00 元	

第 三 版 前 言

本教材是 2001 年第一版《高等数学》(上下册)的第三版,前两版《高等数学》(上下册)经过多年课堂教学实践,收到了不错的效果,也得到了广大读者的肯定.随着时间的推移、科技的进步,对教学和教材也提出了更高的要求.为了与时俱进,更好地适合教学的改革,提高教学的质量,我们对第二版《高等数学》(上下册)进行了修订.

由于教材的主要读者对象是高等院校非数学专业少学时类型及成人教育各专业,我们广泛听取了授课教师与上课学生的意见,在原教材基础上删除了一些要求较高的内容,对一些章节的次序也重新作了调整,特别在各章节增补了一些易于理解和难度适中的例题和习题,使学生在学习中更易循序渐进地理解、消化和掌握所学内容.

我们真诚地希望《高等数学》(上下册)的再版能给读者在学习上提供更好的帮助,也给高等数学教学适应时代发展带去裨益.

编　者
于上海交通大学
2013 年 8 月

前　言

　　21 世纪是科学技术迅速发展的时期,高等教育的教学改革也正朝着扩大办学规模、提高办学效益与质量的目标而不断深入.本教材是编者在结合多年课堂教学实践的基础上,根据学校教育发展多层次、多标准要求而编写的.

　　本教材在编写过程中尽量从实际问题引入数学概念.在叙述基本理论、基本概念时不失严密性,力求通俗易懂、由浅入深;在内容选取上,除保证必要的系统性外,尽量注意针对性与应用性,并注意加强处理实际问题的基本知识与基本方法;在例题与习题的配置上,紧密结合相关内容,难度适中,以利于读者对基本内容的理解、消化与吸收,并适量配置了部分经济管理方面应用的例题与习题.

　　本教材分为上、下两册.上册内容为一元函数微积分与微分方程;下册为多元函数微积分与无穷级数.上册约需 90 学时,下册约需 54 学时.由于各学科的需求不一,对本教材中加 * 号的内容可根据具体情况取舍.

　　本教材可作高等院校全日制非数学类各专业(工科类、经济管理类、农科类等)及成人教育各专业学生的教材或教学参考书;也可供自学读者和有关科技工作者参考.

　　本教材上册第 1～2 章由郑麒海副教授撰写,第 3～4 章由钱芝蓁副教授撰写,第 5～6 章由汪静副教授撰写.本教材下册第 7～8 章由郑麒海副教授撰写,第 9 章由汪静副教授撰写,第 10 章由钱芝蓁副教授撰写.孙薇荣教授仔细审阅了本教材全稿,提出了宝贵的意见并始终给予指导,在此,编者深表感谢.

　　限于编者的水平与经验,本教材存在的不当之处恳请读者指正.

编　者

2001 年 4 月

目　　录

1 函　　数

高等数学是一门研究变量与变量的关系——函数的学科. 在初等数学中, 对函数的概念、性质、图形已作了详细的叙述, 本章只是对函数的主要内容作些复习和小结.

1.1　预备知识

1) 区间

设 R 是实数集, $a,b \in \mathbb{R}$, 且 $a < b$, 称

数集 $\{x \mid a < x < b\}$ 是以 a, b 为端点的开区间, 记为 (a,b).

数集 $\{x \mid a \leqslant x \leqslant b\}$ 是以 a, b 为端点的闭区间, 记为 $[a,b]$.

数集 $\{x \mid a < x \leqslant b\}$ 和数集 $\{x \mid a \leqslant x < b\}$ 是以 a, b 为端点的左开右闭和左闭右开区间, 分别记为 $(a,b]$ 和 $[a,b)$.

上述四种区间都是有限区间.

数集 $\{x \mid x > a\}$, $\{x \mid x \geqslant a\}$, $\{x \mid x < b\}$, $\{x \mid x \leqslant b\}$ 及 $\{x \mid x \in \mathbb{R}\}$ 为无穷区间, 分别记为 $(a, +\infty)$, $[a, +\infty)$, $(-\infty, b)$, $(-\infty, b]$ 及 $(-\infty, +\infty)$.

2) 邻域

设 $a \in \mathbb{R}$, δ 为正实数, 称开区间 $(a-\delta, a+\delta)$ 是 a 的 δ 邻域, 简称 a 的邻域 (见图 1-1), 记为 $\bigcup(a,\delta)$, 即 $\bigcup(a,\delta) = (a-\delta, a+\delta)$.

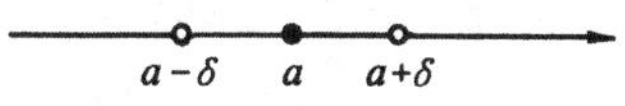

图 1-1

称 $\bigcup(a,\delta) - \{a\}$ 为 a 的 δ 去心邻域, 记为 $\overset{\circ}{\bigcup}(a,\delta)$, 即 $\overset{\circ}{\bigcup}(a,\delta) = (a-\delta, a) \bigcup (a, a+\delta)$.

3) 绝对值与绝对值不等式

数 x 到原点的距离称为 x 的绝对值, 用 $|x|$ 表示, 即

$$|x| = \begin{cases} x, & x \geqslant 0, \\ -x, & x < 0. \end{cases}$$

绝对值有如下运算性质:

(1) $|x \cdot y| = |x| \cdot |y|$,　　　(2) $\left| \dfrac{x}{y} \right| = \dfrac{|x|}{|y|}$.

绝对值不等式:

（1）$|x|<a\Leftrightarrow-a<x<a$.

证 $|x|<a\Leftrightarrow$ 当 $x\geqslant0$ 有 $x<a$，当 $x<0$ 有 $-x<a$，即 $x>-a\Leftrightarrow-a<x<a$（见图 1-2）.

（2）$|x|>b\Leftrightarrow x>b$ 或者 $x<-b$.

证 $|x|>b\Leftrightarrow$ 当 $x\geqslant0$ 时有 $x>b$，当 $x<0$ 时有 $-x>b$，即 $x<-b$，所以 $|x|>b\Leftrightarrow x>b$ 或者 $x<-b$（见图 1-3）.

图 1-2 图 1-3

（3）$|x|-|y|\leqslant|x\pm y|\leqslant|x|+|y|$.

证 因为 $-|x|\leqslant x\leqslant|x|$，$-|y|\leqslant y\leqslant|y|$，相加得

$-(|x|+|y|)\leqslant x+y\leqslant|x|+|y|$，由绝对值不等式（1）可得

$$|x+y|\leqslant|x|+|y|.$$

又 $|x|=|x+y+(-y)|\leqslant|x+y|+|y|$，移项得

$$|x|-|y|\leqslant|x+y|,$$

故

$$|x|-|y|\leqslant|x+y|\leqslant|x|+|y|.$$

读者可自行证明 $|x|-|y|\leqslant|x-y|\leqslant|x|+|y|$.

绝对值不等式（3）通常被称为二边之和大于第三边，二边之差小于第三边.

（4）$||x|-|y||\leqslant|x-y|$.

证 由绝对值不等式（3）有 $|x-y|\geqslant|x|-|y|$，

及 $|x-y|\geqslant|y|-|x|=-(|x|-|y|)$，即 $|x|-|y|\geqslant-|x-y|$，

由绝对值不等式（1）得 $||x|-|y||\leqslant|x-y|$.

1.2 函 数 概 念

定义 1.1 设 D 是实数 $\mathbb{R}$ 的非空子集，对 D 内每一个 x，根据一确定的法则 f，有唯一的实数 y 与之对应，则称 f 是一个函数，记为 $y=f(x)$，$x\in D$. 其中 x 是函数的自变量，y 是函数的因变量；D 是函数 f 的定义域，函数 f 的定义域通常也记为 $D(f)$. 数集 $\{y|y=f(x),x\in D(f)\}$ 为函数 f 的值域，记为 $Z(f)$.

需要指出的是：（1）这里 f 是函数，而 $f(x)$ 是函数 f 在 x 处的函数值；（2）当一个函数没有指出自变量 x 的范围时，该函数的定义域是使该函数有意义的点的全体，即该函数的自然定义域.

函数定义的精髓是"确定的对应法则及函数的定义域",即函数的两大要素. 至于自变量和因变量各用什么字母是不重要的. 如函数 $y=f(x), x\in D; u=f(t), t\in D$ 的对应法则相同,都是 f,且定义域都是 D. 因而这两个函数相同,可看作是同一个函数. 而函数 $y=\dfrac{x}{x}$ 和 $g=1$,前者的定义域为 $x\neq 0$,后者的定义域为一切实数,由于定义域不同,这两个函数是不相同的.

不同的法则可用不同的记号表示,例如 $y=f(x)$ 或 $y=g(x)$ 等. 有时也用 $y=y(x)$ 来表示 y 是 x 的函数.

根据函数定义,$y=\begin{cases}x+1, & x\geqslant 0 \\ x-1, & x<0\end{cases}$ 是一个函数,其定义域为 $(-\infty, +\infty)$. 取定 $(-\infty, +\infty)$ 内 x 后,有唯一的 y 值与它对应,只是在 $(-\infty, 0)$ 和 $[0, +\infty)$ 内用两个解析式表示. 这种表达形式的函数称为分段函数. 注意:分段函数是一个函数,不能因为用了两个解析式而认为是两个函数. 下面是两个常见的分段函数.

例 1.1　符号函数

$$y=\operatorname{sgn}(x)=\begin{cases}-1, & x<0, \\ 0, & x=0, \\ 1, & x>0.\end{cases}$$

如图 1-4 所示.

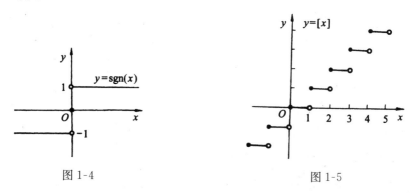

图 1-4　　　　　　　　　　　　图 1-5

例 1.2　取整函数 $y=[x]$,即对任意实数 x,对应的 y 是不超过 x 的最大整数,如 $[1.5]=1$;$[-1.5]=-2$;$[0.3]=0$. 如图 1-5 所示.

下面再举求函数定义域和函数值的例子.

例 1.3　求函数 $y=\sqrt{3x+2}+\arcsin\dfrac{x-1}{2}$ 的定义域.

解　由于二次根式的被开方数不能为负数,所以 $3x+2\geqslant 0$,得 $x\in\left[-\dfrac{2}{3}, +\infty\right)$;

由反正弦函数的定义域知 $-1 \leqslant \dfrac{x-1}{2} \leqslant 1$，得 $-2 \leqslant x-1 \leqslant 2$，即 $x \in [-1,3]$，所以函数

$y = \sqrt{3x+2} + \arcsin \dfrac{x-1}{2}$ 的定义域为 $D(f) = \left[-\dfrac{2}{3}, +\infty \right) \cap [-1,3] = \left[-\dfrac{2}{3}, 3 \right]$.

例1.4 设函数 $y = f(x)$ 的定义域为 $[0,1]$，求函数：(1) $f(\sin x)$；(2) $f(x+a) - f(x-a)$ $(a > 0)$ 的定义域.

解 (1) $0 \leqslant \sin x \leqslant 1$， $2k\pi \leqslant x \leqslant (2k+1)\pi, k$ 为整数.

(2) 由 $\begin{cases} 0 \leqslant x+a \leqslant 1, \\ 0 \leqslant x-a \leqslant 1, \end{cases}$ 即 $\begin{cases} -a \leqslant x \leqslant 1-a, \\ a \leqslant x \leqslant 1+a, \end{cases}$ 可得 $a \leqslant x \leqslant 1-a,$

这里必须 $1-a \geqslant a$，即 $a \leqslant \dfrac{1}{2}$. 所以

当 $a < \dfrac{1}{2}$ 时，函数的定义域为 $[a, 1-a]$；

当 $a = \dfrac{1}{2}$ 时，函数的定义域为 $\left\{ \dfrac{1}{2} \right\}$；

当 $a > \dfrac{1}{2}$ 时，函数的定义域为 $\varnothing$.

例1.5 设分段函数 $f(x) = \begin{cases} x \sin \dfrac{1}{x}, & 0 < |x| \leqslant \dfrac{2}{\pi}, \\ |x|, & |x| > \dfrac{2}{\pi}. \end{cases}$

求函数值 $f\left(\dfrac{2}{\pi} \right), f(-2)$.

解 当 $x = \dfrac{2}{\pi}$ 时，$|x| = \dfrac{2}{\pi}$，

$$f\left(\frac{2}{\pi} \right) = \frac{2}{\pi} \sin \frac{1}{\dfrac{2}{\pi}} = \frac{2}{\pi} \sin \frac{\pi}{2} = \frac{2}{\pi};$$

当 $x = -2$ 时，$|x| = 2 > \dfrac{2}{\pi}$，$f(-2) = |-2| = 2$.

例1.6 写出函数 $f(x) = |2x+1| + |x-2|$ 的分段表示式.

解 由绝对值的定义：当 $x < -\dfrac{1}{2}$，$|2x+1| = -(2x+1)$，当 $x \geqslant -\dfrac{1}{2}$，

$|2x+1| = 2x+1$；当 $x < 2$，$|x-2| = 2-x$，当 $x \geqslant 2$，$|x-2| = x-2$；所以

$$f(x) = \begin{cases} 1-3x, & x < -\dfrac{1}{2}, \\ x+3, & -\dfrac{1}{2} \leqslant x < 2, \\ 3x-1, & x \geqslant 2. \end{cases}$$

1.3　函数的简单性态

1) 单调性

设函数 $y=f(x)$，$x\in D(f)$. 若对 $\forall x_1,x_2\in D(f)$，当 $x_1<x_2$ 时，$f(x_1)<f(x_2)$，称函数 f 在 $D(f)$ 上为严格单调增函数；当 $x_1<x_2$ 时，$f(x_1)>f(x_2)$，称函数 f 在 $D(f)$ 上为严格单调减函数. 严格单调增函数和严格单调减函数统称为严格单调函数.

当 $x_1<x_2$ 时，$f(x_1)\leqslant f(x_2)$，称函数 f 为单调增函数；当 $x_1<x_2$ 时，$f(x_1)\geqslant f(x_2)$，称函数 f 为单调减函数. 单调增函数和单调减函数统称为单调函数.

显然，严格单调函数必然是单调函数.

此外，我们可以讨论函数在其定义域子集上的单调性. 例如函数 $y=x^2$ 在定义域 $(-\infty,+\infty)$ 上不是单调函数，但其在 $(-\infty,0)$ 上是单调减函数，在 $(0,+\infty)$ 上是单调增函数，即函数 $y=x^2$ 是分段单调函数.

例 1.7　证明函数 $f(x)=x^3$ 在 $(-\infty,+\infty)$ 上为严格单调增函数.

证　设 $\forall x_1,x_2\in(-\infty,+\infty)$，且 $x_1<x_2$，则

$$f(x_1)-f(x_2)=x_1^3-x_2^3=(x_1-x_2)(x_1^2+x_1x_2+x_2^2)$$
$$=(x_1-x_2)\left[\left(x_1+\frac{1}{2}x_2\right)^2+\frac{3}{4}x_2^2\right]<0,$$

得
$$f(x_1)<f(x_2).$$
所以 $f(x)=x^3$ 在 $(-\infty,+\infty)$ 上为严格单调增函数.

2) 有界性

设函数 $y=f(x)$，$x\in D(f)$. 若存在正数 M，使得对 $\forall x\in D\subseteq D(f)$，有 $|f(x)|\leqslant M$，称函数 f 在 D 上有界. 若 f 在其定义域 $D(f)$ 上有界，则称函数 f 是有界函数.

若函数 f 在 D 上不是有界，则称 f 在 D 上为无界；也就是说，对 $\forall M>0$，总有一点 $x_0\in D$，有 $|f(x_0)|>M$.

例如函数 $y=\dfrac{1}{x}$，当 $\forall x\in\left(\dfrac{1}{2},1\right)$ 时，有 $\left|\dfrac{1}{x}\right|<2$，故函数 $y=\dfrac{1}{x}$ 在 $\left(\dfrac{1}{2},1\right)$ 内有界. 而 $y=\dfrac{1}{x}$ 在区间 $(0,1)$ 内，不论对怎样大的正数 M，总存在 $x_0=\dfrac{1}{M+1}\in(0,1)$，有 $\left|\dfrac{1}{x_0}\right|=M+1>M$，故 $y=\dfrac{1}{x}$ 在 $(0,1)$ 内无界.

函数 $y=\sin x$，因为对 $\forall x\in(-\infty,+\infty)$，$|\sin x|\leqslant 1$，所以 $y=\sin x$ 在 $(-\infty,+\infty)$ 上为有界函数.

函数 $y=f(x)$ 在 D 上有界，也可用如下的说法：

若存在常数 A,B，对 $\forall x\in D$，有 $A<f(x)<B$，则函数 f 在 D 上有界. 其中：A 称为函数 f 在 D 上的下界；B 称为函数 f 在 D 上的上界.

函数在 D 上的上、下界不是唯一的，显然任一个比 A 小的实数都能是 f 在 D 上的下界，而任一个比 B 大的实数也都能是 f 在 D 上的上界.

3) 奇偶性

设函数 $y=f(x)$，$x\in D(f)$，其中 $D(f)$ 关于原点对称. 若对 $\forall x\in D(f)$，恒有 $f(-x)=f(x)$，则称 f 为偶函数；若对 $\forall x\in D(f)$，恒有 $f(-x)=-f(x)$，则称 f 为奇函数. 偶函数的图形对称于 y 轴，如图1-6所示；奇函数的图形对称于坐标原点，如图1-7所示. 例如：函数 $\sin x$ 和 x^{2n+1} 都是奇函数；函数 $\cos x$ 和 x^{2n} 都是偶函数.

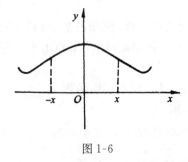

图 1-6

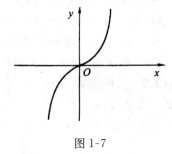

图 1-7

例1.8 判断下列函数的奇偶性：

(1) $f(x)=\ln(x+\sqrt{x^2+1})$；

(2) $f(x)=x\dfrac{\mathrm{e}^x+1}{\mathrm{e}^x-1}$；

(3) $f(x)=x\mathrm{e}^x$.

解 （1）因为

$$f(-x)=\ln(-x+\sqrt{(-x)^2+1})=\ln(-x+\sqrt{x^2+1})$$

$$=\ln(\sqrt{x^2+1}-x)=\ln\frac{(\sqrt{x^2+1}-x)(\sqrt{x^2+1}+x)}{\sqrt{x^2+1}+x}$$

$$=\ln\frac{1}{x+\sqrt{x^2+1}}=-\ln(x+\sqrt{x^2+1})=-f(x),$$

所以函数 $\ln(x+\sqrt{x^2+1})$ 为奇函数.

（2）因为 $f(-x)=-x\dfrac{\mathrm{e}^{-x}+1}{\mathrm{e}^{-x}-1}=-x\dfrac{1+\mathrm{e}^x}{1-\mathrm{e}^x}$

$$=x\frac{\mathrm{e}^x+1}{\mathrm{e}^x-1}=f(x),$$

所以函数 $x\dfrac{\mathrm{e}^x+1}{\mathrm{e}^x-1}$ 为偶函数.

（3）因为 $f(-x)=-x\mathrm{e}^{-x}=-\dfrac{x}{\mathrm{e}^x}$，显然 $f(-x)\neq f(x)$ 且 $f(-x)\neq-f(x)$，

所以函数 $x\mathrm{e}^x$ 为非奇非偶函数.

4）周期性

设函数 $y=f(x)$，若存在非零正常数 T，使得对 $\forall x\in D(f)$，有 $x+T\in D(f)$，且 $f(x\pm T)=f(x)$，则称 f 为周期函数，T 为函数的一个周期.

由定义可知，若 T 是 f 的周期，则 $kT(k$ 为整数)也是 f 的周期，而通常所指的周期是最小的正周期. 例如：$\sin x$ 和 $\cos x$ 是周期函数，它们的周期是 2π；$\tan x$ 和 $\cot x$ 也是周期函数，它们的周期是 π.

例 1.9　求以下函数的周期：（1）$y=\sin\omega x(\omega>0)$；（2）$y=\tan px(p>0)$；（3）$y=\tan\dfrac{x}{4}+\sin 2x$.

解　（1）因为 $\sin x$ 的周期是 2π，所以

$$f(x)=\sin\omega x=\sin(\omega x+2\pi)=\sin\omega\left(x+\frac{2\pi}{\omega}\right)=f\left(x+\frac{2\pi}{\omega}\right),$$

即函数 $y=\sin\omega x$ 的周期为 $\dfrac{2\pi}{\omega}$.

（2）因为 $\tan x$ 的周期是 π，所以

$$f(x)=\tan px=\tan(px+\pi)=\tan p\left(x+\frac{\pi}{p}\right)=f\left(x+\frac{\pi}{p}\right),$$

即函数 $y=\tan px$ 的周期为 $\dfrac{\pi}{p}$.

（3）由（1）和（2）可知函数 $\tan\dfrac{x}{4}$ 的周期 $T_1=4\pi$，函数 $\sin 2x$ 的周期 $T_2=\pi$. T_1 和 T_2 的最小公倍数为 4π，所以函数 $y=\tan\dfrac{x}{4}+\sin 2x$ 的周期为 4π.

1.4　反　函　数

定义 1.2　设函数 $y=f(x)$，其定义域为 $D(f)$，值域为 $Z(f)$. 若对 $\forall y\in Z(f)$，根据对应法则 f，存在唯一的 $x\in D(f)$，使 $f(x)=y$，那么变量 x 是变量 y 的函数，记为 $x=f^{-1}(y)$，称其为函数 $y=f(x)$ 的反函数.

由以上定义可知：$f(f^{-1}(y))=y$ 及 $f^{-1}(f(x))=x$.

习惯上总以 x 作为自变量，y 作为因变量，故通常用 $y=f^{-1}(x)$ 来表示函数

$y=f(x)$ 的反函数.

例如函数 $y=x^3,x\in(-\infty,+\infty)$,该函数的定义域及值域是一一对应的,故函数 $y=x^3$ 有反函数 $y=\sqrt[3]{x}$. 而函数 $y=x^2,x\in(-\infty,+\infty)$,其值域为 $[0,+\infty)$.

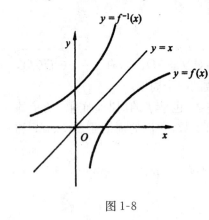

对 $\forall y\in[0,+\infty)$,有两个值 $\pm x$,使 $y=(\pm x)^2$,所以函数 $y=x^2,x\in(-\infty,+\infty)$ 不存在反函数.

反函数的存在性,有下面的定理:

定理 1.1 设函数 $y=f(x)$ 在其定义域 $D(f)$ 上严格单调增加(或严格单调减少),则必存在反函数 $y=f^{-1}(x),x\in Z(f)$,且函数 $y=f^{-1}(x)$ 在 $Z(f)$ 上也严格单调增加(或严格单调减少).

图 1-8

函数 $y=f(x)$ 和其反函数 $y=f^{-1}(x)$ 的图形关于直线 $y=x$ 对称,如图 1-8 所示.

1.5 复合函数

在现实中经常会遇到这样的情况:变量 A 的变化引起变量 B 的变化,变量 B 的变化又引起变量 C 的变化.

例如在自由落体运动中,落体的动能 $E=\frac{1}{2}mv^2$,其中 m 是落体的质量,而 $v=gt$. 若要考虑动能 E 与时间 t 的关系,消去 v 得 $E=\frac{1}{2}mg^2t^2$,这是 $E=\frac{1}{2}mv^2$ 与 $v=gt$ 的复合运算.

然而,并非任意两个函数都能复合,如 $y=f(u)=\arcsin u,u=\varphi(x)=e^x+2$,当 $x\in(-\infty,+\infty)$ 时,函数 $u=\varphi(x)$ 的值域 $Z(\varphi)=(2,+\infty)$,$Z(\varphi)$ 不在函数 $y=f(u)$ 的定义域内. 显然无论 x 取何值,函数 $\arcsin(e^x+2)$ 都是无意义的,即函数 $y=f(u)=\arcsin u$ 与函数 $u=\varphi(x)=e^x+2$ 无法复合.

设函数 $y=f(u)=\sqrt{u},u\in[0,+\infty)$;函数 $u=\varphi(x)=1-x^2,x\in(-\infty,+\infty)$. 经复合运算后,函数 $y=\sqrt{1-x^2}$ 的定义域为 $[-1,1]$,它是 $u=1-x^2$ 的定义域 $(-\infty,+\infty)$ 的一个子集.

定义 1.3 设函数 $y=f(u),u\in D(f)$;函数 $u=\varphi(x),x\in D(\varphi)$. 当 x 在 $D(\varphi)$ 的子集 X 上取值时,相应的 $u=\varphi(x)$ 在 $D(f)$ 中,则称 y 是 x 的复合函数,记作 $y=f[\varphi(x)],x\in X$. u 称为中间变量,X 为复合函数的定义域.

有了复合函数的概念,可把一个复杂函数分解为几个简单函数的复合.如函数 $y=\ln\left(\tan\dfrac{x}{2}\right)$ 可分解为 $y=\ln u,u=\tan v,v=\dfrac{x}{2}$ 三个简单函数.

1.6 初 等 函 数

1.6.1 基本初等函数

以下 6 种函数称为基本初等函数:常数函数、指数函数、对数函数、三角函数、反三角函数和幂函数.

(1) 常数函数 $y=C$.

(2) 指数函数 $y=a^x(a>0,a\neq1),x\in(-\infty,+\infty)$.

指数函数运算性质:① $a^0=1$;② $a^xa^y=a^{x+y}$;③ $\dfrac{a^x}{a^y}=a^{x-y}$;④ $(a^x)^y=a^{xy}$.

当 $a>1$ 时,$y=a^x$ 为严格单调增加,当 $0<a<1$ 时,$y=a^x$ 为严格单调减少,如图 1-9 所示.

(3) 对数函数:称函数 $y=a^x$ 的反函数为对数函数,记为 $y=\log_ax$ $(a>0,a\neq1),x\in(0,+\infty)$.

对数函数运算性质:① $\log_a1=0$;② $\log_axy=\log_ax+\log_ay$;③ $\log_a\dfrac{x}{y}=\log_ax-\log_ay$;④ $\log_ax^b=b\log_ax$;⑤ $\log_ab=\dfrac{\log_cb}{\log_ca}$(换底公式).

当 $a>1$ 时,$y=\log_ax$ 严格单调增加;当 $0<a<1$ 时,$y=\log_ax$ 严格单调减少,如图 1-10 所示.

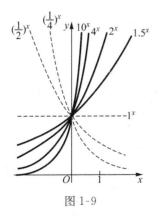

图 1-9

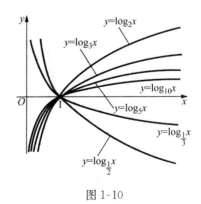

图 1-10

(4) 三角函数.

① 正弦函数 $y=\sin x$, $D(f)=(-\infty,+\infty)$, $Z(f)=[-1,1]$, 是以 2π 为周期的有界函数(见图1-11).

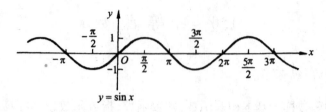

图 1-11

② 余弦函数 $y=\cos x$, $D(f)=(-\infty,+\infty)$, $Z(f)=[-1,1]$, 是以 2π 为周期的有界函数(见图 1-12).

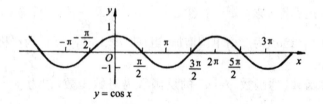

图 1-12

③ 正切函数 $y=\tan x=\dfrac{\sin x}{\cos x}$, $D(f)=\{x\,|\,x\in\mathbb{R},x\neq k\pi+\dfrac{\pi}{2},k$ 为整数$\}$, $Z(f)=(-\infty,+\infty)$, 是以 π 为周期的无界函数(见图1-13).

④ 余切函数 $y=\cot x=\dfrac{\cos x}{\sin x}$, $D(f)=\{x\,|\,x\in\mathbb{R},x\neq k\pi,k$ 为整数$\}$, $Z(f)=(-\infty,+\infty)$, 是以 π 为周期的无界函数(见图1-14).

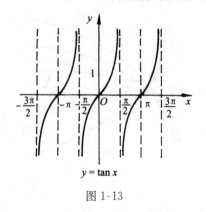

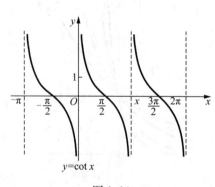

图 1-13

图 1-14

⑤ 正割函数 $y = \sec x = \dfrac{1}{\cos x}$，$D(f) = \{x \mid x \in \mathbb{R}, x \neq k\pi + \dfrac{\pi}{2}, k$ 为整数$\}$，$Z(f) =$
$(-\infty, -1] \cup [1, +\infty)$，是以 2π 为周期的无界函数(见图 1-15).

⑥ 余割函数 $y = \csc x = \dfrac{1}{\sin x}$，$D(f) = \{x \mid x \in \mathbb{R}, x \neq k\pi, k$ 为整数$\}$，$Z(f) =$
$(-\infty, -1] \cup [1, +\infty)$，是以 2π 为周期的无界函数(见图1-16).

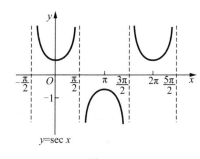

图 1-15

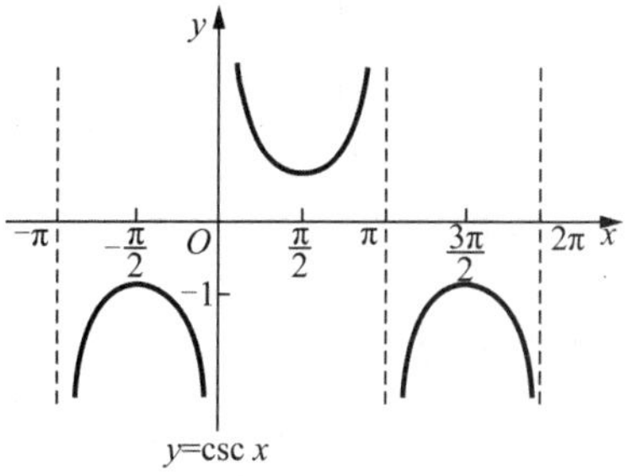

图 1-16

在本课程中，经常用到的三角恒等式如下：

$$\sin^2 x + \cos^2 x = 1;$$

$$\tan^2 x + 1 = \sec^2 x;$$

$$\cot^2 x + 1 = \csc^2 x;$$

$$\sin 2x = 2\sin x \cos x;$$

$$\cos 2x = \cos^2 x - \sin^2 x = 1 - 2\sin^2 x = 2\cos^2 x - 1;$$

$$\sin x + \sin y = 2\sin \frac{x+y}{2} \cos \frac{x-y}{2};$$

$$\sin x - \sin y = 2\cos \frac{x+y}{2} \sin \frac{x-y}{2};$$

$$\cos x + \cos y = 2\cos \frac{x+y}{2} \cos \frac{x-y}{2};$$

$$\cos x - \cos y = -2\sin \frac{x+y}{2} \sin \frac{x-y}{2};$$

$$\sin x \cos y = \frac{1}{2}[\sin(x+y) + \sin(x-y)];$$

$$\cos x \sin y = \frac{1}{2}[\sin(x+y) - \sin(x-y)];$$

$$\cos x \cos y = \frac{1}{2}[\cos(x+y) + \cos(x-y)];$$

$$\sin x \sin y = \frac{1}{2}[\cos(x-y) - \cos(x+y)].$$

（5）反三角函数.

正弦函数、余弦函数、正切函数、余切函数的反函数为反正弦函数、反余弦函数、反正切函数、反余切函数. 它们都是多值函数,其主值分别如下:

反正弦函数　$y=\arcsin x, x\in[-1,1]$（见图1-17）;

反余弦函数　$y=\arccos x, x\in[-1,1]$（见图1-18）;

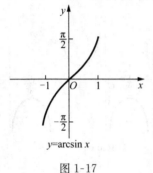

$y=\arcsin x$

图 1-17

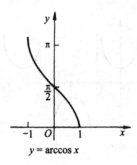

$y=\arccos x$

图 1-18

反正切函数　$y=\arctan x, x\in[-\infty,+\infty]$（见图1-19）;

反余切函数　$y=\text{arccot}\, x, x\in[-\infty,+\infty]$（见图1-20）.

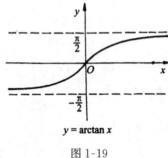

$y=\arctan x$

图 1-19

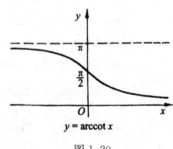

$y=\text{arccot}\, x$

图 1-20

（6）幂函数 $y=x^{\alpha}(\alpha\in\mathbb{R})$.

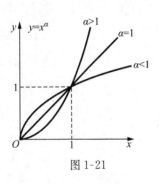

图 1-21

幂函数 $y=x^{\alpha}$ 的定义域要由 α 的值而定,比如,当 α 为自然数时,$y=x^{\alpha}$ 的定义域为 $(-\infty,+\infty)$;当 α 为负整数时,$y=x^{\alpha}$ 的定义域为 $x\neq0$;当 $\alpha=\frac{1}{2}\left(\text{或}\frac{1}{4},\frac{1}{6},\cdots,\frac{1}{2n}\right)$ 时,$y=x^{\alpha}$ 的定义域为 $x\geqslant0$.

通常我们说函数 $y=x^{\alpha}$ 的定义域为 $(0,+\infty)$,是因为 α 无论为何值,函数都有意义. 同时,幂函数可表示为指数函数与对数函数的复合,即 $y=x^{\alpha}=e^{\alpha\ln x}$（见图1-21）.

1.6.2 初等函数

由基本初等函数经过有限次的四则运算和有限次的复合运算,并且可用一个解析式表示的函数为初等函数. 例如

$$f(x) = \sin\sqrt{x} + \mathrm{e}^{-3x} + \tan\frac{1}{2x} + \lg(x^2 - 1),$$

$$g(x) = \frac{1 + \sqrt{x-1}}{\sin\frac{x}{2}} + \lg x \cdot \mathrm{e}^{-\arctan\frac{1}{x}},$$

都是初等函数.

分段函数通常不是初等函数.

初等函数是本课程研究的主要对象.

1.7 函数关系的建立

用数学工具解决实际问题,往往需要先找出问题中变量之间的函数关系,然后对其进行分析研究. 下面通过几个例子来介绍如何建立函数关系.

例 1.10 根据材料力学知道,矩形截面的横梁强度 I 与横梁的宽度 x 和高 h 的平方成正比. 现在把直径为 $2a$ 的圆木锯成以 $2a$ 为对角线的矩形横梁,试将 I 表示成 x 的函数.

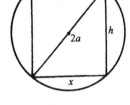

图 1-22

解 如图 1-22 所示,高 $h = \sqrt{(2a)^2 - x^2}$. 根据题意可求得

$$I = kx \cdot (4a^2 - x^2), 0 < x < 2a,$$

其中 k 为比例系数.

例 1.11 把半径为 R 的圆形铁片,自中心处剪去一扇形后,卷成一无底圆锥,将这圆锥的容积 V 表示成未剪去部分中心角 θ 的函数.

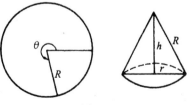

图 1-23

解 如图 1-23 所示,因

$$2\pi r = R\theta, r = \frac{R\theta}{2\pi}, h = \sqrt{R^2 - r^2} = \sqrt{R^2 - \frac{R^2\theta^2}{4\pi^2}} = \frac{R}{2\pi} \cdot \sqrt{4\pi^2 - \theta^2}, 可得$$

$$V = \frac{1}{3}\pi r^2 h = \frac{1}{3}\pi\left(\frac{R\theta}{2\pi}\right)^2 \cdot \frac{R}{2\pi}\sqrt{4\pi^2 - \theta^2} = \frac{R^3}{24\pi^2}\theta^2\sqrt{4\pi^2 - \theta^2} \ (0 < \theta < 2\pi).$$

例 1.12 设生产与销售某产品的总收入 R 是产量 x 的二次函数,经统计得

知：当产量 $x=0,2,4$ 时，总收入 $R=0,6,8$. 试确定总收入 R 与产量 x 的函数关系.

解 设 $R=ax^2+bx+c$.

由 $$R(0)=0,R(2)=6,R(4)=8,$$

解得 $$a=-\frac{1}{2},b=4,c=0,$$

即 $$R=-\frac{1}{2}x^2+4x.$$

例 1.13 某运输公司规定某种货物运输收费标准为：不超过 200km，每吨公里收费 6 元；200km 以上，但不超过 500km，每吨公里收费 4 元；500km 以上，每吨公里收费 3 元. 试将每吨的运费表示为里程的函数.

解 设路程为 x(km)，每吨的运费为 y(元)，由题意，

当 $0\leqslant x\leqslant200,y=6x$；

当 $200<x\leqslant500,y=6\times200+4\cdot(x-200)=4x+400$；

当 $x>500,y=6\times200+4\cdot(500-200)+3\cdot(x-500)$

$\qquad =3x+900.$

所以每吨的运费 y(元)与里程 x(km)之间的函数

$$y=\begin{cases} 6x, & 0\leqslant x\leqslant200, \\ 4x+400, & 200<x\leqslant500, \\ 3x+900, & x>500. \end{cases}$$

习 题 1

1. 试确定下列函数的定义域：

(1) $y=\dfrac{2x}{x^2-3x+2}$；

(2) $y=\dfrac{1}{2}\lg\dfrac{1+x}{1-x}$；

(3) $y=\sqrt{2+x}+\dfrac{1}{\lg(1-x)}$；

(4) $y=\dfrac{x}{\tan x}$；

(5) $y=\lg(1-2\cos x)$；

(6) $y=\sqrt{3-x}+\arcsin\dfrac{3-2x}{5}$.

2. 下列各题中，函数 $f(x)$ 与 $g(x)$ 是否相同？

(1) $f(x)=\ln x^2$，$g(x)=2\ln x$；

(2) $f(x)=\dfrac{\sqrt{x-1}}{\sqrt{x-2}}$，$g(x)=\sqrt{\dfrac{x-1}{x-2}}$；

(3) $f(x)=\sqrt[3]{x^4-x^3}$，$g(x)=x\cdot\sqrt[3]{x-1}$．

3. 设 $\varphi(x)=\begin{cases} 2^x, & -1<x<0, \\ 2, & 0\leqslant x<1, \\ x-1, & 1\leqslant x\leqslant 3. \end{cases}$ 求：$\varphi(3),\varphi(2),\varphi(0),\varphi(0.5),\varphi(-0.5)$．

4. 设 $\varphi(x)=\begin{cases} |\sin x|, & |x|<1, \\ 0, & |x|\geqslant 1. \end{cases}$ 求：$\varphi(1),\varphi\left(\dfrac{\pi}{4}\right),\varphi(-2)$．

5. 用分段函数表示下列函数：

(1) $y=|3x-2|$；

(2) $y=|3-x|-|2x-4|$；

(3) $y=|2x+1|+|1-3x|$．

6. 设 $f(x)=ax^2+bx+c$，已知 $f(-2)=11,f(0)=1,f(2)=7$，求 a,b,c．

7. 判断下列函数中哪些是奇函数，哪些是偶函数，哪些是非奇非偶函数：

(1) $y=x^2\cos x$；

(2) $y=\lg\dfrac{1-x}{1+x}$；

(3) $y=x-x^2$；

(4) $y=\dfrac{x}{a^x+1}$；

(5) $y=2^x-2^{-x}$；

(6) $y=\sqrt[3]{x}\sin x$．

8. 判断函数 $f(x)=\begin{cases} x^3+1, & x\geqslant 0, \\ -x^3+1, & x<0, \end{cases}$ 的奇偶性．

9. 设 $f(x)$ 是定义在 $(-l,l)$ 内任一个函数，证明函数 $f(x)+f(-x)$ 是偶函数，$f(x)-f(-x)$ 是奇函数．

10. 证明：

(1) 两个偶函数的和、差、积、商为偶函数；

(2) 两个奇函数的和为奇函数；

(3) 两个奇函数的积为偶函数；

(4) 奇函数与偶函数的积为奇函数．

11. 设函数 $f(x)$ 满足 $2f(x)+f\left(\dfrac{1}{x}\right)=\dfrac{a}{x}$，$a$ 为常数，证明 $f(x)$ 是奇函数．

12. 下列各函数中哪些是周期函数？对于周期函数指出其最小正周期：

(1) $y=\sin^2 x$；

(2) $y=1+\tan x$；

(3) $y=\cos(\omega x+\theta)(\omega,\theta$ 为常数$)$;

(4) $y=x\cos x$;

(5) $y=\sin^4 x+\cos^4 x$;

(6) $y=\sin x+\dfrac{1}{2}\sin 2x+\dfrac{1}{3}\sin 3x$.

13. 求下列函数的反函数:

(1) $y=x^2-2x$;   (2) $y=\sqrt[3]{x^2+1}$;

(3) $y=e^{x+1}$;   (4)* $y=\dfrac{2^x}{2^x+1}$;

(5)* $y=\log_a(x+\sqrt{x^2+1})$;   (6)* $y=\begin{cases}x, & x<1, \\ x^2, & 1\leqslant x\leqslant 4, \\ 2^x, & x>4.\end{cases}$

14. 证明 $y=\dfrac{ax+b}{cx-a}$ 的反函数是其本身.

15. 设 $f\left(x+\dfrac{1}{x}\right)=x^2+\dfrac{1}{x^2}$,求 $f(x)$.

16. 设 $f\left(\dfrac{2+x}{2-x}\right)=3x+1$,求 $f(x)$.

17. 设 $f(x)=x+1,\varphi(x)=\dfrac{1}{1+x^2}$,求 $f[\varphi(x)+1]$.

18. 设 $\varphi(x)=x^2,\psi(x)=2^x$,求:$\varphi[\varphi(x)],\psi[\psi(x)],\varphi[\psi(x)],\psi[\varphi(x)]$.

19. 设 $f(x)=\begin{cases}2x, & x\leqslant 0, \\ 0, & x>0,\end{cases}\varphi(x)=x^2-1$,求 $f[\varphi(x)]$.

20. 设 $f(x)=\begin{cases}1, & |x|\leqslant 1, \\ 0, & |x|>1,\end{cases}$ 则当 $x\in(-\infty,+\infty)$ 时,求 $f[f(x)]$.

21. 设 $f(x)=\begin{cases}2x, & 0\leqslant x\leqslant 1, \\ x^2, & 1<x\leqslant 2,\end{cases}g(x)=\ln x$,求 $f[g(x)]$ 和 $g[f(x)]$.

22. 设 $f(x)=\begin{cases}1, & |x|<1, \\ 0, & |x|=1, \\ -1, & |x|>1,\end{cases}g(x)=e^x$,求 $f[g(x)]$ 和 $g[f(x)]$.

23. 设 $f_n(x)=\underbrace{f\{f[\cdots f(x)]\}}_{n次}$,若 $f(x)=a+bx$,试用数学归纳法证明:

$$f_n(x)=a\cdot\dfrac{b^n-1}{b-1}+b^n x.$$

24. 设 $f(x)$ 为奇函数,$g(x)$ 为偶函数,试确定下列复合函数的奇偶性:

(1) $f[g(x)]$;   (2) $g[f(x)]$;

(3) $f[f(x)]$; 　　　　　　　(4) $g[g(x)]$.

25. 设 $\varphi(x)$,$\psi(x)$ 与 $f(x)$ 都是单调增加函数,证明:
若 $\varphi(x)\leqslant f(x)\leqslant\psi(x)$,则 $\varphi[\varphi(x)]\leqslant f[f(x)]\leqslant\psi[\psi(x)]$.

26*. 在 $f(x)=1+\ln x$ 的定义域内,求方程 $f(\mathrm{e}^{x^2})-5=0$ 的根.

27*. 设 $f(x)=x^2-x+3$,试求:
方程 $f(x)=f\left(\dfrac{x+8}{x-1}\right)$ 在区间 $[-5,5]$ 上所有的解.

28. 指出下列初等函数是由哪些基本初等函数复合而成的:

(1) $y=\sqrt{2-x^2}$;　　　　　　(2) $y=\cos\dfrac{3}{2}x$;

(3) $y=2^{x^2}$;　　　　　　　(4) $y=\lg\sin x$;

(5) $y=\sin^3 5x$;　　　　　　(6) $y=\arctan(\cos\mathrm{e}^{-\frac{1}{x^2}})$;

(7) $y=\ln^2\ln x^2$;　　　　　(8) $y=\arccos\sqrt{\log_a(x^2-1)}$.

29. 在水平路面上,用力 F 拉一重量为 W 的物体.设物体与路面间的摩擦系数为 μ,试将力 F 的大小表示成它与路面所成角度 θ 的函数.

30. 底 $AC=b$,高 $BD=h$ 的三角形 ABC 中(见图 1-24)内接矩形 $KLMN$,其高为 x,试将矩形的周长 p 和面积 S 表示为 x 的函数.

31. 把某种溶液倒进一个圆柱形容器内,该容器的底半径为 r,高为 H.设倒进溶液后液面的高度为 h 时,溶液的体积为 V.试把 h 表示为 V 的函数,并指出其定义区间.

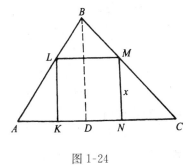

图 1-24

32. 在半径为 R 的球中内接一个圆柱体.试找出圆柱体的体积 V 与其高 x 的函数关系,并指出其定义区间.

33. 某产品年产量为 X 台,每台售价为 400 元.当年产量在 1000 台以内时,可以全部售出;当年产量超过 1000 台时,经广告宣传后可以再多售出 200 台,每台广告费平均为 40 元;再多生产,本年就售不出去.试将本年的销售总收入 R 表示为年产量 X 的函数.

2　极限与连续

2.1　数列极限

2.1.1　数列

以自然数集为定义域的函数 $f(n)$ 按 $f(1),f(2),\cdots,f(n),\cdots$ 排列的一列数, 称为数列,通常用 $x_1,x_2,\cdots,x_n,\cdots$ 表示,其中 $x_n=f(n)$,简写成 $\{x_n\}$. x_n 称为数列的通项,例如:

$$\left\{\frac{1}{n}\right\}:1,\frac{1}{2},\frac{1}{3},\cdots,\frac{1}{n},\cdots;$$

$$\left\{\frac{n}{n+1}\right\}:\frac{1}{2},\frac{2}{3},\frac{3}{4},\cdots,\frac{n}{n+1},\cdots;$$

$$\left\{(-1)^{n-1}\frac{1}{2^n}\right\}:\frac{1}{2},-\frac{1}{4},\frac{1}{8},\cdots,(-1)^{n-1}\frac{1}{2^n},\cdots;$$

$$\{n^2\}:1,4,9,\cdots,n^2,\cdots.$$

若存在正数 M,对所有的 n,都满足 $|x_n|\leqslant M$,则称数列 $\{x_n\}$ 为**有界数列**,否则称为**无界数列**.

若存在实数 A,对一切 n 都满足 $x_n\geqslant A$,称 $\{x_n\}$ 为**下有界**,A 是 $\{x_n\}$ 的一个**下界**.同样,若存在实数 B,对一切 n 都满足 $x_n\leqslant B$,称 $\{x_n\}$ 为**上有界**,B 是 $\{x_n\}$ 的一个**上界**.显然有界数列既有上界,又有下界,反之同时具有上、下界的数列必为有界数列.

例如,数列 $\left\{\dfrac{1}{n}\right\}$,$\left\{\dfrac{n}{n+1}\right\}$,$\left\{(-1)^{n-1}\dfrac{1}{2^n}\right\}$ 是有界数列;数列 $\{n^2\}$,$\left\{n\cdot\sin\dfrac{n\pi}{2}\right\}$ 是无界数列.

数列 $\{x_n\}$ 若满足 $x_1\leqslant x_2\leqslant x_3\leqslant\cdots\leqslant x_n\leqslant x_{n+1}\leqslant\cdots$,称 $\{x_n\}$ 为单调增数列;若满足 $x_1\geqslant x_2\geqslant x_3\geqslant\cdots\geqslant x_n\geqslant x_{n+1}\geqslant\cdots$,称 $\{x_n\}$ 为单调减数列.单调增数列与单调减数列统称单调数列.

2.1.2　等差数列与等比数列

1) 等差数列

设数列 $\{a_n\}$,若 $a_k-a_{k-1}=d$,$n=2,3,\cdots,d$ 为常数,则称 $\{a_n\}$ 为等差数列.显然

$$a_2 = a_1 + d, a_3 = a_2 + d = a_1 + 2d, \cdots, a_n = a_1 + (n-1)d, \cdots$$

前 n 项的和
$$\begin{aligned} S_n &= a_1 + a_2 + \cdots + a_n \\ &= a_1 + (a_1 + d) + \cdots + [a_1 + (n-1)d] \\ &= na_1 + [1 + 2 + 3 + \cdots + (n-1)]d \\ &= na_1 + \frac{n(n-1)}{2}d = \frac{n}{2}(a_1 + a_n). \end{aligned}$$

2) 等比数列

设数列 $\{a_n\}$,若 $\dfrac{a_n}{a_{n-1}} = q, n = 2, 3, \cdots, q$ 为常数,则称 $\{a_n\}$ 为等比数列. 显然

$$a_2 = a_1 q, a_3 = a_2 q = a_1 q^2, \cdots, a_n = a_1 q^{n-1}, \cdots$$

前 n 项和
$$\begin{aligned} S_n &= a_1 + a_2 + \cdots + a_n \\ &= a_1 + a_1 q + a_1 q^2 + \cdots + a_1 q^{n-1} \\ &= a_1(1 + q + q^2 + \cdots + q^{n-1}) \\ &= a_1 \frac{1 - q^n}{1 - q} = \frac{a_1 - a_1 q^n}{1 - q}. \end{aligned}$$

2.1.3 数列极限

对数列 $\{x_n\}$,通常要研究它的变化趋势,即要讨论是否存在一个常数 A,当 n 无限增大时,x_n 能与这常数 A 无限接近. 当回答是肯定的话,则称 A 是数列 $\{x_n\}$ 为 $n \to \infty$ 时的极限. 例如通过观察知:0 是数列 $\left\{\dfrac{1}{n}\right\}$ 和数列 $\left\{(-1)^{n-1}\dfrac{1}{2^n}\right\}$ 的极限;1 是数列 $\left\{\dfrac{n}{n+1}\right\}$ 的极限.

然而,这里所说的"n 无限增大时",x_n 与 A "无限接近",都是一种模糊的说法. "n 无限增大时"的含义是什么? x_n 与 A "无限接近"又如何来刻画呢?

考察数列 $\{a_n\} = \left\{\dfrac{1}{n}\right\}$(其极限为 0). a_n 与常数 0 的接近程度可用 $|a_n - 0| = \dfrac{1}{n} <$ 某个正数 ε 来表示. 若令 $\varepsilon_1 = \dfrac{1}{10}$,要使 $|a_n - 0| = \dfrac{1}{n} < \varepsilon_1$,则当 $n > 10$,a_n 都能满足与 0 的距离小于 $\dfrac{1}{10}$,即对于 a_{10} 以后的任一项 $a_{11}, a_{12}, \cdots$ 都能满足 $\left|\dfrac{1}{n} - 0\right| < \dfrac{1}{10}$;若再取一个更小的正数 $\varepsilon_2 = \dfrac{1}{100}$,要使 $|a_n - 0| = \dfrac{1}{n} < \varepsilon_2$,则当 $n > 100$ 时,自第 100 项后的每一项 $a_{101}, a_{102}, \cdots$ 都满足 $\left|\dfrac{1}{n} - 0\right| < \dfrac{1}{100}$;$\cdots\cdots$ 由此可见,对于数列 $a_n = \dfrac{1}{n}$,无论给定多么小的正数,在 n 无限增大的变化过程中,总有那么一个时刻,在那个

时刻以后(即 n 充分大以后),$|a_n-0|=\left|\dfrac{1}{n}-0\right|$ 都小于那个正数. 一般地,对任意小的正数 ε,要使 $|a_n-0|=\left|\dfrac{1}{n}-0\right|=\dfrac{1}{n}<\varepsilon$,则当 $n>\left[\dfrac{1}{\varepsilon}\right]=N$,数列 $\left\{\dfrac{1}{n}\right\}$ 从第 $N+1$ 项起所有的 a_n 都能满足 $\left|\dfrac{1}{n}-0\right|<\varepsilon$,此时,我们说数列 $a_n=\dfrac{1}{n}$ 以 0 为极限.

定义 2.1 设数列 $\{a_n\}$,若存在一个常数 A,对任意给定的正数 ε,都存在正整数 N,当 $n>N$ 时,恒有 $|a_n-A|<\varepsilon$ 成立,则称 A 是数列 $\{a_n\}$ 的极限,或者称 $\{a_n\}$ 收敛于 A,记为

$$\lim_{n\to\infty}a_n=A \quad \text{或} \quad a_n\to A,(n\to\infty).$$

数列 $\{a_n\}$ 以 A 为极限,可用下面的符号表示:

$$\forall\varepsilon>0,\exists N,\text{当}\ n>N\ \text{时},|a_n-A|<\varepsilon.$$

例 2.1 用定义证明 $\lim\limits_{n\to\infty}\dfrac{n}{n+1}=1$.

证 $\forall\varepsilon>0$,因为 $|a_n-A|=\left|\dfrac{n}{n+1}-1\right|=\dfrac{1}{n+1}<\varepsilon$,

$n>\dfrac{1}{\varepsilon}-1$,所以

$$\forall\varepsilon>0,\exists N=\left[\dfrac{1}{\varepsilon}-1\right],\text{当}\ n>N\ \text{时},\left|\dfrac{n}{n+1}-1\right|<\varepsilon,$$

即

$$\lim_{n\to\infty}\dfrac{n}{n+1}=1.$$

例 2.2 设 $|q|<1$,证明 $\lim\limits_{n\to\infty}q^n=0$.

证 $\forall\varepsilon>0$,因为 $|q^n-0|=|q|^n<\varepsilon,n\ln|q|<\ln\varepsilon$,

$$n>\ln\varepsilon/\ln|q| \quad (\text{由于}\ \ln|q|<0,\text{可限定}\ 0<\varepsilon<1),$$

所以

$$\forall\varepsilon>0\ (0<\varepsilon<1),\exists N=[\ln\varepsilon/\ln|q|],\text{当}\ n>N$$

时,$|q^n-0|<\varepsilon$,即 $\lim\limits_{n\to\infty}q^n=0$.

从上面两例可见:用定义证明 $\lim a_n=A$,只需从不等式 $|a_n-A|<\varepsilon$ 推得不等式 $n>$ 某个数,再令 $N=[$ 某个数$]$,则可完成证明. 由于所求的 N 不要求是满足不等式 $|a_n-A|<\varepsilon$ 的最小 N,所以当直接解 $|a_n-A|<\varepsilon$ 不方便时,可作适当的放大,令 $|a_n-A|<\alpha_n<\varepsilon$,满足不等式 $\alpha_n<\varepsilon$ 的解,也一定能满足 $|a_n-A|<\varepsilon$.

例 2.3 证明 $\lim\limits_{n\to\infty}\sin\dfrac{1}{(n+1)^2}=0$.

证 $\forall\varepsilon>0$,由 $\left|\sin\dfrac{1}{(n+1)^2}\right|\leqslant\dfrac{1}{(n+1)^2}<\dfrac{1}{n+1}<\dfrac{1}{n}<\varepsilon,n>\dfrac{1}{\varepsilon}$,

所以

$$\forall \varepsilon > 0, \exists N = \left[\frac{1}{\varepsilon}\right], 当 n > N 时, \left|\sin\frac{1}{(n+1)^2} - 0\right| < \varepsilon,$$

即

$$\lim_{n\to\infty} \sin\frac{1}{(n+1)^2} = 0.$$

2.1.4 收敛数列的性质

定理 2.1（唯一性） 若数列 $\{a_n\}$ 收敛，则其极限是唯一的.

证 用反证法. 可设 $\lim\limits_{n\to\infty} a_n = A$，又 $\lim\limits_{n\to\infty} a_n = B$，若 $A \neq B$，将出现矛盾，从而证明 $A = B$.

不妨设 $A < B$，取 $\varepsilon = \frac{1}{2}(B - A)$.

$\lim\limits_{n\to\infty} a_n = A \Rightarrow$ 对 $\varepsilon = \frac{1}{2}(B - A)$，$\exists N_1$，当 $n > N_1$ 时 $|a_n - A| < \frac{1}{2}(B - A)$，即

$$\frac{3A - B}{2} < a_n < \frac{A + B}{2}. \tag{2-1}$$

$\lim\limits_{n\to\infty} a_n = B \Rightarrow$ 对 $\varepsilon = \frac{1}{2}(B - A)$，$\exists N_2$，当 $n > N_2$ 时

$$|a_n - B| < \frac{1}{2}(B - A)，即$$

$$\frac{A + B}{2} < a_n < \frac{3B - A}{2}. \tag{2-2}$$

若取 $N = \max\{N_1, N_2\}$，则当 $n > N$ 时（这时 $n > N_1$，$n > N_2$），由式（2-1）有 $a_n < \frac{1}{2}(A + B)$，由式（2-2）有 $a_n > \frac{1}{2}(A + B)$，出现矛盾，故 $A < B$ 不成立（同样 $B < A$ 也不成立），所以 $A = B$，即收敛数列的极限必唯一.

定理 2.2（有界性） 收敛数列必有界.

证 设 $\lim\limits_{n\to\infty} a_n = A$，依极限的定义：$\forall \varepsilon > 0$，$\exists N$，当 $n > N$ 时，有 $|a_n - A| < \varepsilon$.

若取 $\varepsilon = 1$，$\exists N$，当 $n > N$ 时，$|a_n - A| < 1$，

因而 $\qquad |a_n| = |(a_n - A) + A| \leqslant |a_n - A| + |A| < 1 + |A|.$

不满足此式的至多只有有限项：$a_1, a_2, \cdots, a_N$. 现取 $M = \max\{|a_1|, |a_2|, \cdots, |a_N|, 1 + |A|\}$，则对 $\forall n$ 有 $|a_n| \leqslant M$，所以数列 $\{a_n\}$ 有界.

定理 2.3（保号性） 若 $\lim\limits_{n\to\infty} a_n = A$，且 $A > 0$（或 $A < 0$），则必存在正整数 N，当 $n > N$ 时，恒有 $a_n > 0$（或 $a_n < 0$）.

证　设 $A>0$,取 $\varepsilon=\dfrac{A}{2}$,$\exists N$,当 $n>N$ 时,

$$|a_n-A|<\frac{A}{2}, \quad 即 \quad 0<\frac{A}{2}<a_n<\frac{3}{2}A.$$

该定理表明:若数列的极限为正(或负),则该数列从某一项开始的以后所有项也为正(或负).

根据该定理,可得如下**推论**:

若 $a_n>0$(或 $a_n<0$),且 $\lim\limits_{n\to\infty}a_n=A$,则 $A\geqslant0$(或 $A\leqslant0$).

2.2　函数的极限

2.2.1　函数 $f(x)$ 当 $x\to\infty$ 时的极限

函数 $f(x)$ 当 $|x|>a$ 有定义,当 $|x|\to+\infty$ 时,$f(x)$ 无限接近于常数 A,称 A 是 $f(x)$ 当 $x\to\infty$ 时的极限.

定义 2.2　设函数 $f(x)(|x|>a)$,如果存在常数 A,对于任意给定的正数 ε,必存在正数 X,使得当 $|x|>X$ 时,恒有 $|f(x)-A|<\varepsilon$ 成立,则称 A 为 $f(x)$ 当 $x\to\infty$ 时的极限,或者说 $f(x)$ 当 $x\to\infty$ 时收敛于 A. 记作 $\lim\limits_{n\to\infty}f(x)=A$ 或 $f(x)\to A$(当 $x\to\infty$).

定义 2.2 可用符号表示为

$$\forall\varepsilon>0,\exists X>0,当\ |x|>X\ 时,\ |f(x)-A|<\varepsilon.$$

定义 2.2 中 $|x|>X$,包括了 $x>X$ 及 $x<-X$. 同样可以定义 $f(x)$ 当 $x\to+\infty$ 及 $x\to-\infty$ 时的极限.

定义 2.3　设函数 $f(x)$,$x\in(a,+\infty)$,若存在常数 A,对于任意给定的正数 ε,必存在正数 X,使得当 $x>X$ 时,恒有 $|f(x)-A|<\varepsilon$,则称 $f(x)$ 当 $x\to+\infty$ 时收敛于 A,记为 $\lim\limits_{n\to+\infty}f(x)=A$.

定义 2.3 可用符号表示为

$$\forall\varepsilon>0,\exists X>0,当\ x>X\ 时,|f(x)-A|<\varepsilon.$$

定义 2.4　设函数 $f(x)$,$x\in(-\infty,a)$,若存在常数 A,对于任意给定的正数 ε,必存在正数 X,使得当 $x<-X$ 时,恒有 $|f(x)-A|<\varepsilon$,则称 $f(x)$ 当 $x\to-\infty$ 时收敛于 A,记为 $\lim\limits_{x\to-\infty}f(x)=A$.

定义 2.4 可用符号表示为

$$\forall\varepsilon>0,\exists X>0,当\ x<-X\ 时,\ |f(x)-A|<\varepsilon.$$

比较定义 2.2,2.3 和 2.4,可得以下定理.

定理 2.4 $\lim\limits_{x\to\infty}f(x)=A \Leftrightarrow \lim\limits_{x\to+\infty}f(x)=A$,且 $\lim\limits_{x\to-\infty}f(x)=A$.

例 2.4   证明 $\lim\limits_{x\to+\infty}\dfrac{x-1}{x+1}=1$.

证 $\forall\varepsilon>0(\varepsilon<1)$,因为 $\left|\dfrac{x-1}{x+1}-1\right|=\dfrac{2}{x+1}<\varepsilon,x>\dfrac{2}{\varepsilon}-1$,所以

$$\forall\varepsilon>0,\exists X=\dfrac{2}{\varepsilon}-1,当 x>X 时,\left|\dfrac{x-1}{x+1}-1\right|<\varepsilon,$$

即
$$\lim\limits_{x\to+\infty}\dfrac{x-1}{x+1}=1.$$

例 2.5   证明 $\lim\limits_{x\to-\infty}10^x=0$.

证 $\forall\varepsilon>0$,因为 $|10^x-0|=10^x<\varepsilon$,不等式两边取常用对数得 $x<\lg\varepsilon$(设定 $\varepsilon<1,\lg\varepsilon<0$),所以

$$\forall\varepsilon>0,(0<\varepsilon<1),\exists X=-\lg\varepsilon>0,$$
当 $x<-X$(即 $x<\lg\varepsilon$)时,

$$|10^x-0|<\varepsilon,即 \lim\limits_{x\to-\infty}10^x=0.$$

$\lim\limits_{x\to\infty}f(x)=A$ 的几何意义如图 2-1 所示,当给定正数 ε 以后,存在正数 X,当 $|x|>X$ 时,曲线 $y=f(x)$ 落在直线 $y=A+\varepsilon$ 与直线 $y=A-\varepsilon$ 之间.

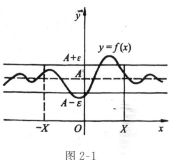

图 2-1

2.2.2   函数 $f(x)$ 当 $x\to x_0$ 时的极限

定义 2.5   设函数 $f(x)$ 在 x_0 的某邻域内有定义(x_0 可除外),若存在常数 A,对任意给定的正数 ε,必存在正数 δ,使得当 $0<|x-x_0|<\delta$ 时,恒有 $|f(x)-A|<\varepsilon$ 成立,则称 A 为 $f(x)$ 当 $x\to x_0$ 时的极限,或者说 $f(x)$ 在 $x\to x_0$ 时收敛于 A,记作
$$\lim\limits_{x\to x_0}f(x)=A \quad 或者 \quad f(x)\to A(当 x\to x_0).$$

定义 2.5 可用符号表示为
$$\forall\varepsilon>0,\exists\delta>0,当 0<|x-x_0|<\delta 时,|f(x)-A|<\varepsilon.$$

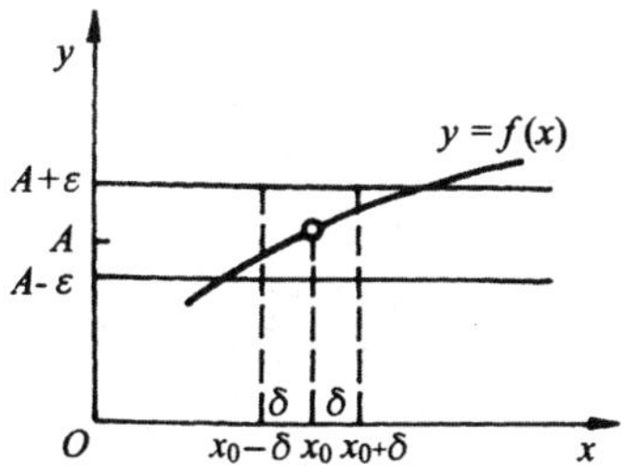

定义 2.5 表明:若 A 为 $f(x)$ 当 $x\to x_0$ 时的极限,要求当 $x\in\overset{\circ}{\bigcup}(x_0,\delta)$ 时,其函数值 $f(x)\in\bigcup(A,\varepsilon)$.另外,$x\in\overset{\circ}{\bigcup}(x,\delta)$ 表明 $f(x)$ 当 $x\to x_0$ 时以 A 为极限,对 $f(x)$ 在 x_0 点是否有定义没有要求.

$\lim\limits_{x\to x_0}f(x)=A$ 的几何解释,如图 2-2 所示,对 $\forall\varepsilon>0$,存在 x_0 的 δ 去心邻域 $\overset{\circ}{\bigcup}(x_0,\delta)$,当 $x\in$

图 2-2

$\overset{\circ}{U}(x_0,\delta)$时,函数值$f(x)$的图像位于直线 $y=A+\varepsilon$ 和 $y=A-\varepsilon$ 之间.

例 2.6 用定义证明

$$\lim_{x\to 1}(2x-1)=1.$$

证 (用定义证明$\lim\limits_{x\to x_0}f(x)=A$,即对$\forall\varepsilon>0$,从不等式$|f(x)-A|<\varepsilon$ 解得 $|x-x_0|<\delta$,求得了δ,就完成了证明.)

$\forall\varepsilon>0$,因为$|(2x-1)-1|=2|x-1|<\varepsilon$,$|x-1|<\dfrac{\varepsilon}{2}$,

所以$\forall\varepsilon>0$,$\exists\delta=\dfrac{\varepsilon}{2}>0$,当$0<|x-1|<\delta$时,有$|(2x-1)-1|<\varepsilon$,

即

$$\lim_{x\to 1}(2x-1)=1.$$

例 2.7 用定义证明$\lim\limits_{x\to 0}\cos x=1$.

证 因为对$\forall\varepsilon>0$,$|\cos x-1|=2\left|\sin^2\dfrac{x}{2}\right|\leqslant 2\left|\dfrac{x}{2}\right|^2=\dfrac{1}{2}|x|^2<\varepsilon$,$|x|<\sqrt{2\varepsilon}$,

所以

$\forall\varepsilon>0$,$\exists\delta=\sqrt{2\varepsilon}>0$,当$0<|x-0|<\delta$时,$|\cos x-1|<\varepsilon$,即$\lim\limits_{x\to 0}\cos x=1$.

例 2.8 用定义证明$\lim\limits_{x\to 2}x^2=4$.

证 对$\forall\varepsilon>0$,$|x^2-4|=|x+2|\cdot|x-2|$,要求$x\to 2$时的极限,只要考察函数在$x=2$的某邻域内的变化情况,故可限制$|x-2|<1$,这时有$|x+2|<5$.

因为$|x^2-4|=|x+2|\cdot|x-2|<5|x-1|<\varepsilon$,$|x-1|<\dfrac{\varepsilon}{5}$,所以

$\forall\varepsilon>0$,$\exists\delta=\min\left\{1,\dfrac{\varepsilon}{5}\right\}$,当$0<|x-1|<\delta$时,$|x^2-4|<\varepsilon$.

即

$$\lim_{x\to 2}x^2=4.$$

有时只能或只需研究自变量x从x_0的一侧趋于x_0时函数的变化趋势,于是有$x\to x_0$时的单侧极限.

定义 2.6(右极限) 设函数$f(x)$,若存在常数A,对任意给定的正数ε,存在正数δ,当$0<x-x_0<\delta$时,恒有$|f(x)-A|<\varepsilon$成立,则称A为$f(x)$在$x\to x_0$时的右极限,记作

$$\lim_{x\to x_0^+}f(x)=A \quad\text{或}\quad f(x_0^+)=A.$$

定义 2.6可用符号表示为

$\forall\varepsilon>0$,$\exists\delta>0$,当$0<x-x_0<\delta$时,$|f(x)-A|<\varepsilon$.

同样可以定义$f(x)$在$x\to x_0$时的左极限:

$$\lim_{x\to x_0^-}f(x)=f(x_0^-)=A.$$

用符号可表示为

$$\forall \varepsilon > 0, \exists \delta > 0,\text{当} \ 0 < x_0 - x < \delta \text{时}, |f(x) - A| < \varepsilon.$$

定理 2.5 $f(x)$当$x \to x_0$时极限存在$\Leftrightarrow f(x)$当$x \to x_0$时的左、右极限存在且相等.

例 2.9 函数

$$f(x) = \begin{cases} x+1, & \text{当} x < 0, \\ 0, & \text{当} x = 0, \\ x-1, & \text{当} x > 0. \end{cases}$$

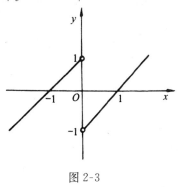

图 2-3

因$f(0^+) = -1, f(0^-) = 1, f(0^+) \neq f(0^-)$,故当$x \to 0$时,$f(x)$无极限(见图 2-3).

2.2.3 函数极限的性质

函数当$x \to \infty$或$x \to x_0$时有极限,同收敛数列一样,具有唯一性、有界性及保号性.

定理 2.6(唯一性) 若函数有极限,则其极限是唯一的(即如果$\lim f(x) = A$,又$\lim f(x) = B$,则$A = B$).

在符号 $\lim$ 下面没有指明"$x \to \infty$"或"$x \to x_0$",是指在某一极限过程中,且在同一命题中,指相同的极限过程.

定理 2.7(有界性) 若$\lim\limits_{x \to x_0} f(x) = A$,则存在$\delta > 0$,$f(x)$在$\mathring{U}(x_0, \delta)$内有界. 若$\lim\limits_{x \to \infty} f(x) = A$,则存在正数$X$,当$|x| > X$时,$f(x)$有界.

定理 2.7 说明当函数 $f(x)$有极限时,它在局部区域是有界的. 其他当$x \to +\infty, x \to -\infty, x \to x_0^+, x \to x_0^-$时,也有相应的结论.

定理 2.8(保号性) 若$\lim\limits_{x \to x_0} f(x) = A > 0$(或$< 0$),则存在$\delta > 0$,当$x \in \mathring{U}(x_0, \delta)$时,$f(x) > 0$(或$< 0$);若$\lim\limits_{x \to \infty} f(x) = A > 0$(或$< 0$),则存在正数$X$,当$|x| > X$时,$f(x) > 0$(或$< 0$).

其他极限过程:$x \to +\infty, x \to -\infty, x \to x_0^+, x \to x_0^-$,也有类似的结论.

2.2.4 函数极限与数列极限的关系

定理 2.9 $\lim\limits_{x \to x_0} f(x) = A \Leftrightarrow$对任意一个以 x_0 为极限的数列$\{x_n\}$($x_n \neq x_0$),都有$\lim\limits_{n \to \infty} f(x_n) = A$.

定理 2.9 对证明$\lim\limits_{x \to x_0} f(x) = A$ 没有多大的帮助,因为即使列举了成千上万个

以 x_0 为极限的数列 $\{x_n\}$, 都有 $\lim\limits_{n\to\infty}f(x_n)=A$, 还是不足以说明对任意一个以 x_0 为极限的数列都满足. 然而用定理 2.9 来证明 $\lim\limits_{x\to x_0}f(x)$ 不存在, 只要能找到两个都以 x_0 为极限的数列 $\{x_n\}$ 与 $\{x'_n\}$, 有 $\lim\limits_{n\to\infty}f(x_n)\neq\lim\limits_{n\to\infty}f(x'_n)$. 例如对函数 $f(x)=\sin\dfrac{1}{x}$, 取数列 $x_n=\dfrac{1}{2n\pi}$, 当 $n\to\infty$时, $x_n=\dfrac{1}{2n\pi}\to 0$, $f(x_n)=\sin 2n\pi=0$. 若取数列 $x'_n=\dfrac{1}{2n\pi+\dfrac{\pi}{2}}$, 当 $n\to\infty$时, $x'_n=\dfrac{1}{2n\pi+\dfrac{\pi}{2}}\to 0$, $f(x'_n)=\sin\left(2n\pi+\dfrac{\pi}{2}\right)=1$, 故 $\lim\limits_{x\to 0}\sin\dfrac{1}{x}$ 不存在.

2.3 无穷小量与无穷大量

2.3.1 无穷小量

定义 2.7 以 0 为极限的变量称为无穷小量, 简称无穷小.

例如当 $n\to\infty$ 时, 数列 $\left\{\dfrac{1}{n}\right\}$, $\left\{(-1)^{n-1}\dfrac{1}{2^n}\right\}$ 是无穷小; 当 $x\to 3$ 时, 函数 $y=\dfrac{x-3}{x}$ 是无穷小.

值得注意的是: 无穷小是一个变量, 而不是一个"非常"小的数.

当 $x\to x_0$ 时, $f(x)$ 是无穷小, 可用下列"$\varepsilon\delta$"定义:

$\forall\varepsilon>0$, $\exists\delta>0$, 当 $0<|x-x_0|<\delta$ 时, $|f(x)|<\varepsilon$.

定理 2.10 两个无穷小之和仍为无穷小.

即当 $x\to x_0$(或 $x\to\infty$)时, $\alpha(x)$, $\beta(x)$ 为两个无穷小, 则它们的和 $\alpha(x)+\beta(x)$ 也是当 $x\to x_0$(或 $x\to\infty$)时的无穷小. 下面就 $x\to x_0$ 时证明以上定理.

证 因为当 $x\to x_0$ 时, $\alpha(x)\to 0$, 即对 $\forall\varepsilon>0$, $\exists\delta_1>0$, 当 $0<|x-x_0|<\delta_1$ 时, $|\alpha(x)|<\dfrac{\varepsilon}{2}$.

又当 $x\to x_0$ 时, $\beta(x)\to 0$, 对同一个 ε, $\exists\delta_2>0$, 当 $0<|x-x_0|<\delta_2$ 时, $|\beta(x)|<\dfrac{\varepsilon}{2}$.

取 $\delta=\min\{\delta_1,\delta_2\}$, 当 $0<|x-x_0|<\delta$ 时,

$$|\alpha(x)+\beta(x)|\leqslant|\alpha(x)|+|\beta(x)|<\dfrac{\varepsilon}{2}+\dfrac{\varepsilon}{2}=\varepsilon.$$

此结果可以推广:有限个无穷小的和仍为无穷小.

定理 2.11 有界变量乘以无穷小仍为无穷小.

即当 $x \to x_0$(或 $x \to \infty$)时,$\alpha(x)$ 是无穷小;当 $x \in \mathring{U}(x_0, \delta_1)$(或 $|x| > X_1$)时 $\beta(x)$ 有界,则 $\alpha(x) \cdot \beta(x)$ 是当 $x \to x_0$(或 $x \to \infty$)时的无穷小. 仍就 $x \to x_0$ 时证明以上定理.

证 因为 $\beta(x)$ 在 $\mathring{U}(x_0, \delta_1)$ 内有界,即 $\exists M > 0$,当 $x \in \mathring{U}(x_0, \delta_1)$ 时,$|\beta(x)| \leqslant M$.

当 $x \to x_0$ 时,$\alpha(x)$ 为无穷小,即对 $\forall \varepsilon > 0$,$\exists \delta_2 > 0$,当 $0 < |x - x_0| < \delta_2$ 时,$|\alpha(x)| < \dfrac{\varepsilon}{M}$.

于是取 $\delta = \min\{\delta_1, \delta_2\}$,当 $0 < |x - x_0| < \delta$ 时

$$| \alpha(x) \cdot \beta(x) | = | \alpha(x) | \cdot | \beta(x) | < \frac{\varepsilon}{M} \cdot M = \varepsilon.$$

推论 1 (1) 无穷小与无穷小的乘积仍为无穷小.

(2) 有限个无穷小之乘积仍为无穷小.

(3) 无穷小与有极限的变量之乘积仍为无穷小.

定理 2.12 $\lim f(x) = A \Leftrightarrow f(x) = A + \alpha(x)$,其中 $\lim \alpha(x) = 0$.

即若函数 $f(x)$ 有极限 A,则 $f(x)$ 可以表示为 A 与一个无穷小 $\alpha(x)$ 之和:$f(x) = A + \alpha(x)$.

例 2.10 证明:$\lim\limits_{x \to 0} x \cdot \sin \dfrac{1}{x} = 0$.

证 因为当 $x \to 0$ 时,x 为无穷小,而 $\left| \sin \dfrac{1}{x} \right| \leqslant 1$ 为有界函数,由定理 2.11 得

$$\lim_{x \to 0} x \cdot \sin \frac{1}{x} = 0.$$

2.3.2 无穷大量

定义 2.8 设函数 $f(x)$ 在 x_0 的某去心邻域 $\mathring{U}(x_0, \delta_1)$ 内(或 $|x| > a$)有定义,若对 $\forall M > 0$,存在相应的正数 δ(或 X),当 $0 < |x - x_0| < \delta$,(或 $|x| > X$)时,有 $|f(x)| > M$ 成立,那么称 $f(x)$ 为当 $x \to x_0$(或 $x \to \infty$)时的无穷大量,简称无穷大,记作 $\lim\limits_{x \to x_0} f(x) = \infty$(或 $\lim\limits_{x \to \infty} f(x) = \infty$).

例如当 $n \to \infty$ 时,数列 $\{(-1)^{n-1} n\}$ 是无穷大. 当 $x \to 1$ 时,函数 $y = \dfrac{1}{x-1}$ 是无穷大(见图 2-4).$\lim\limits_{x \to 1} \dfrac{1}{x-1} = \infty$,这时直线 $x = 1$ 是曲线 $y = \dfrac{1}{x-1}$ 的一条渐近线.一

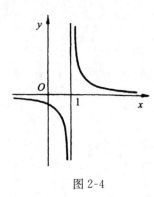

图 2-4

一般地,当 $x \to x_0$,函数 $f(x)$ 是无穷大时,直线 $x = x_0$ 是曲线 $y = f(x)$ 的一条渐近线. 若当 $x \to x_0^+$($x \to x_0^-$),$f(x)$ 为无穷大时,直线 $x = x_0$ 同样是曲线 $y = f(x)$ 的一条渐近线.

应该指出:同无穷小不是一个很小的数一样,无穷大也是一个变量,而不是一个很大的数. 同时,无穷大与无界函数是两个不同的概念:无穷大必为无界函数,而无界函数不一定是无穷大. 如函数 $x \sin x$,当 $x \to \infty$ 时是无界的,因为对 $\forall M > 0$,存在 $x_0 = 2n\pi + \dfrac{\pi}{2}$,使 $|x_0 \sin x_0| =$

$\left| \left(2n\pi + \dfrac{\pi}{2}\right) \cdot \sin\left(2n\pi + \dfrac{\pi}{2}\right) \right| = \left| 2n\pi + \dfrac{\pi}{2} \right| > M$(只要 n 充分大). 但是 $x \cdot \sin x$ 不是当 $x \to \infty$ 时的无穷大. 因为根据无穷大的定义,对 $\forall M > 0$,$\exists X > 0$,对满足 $|x| > X$ 的一切 x,都要满足 $|f(x)| > M$. 函数 $x \cdot \sin x$ 不能满足这一点. 如取 $x = 2n\pi$,对任意的 $X > 0$,当 n 充分大时,可有 $|x| > X$,而 $|x \sin x| = |2n\pi \cdot \sin 2n\pi| = 0$.

在无穷大的定义中,将不等式 $|f(x)| > M$ 改成 $f(x) > M$,其他不变,则称 $f(x)$ 是当 $x \to x_0$(或 $x \to \infty$)时的正无穷大,记为

$$\lim_{x \to x_0} f(x) = +\infty \,(\text{或} \lim_{x \to \infty} f(x) = +\infty).$$

同样,将不等式 $|f(x)| > M$ 改成 $f(x) < -M$,其他不变,则称 $f(x)$ 是当 $x \to x_0$(或 $x \to \infty$)时的负无穷大,记为

$$\lim_{x \to x_0} f(x) = -\infty \,(\text{或} \lim_{x \to \infty} f(x) = -\infty).$$

2.3.3　无穷小与无穷大的关系

定理 2.13　当 $x \to x_0$(或 $x \to \infty$)时函数 $f(x)$ 是无穷小,则函数 $\dfrac{1}{f(x)}$($f(x) \neq 0$)为无穷大;当 $x \to x_0$(或 $x \to \infty$)时函数 $f(x)$ 是无穷大,则函数 $\dfrac{1}{f(x)}$ 为无穷小.

如当 $x \to 1$ 时,函数 $x - 1$ 是无穷小,则 $\dfrac{1}{x-1}$ 是无穷大. 在同一个极限过程,无穷小与无穷大互为倒数.

2.4　极限的运算法则

定理 2.14　设 $\lim f(x) = A$,$\lim g(x) = B$,则 $\lim (f(x) \pm g(x)) = A \pm B =$

$\lim f(x) \pm \lim g(x)$.

证 $\lim f(x) = A \Leftrightarrow f(x) = A + \alpha$,其中 α 是无穷小,$\lim g(x) = B \Leftrightarrow g(x) = B + \beta$,其中 β 是无穷小. 从而 $f(x) \pm g(x) = (A+\alpha) \pm (B+\beta) = (A \pm B) + (\alpha \pm \beta)$,$(\alpha \pm \beta)$ 是无穷小 $\Leftrightarrow \lim(f(x) \pm g(x)) = A + B = \lim f(x) \pm \lim g(x)$.

定理 2.15 设 $\lim f(x) = A$,$\lim g(x) = B$,则 $\lim f(x) \cdot g(x) = A \cdot B = \lim f(x) \cdot \lim g(x)$.

证 $\lim f(x) = A \Leftrightarrow f(x) = A + \alpha$,其中 α 是无穷小,$\lim g(x) = B \Leftrightarrow g(x) = B + \beta$,其中 β 是无穷小,从而 $f(x) \cdot g(x) = (A+\alpha) \cdot (B+\beta) = AB + (A\beta + B\alpha + \alpha\beta)$,$A\beta + B\alpha + \alpha\beta$ 是无穷小 $\Leftrightarrow \lim f(x) \cdot g(x) = A \cdot B = \lim f(x) \cdot \lim g(x)$.

推论 2 设 $\lim f(x) = A$,则 $\lim[f(x)]^n = A^n$.

定理 2.16 设 $\lim f(x) = A$,$\lim g(x) = B(B \neq 0)$,则 $\lim \dfrac{f(x)}{g(x)} = \dfrac{A}{B} = \dfrac{\lim f(x)}{\lim g(x)}$.

证 记 $r = \dfrac{f(x)}{g(x)} - \dfrac{A}{B} = \dfrac{Bf(x) - Ag(x)}{Bg(x)} = \dfrac{B(A+\alpha) - A(B+\beta)}{Bg(x)} = \dfrac{B\alpha - A\beta}{B} \dfrac{1}{g(x)}$;

其中 $\dfrac{B\alpha - A\beta}{B}$ 是无穷小. 下面证明 $\dfrac{1}{g(x)}$ 有界. 因为 $\lim g(x) = B \neq 0 \Rightarrow \lim |g(x)| = |B| > 0$,由保号性有 $|g(x)| > \dfrac{|B|}{2} \Rightarrow \dfrac{1}{g(x)} < \dfrac{2}{|B|}$,可得 $\gamma = \dfrac{B\alpha - A\beta}{B} \cdot \dfrac{1}{g(x)}$ 是有界函数与无穷小的乘积为无穷小. $\dfrac{f(x)}{g(x)} = \dfrac{A}{B} + \gamma$,所以 $\lim \dfrac{f(x)}{g(x)} = \dfrac{A}{B}$.

定理 2.17 设 $\lim f(x) = A$,则 $\lim \sqrt[n]{f(x)} = \sqrt[n]{A} = \sqrt[n]{\lim f(x)}$(其中 N 为正整数,当 n 为偶数时,$A \geqslant 0$).

定理 2.18 设 $\lim f(x) = A > 0$,$\lim g(x) = B$,则 $\lim[f(x)]^{g(x)} = A^B$.

定理 2.17 与定理 2.18 的证明,将在后面给出.

例 2.11 $\lim\limits_{n \to \infty} \dfrac{n^2 + 2n - 1}{2n^2 + n + 6} = \lim\limits_{n \to \infty} \dfrac{1 + \dfrac{2}{n} - \dfrac{1}{n^2}}{2 + \dfrac{1}{n} + \dfrac{6}{n^2}}$

$$= \dfrac{\lim\limits_{n \to \infty}\left(1 + \dfrac{2}{n} - \dfrac{1}{n^2}\right)}{\lim\limits_{n \to \infty}\left(2 + \dfrac{1}{n} + \dfrac{6}{n^2}\right)}$$

$$= \left(\lim\limits_{n \to \infty} 1 + \lim\limits_{n \to \infty} \dfrac{2}{n} - \lim\limits_{n \to \infty} \dfrac{1}{n^2}\right) \Big/ \left(\lim\limits_{n \to \infty} 2 + \lim\limits_{n \to \infty} \dfrac{1}{n} + \lim\limits_{n \to \infty} \dfrac{6}{n^2}\right)$$

$$=\frac{1+0-0}{2+0+0}=\frac{1}{2}.$$

例 2.12　$\lim\limits_{n\to\infty}\dfrac{n^2+1}{2n^3+n}=\lim\limits_{n\to\infty}\dfrac{\dfrac{1}{n}+\dfrac{1}{n^3}}{2+\dfrac{1}{n^2}}=0.$

由例 2.11 和例 2.12 可得

$$\lim_{n\to\infty}\frac{a_0n^p+a_1n^{p-1}+\cdots+a_{p-1}n+a_p}{b_0n^k+b_1n^{k-1}+\cdots+b_{k-1}n+b_k}=\begin{cases}0, & p<k,\\[2mm]\dfrac{a_0}{b_0}, & p=k, \quad (a_0\neq0,b_0\neq0).\\[2mm]\infty, & p>k.\end{cases}$$

例 2.13　$\lim\limits_{n\to\infty}\dfrac{1}{n^2}(1+2+3+\cdots+n)$

$$=\lim_{n\to\infty}\frac{1}{n^2}\cdot\frac{n(n+1)}{2}=\lim_{n\to\infty}\frac{n^2+n}{2n^2}=\frac{1}{2}.$$

例 2.14　$\lim\limits_{n\to\infty}\dfrac{2^n+3^n}{2^{n+1}+3^{n+1}}=\lim\limits_{n\to\infty}\dfrac{3^n\left[\left(\dfrac{2}{3}\right)^n+1\right]}{3^{n+1}\left[\left(\dfrac{2}{3}\right)^{n+1}+1\right]}$

$$=\frac{1}{3}\lim_{n\to\infty}\frac{\left(\dfrac{2}{3}\right)^n+1}{\left(\dfrac{2}{3}\right)^{n+1}+1}$$

$$=\frac{1}{3}\cdot\frac{0+1}{0+1}=\frac{1}{3}.$$

例 2.15　$\lim\limits_{x\to-1}\left(\dfrac{1}{x+1}-\dfrac{3}{x^3+1}\right)=\lim\limits_{x\to-1}\dfrac{x^2-x+1-3}{x^3+1}$

$$=\lim_{x\to-1}\frac{x^2-x-2}{x^3+1}=\lim_{x\to-1}\frac{(x-2)(x+1)}{(x+1)(x^2-x+1)}$$

$$=\lim_{x\to-1}\frac{x-2}{x^2-x+1}=\frac{-1-2}{(-1)^2-(-1)+1}=-1.$$

例 2.16　$\lim\limits_{x\to1}\dfrac{\sqrt{3-x}-\sqrt{1+x}}{x^2-1}=\lim\limits_{x\to1}\dfrac{(3-x)-(1+x)}{(x^2-1)(\sqrt{3-x}+\sqrt{1+x})}$

$$=\lim_{x\to1}\frac{2(1-x)}{(x-1)(x+1)(\sqrt{3-x}+\sqrt{1+x})}=-\lim_{x\to1}\frac{1}{\sqrt{3-x}+\sqrt{1+x}}$$

$$=\frac{-1}{2\sqrt{2}}=-\frac{\sqrt{2}}{4}.$$

例 2.17　$\lim\limits_{x\to 4}\dfrac{\sqrt{2x+1}-3}{\sqrt{x-2}-\sqrt{2}}$

$$=\lim\limits_{x\to 4}\dfrac{(\sqrt{2x+1}-3)(\sqrt{2x+1}+3)(\sqrt{x-2}+\sqrt{2})}{(\sqrt{x-2}-\sqrt{2})(\sqrt{x-2}+\sqrt{2})(\sqrt{2x+1}+3)}$$

$$=\lim\limits_{x\to 4}\dfrac{(2x+1-9)(\sqrt{x-2}+\sqrt{2})}{(x-2-2)(\sqrt{2x+1}+3)}$$

$$=\lim\limits_{x\to 4}\dfrac{2(x-4)}{x-4}\cdot\dfrac{\sqrt{x-2}+\sqrt{2}}{\sqrt{2x+1}+3}$$

$$=\dfrac{2}{1}\cdot\dfrac{\sqrt{2}+\sqrt{2}}{3+3}=\dfrac{2}{3}\sqrt{2}.$$

例 2.18　$\lim\limits_{x\to 0}\dfrac{\sqrt[3]{1+x}-1}{\dfrac{x}{3}}=\lim\limits_{x\to 0}\dfrac{3(\sqrt[3]{1+x}-1)[(\sqrt[3]{1+x})^2+\sqrt[3]{1+x}+1]}{x[(\sqrt[3]{1+x})^2+\sqrt[3]{1+x}+1]}$

$$=3\lim\limits_{x\to 0}\dfrac{(1+x)-1}{x[(\sqrt[3]{1+x})^2+\sqrt[3]{1+x}+1]}=\dfrac{3}{3}=1.$$

用同样的方法可得 $\lim\limits_{x\to 0}\dfrac{\sqrt[n]{1+x}-1}{\dfrac{x}{n}}=1.$

2.5　函数极限存在准则　两个重要极限

2.5.1　极限存在准则 1——单调有界数列必有极限

例 2.19　设 $a_1=\sqrt{2},a_2=\sqrt{a_1+2},\cdots,a_n=\sqrt{a_{n-1}+2},\cdots$ 证明 $\{a_n\}$ 有极限并求之.

解　可用数学归纳法证明 $\{a_n\}$ 单调增加有上界. 因为 $a_2=\sqrt{2+a_1}=\sqrt{2+\sqrt{2}}>\sqrt{2}=a_1$,设 $a_n>a_{n-1}$,则 $a_{n+1}=\sqrt{a_n+2}>\sqrt{a_{n-1}+2}=a_n$,即 a_n 单调增加;又因为 $a_1=\sqrt{2}<2$,设 $a_n<2$,则 $a_{n+1}=\sqrt{a_n+2}<\sqrt{2+2}=2$,即 $\{a_n\}$ 有上界,所以数列 $\{a_n\}$ 有极限,设 $\lim\limits_{n\to\infty}a_n=A$,在 $a_n=\sqrt{a_{n-1}+2}$ 两边取极限 $\lim\limits_{n\to\infty}a_n=\lim\limits_{n\to\infty}\sqrt{a_{n-1}+2}=\sqrt{\lim\limits_{n\to\infty}(a_{n-1}+2)}$,得 $A=\sqrt{A+2}$,解得 $A_1=2,A_2=-1$(由极限的保号性,$A_2=-1$ 应舍去),所以 $\lim\limits_{n\to\infty}a_n=2.$

例 2.20　证明数列 $\left\{\left(1+\dfrac{1}{n}\right)^n\right\}$ 的极限存在.

证 因为 $x_n = \left(1+\dfrac{1}{n}\right)^n = 1+n\cdot\dfrac{1}{n}+\dfrac{1}{2!}n(n-1)\cdot\dfrac{1}{n^2}+\dfrac{1}{3!}n(n-1)(n-$

$2)\dfrac{1}{n^3}+\cdots+\dfrac{1}{n!}n(n-1)\cdots3\cdot2\cdot1\cdot\dfrac{1}{n^n} = 1+1+\dfrac{1}{2!}\left(1-\dfrac{1}{n}\right)+\dfrac{1}{3!}\left(1-\dfrac{1}{n}\right)\cdot$

$\left(1-\dfrac{2}{n}\right)+\cdots+\dfrac{1}{n!}\left(1-\dfrac{1}{n}\right)\left(1-\dfrac{2}{n}\right)\cdots\left(1-\dfrac{n-1}{n}\right)$ （共 $n+1$ 项），

$x_{n+1} = 1+1+\dfrac{1}{2!}\left(1-\dfrac{1}{n+1}\right)+\dfrac{1}{3!}\left(1-\dfrac{1}{n+1}\right)\left(1-\dfrac{2}{n+1}\right)+\cdots+\dfrac{1}{n!}\left(1-\dfrac{1}{n+1}\right)\cdot$

$\left(1-\dfrac{2}{n+1}\right)\cdots\left(1-\dfrac{n-1}{n+1}\right)+\dfrac{1}{(n+1)!}\left(1-\dfrac{1}{n+1}\right)\left(1-\dfrac{2}{n+1}\right)\cdots\left(1-\dfrac{n}{n+1}\right)$ （共 $n+2$ 项）.

注意到 $\dfrac{1}{2!}\left(1-\dfrac{1}{n}\right)<\dfrac{1}{2!}\left(1-\dfrac{1}{n+1}\right)$，$\dfrac{1}{3!}\left(1-\dfrac{1}{n}\right)\left(1-\dfrac{2}{n}\right)<\dfrac{1}{3!}\left(1-\dfrac{1}{n+1}\right)\cdot$

$\left(1-\dfrac{2}{n+1}\right)$，$\cdots$ 且 x_{n+1} 的项数比 x_n 的项数还多一项正项，可知 $x_n<x_{n+1}$，即 $\{x_n\}$ 为单调增数列.

其次，因为 $x_n = 1+1+\dfrac{1}{2!}\left(1-\dfrac{1}{n}\right)+\dfrac{1}{3!}\left(1-\dfrac{1}{n}\right)\left(1+\dfrac{2}{n}\right)+\cdots+\dfrac{1}{n!}\left(1-\dfrac{1}{n}\right)\cdots$

$\left(1-\dfrac{n-1}{n}\right)<1+1+\dfrac{1}{2!}+\dfrac{1}{3!}+\cdots+\dfrac{1}{n!}<1+1+\dfrac{1}{2\cdot1}+\dfrac{1}{3\cdot2}+\dfrac{1}{4\cdot3}+\cdots+\dfrac{1}{n(n-1)} =$

$1+1+\left(1-\dfrac{1}{2}\right)+\left(\dfrac{1}{2}-\dfrac{1}{3}\right)+\cdots+\left(\dfrac{1}{n-1}-\dfrac{1}{n}\right) = 3-\dfrac{1}{n}<3$，数列 $\{x_n\}$ 有上界 3，根据极限存在准则 1 知：$\lim\limits_{n\to\infty}\left(1+\dfrac{1}{n}\right)^n$ 存在，这个极限为无理数 e，即

$$\lim_{n\to\infty}\left(1+\dfrac{1}{n}\right)^n = \mathrm{e}.$$

2.5.2 极限存在准则 2——夹逼定理

定理 2.19 设在 x_0 的某去心邻域内（或 $|x|>a$）有 $f(x)\leqslant g(x)\leqslant h(x)$，且当 $x\to x_0$（或 $x\to\infty$）时，$f(x)\to A$ 及 $h(x)\to A$，则当 $x\to x_0$（或 $x\to\infty$）时，$g(x)$ 有极限，且 $g(x)\to A$.

证 以 $x\to x_0$ 为例证明.

对 $\forall\varepsilon>0$，因为 $\lim\limits_{x\to x_0}f(x)=A$，所以 $\exists\delta_1>0$，当 $0<|x-x_0|<\delta_1$ 时有

$$|f(x)-A|<\varepsilon, \quad \text{即 } A-\varepsilon<f(x)<A+\varepsilon. \tag{2-3}$$

因为 $\lim\limits_{x\to x_0}h(x)=A$，所以 $\exists\delta_2>0$，当 $0<|x-x_0|<\delta_2$ 时，有

$|h(x)-A|<\varepsilon$，即

$$A-\varepsilon<h(x)<A+\varepsilon. \tag{2-4}$$

又有假设当 $0<|x-x_0|<\delta_3$ 时,有

$$f(x)\leqslant g(x)\leqslant h(x).\tag{2-5}$$

取 $\delta=\min\{\delta_1,\delta_2,\delta_3\}$,当 $0<|x-x_0|<\delta$,式(2-3),式(2-4)和式(2-5)同时满足,得 $A-\varepsilon<f(x)\leqslant g(x)\leqslant h(x)<A+\varepsilon$,即 $|g(x)-A|<\varepsilon$,

所以 $\lim\limits_{x\to x_0}g(x)=A$.

例 2.21 证明 $\lim\limits_{n\to\infty}\left[\dfrac{1}{\sqrt{n^2+1}}+\dfrac{1}{\sqrt{n^2+2}}+\cdots+\dfrac{1}{\sqrt{n^2+n}}\right]=1$.

证 记 $a_n=\dfrac{1}{\sqrt{n^2+1}}+\dfrac{1}{\sqrt{n^2+2}}+\cdots+\dfrac{1}{\sqrt{n^2+n}}$,

有

$$a_n<\underbrace{\frac{1}{\sqrt{n^2+1}}+\frac{1}{\sqrt{n^2+1}}+\cdots+\frac{1}{\sqrt{n^2+1}}}_{n\text{项}}=\frac{n}{\sqrt{n^2+1}},$$

$$a_n>\underbrace{\frac{1}{\sqrt{n^2+n}}+\frac{1}{\sqrt{n^2+n}}+\cdots+\frac{1}{\sqrt{n^2+n}}}_{n\text{项}}=\frac{n}{\sqrt{n^2+n}},$$

即

$$\frac{n}{\sqrt{n^2+n}}<a_n<\frac{n}{\sqrt{n^2+1}}.$$

由于 $\lim\limits_{n\to\infty}\dfrac{n}{\sqrt{n^2+n}}=1,\lim\limits_{n\to\infty}\dfrac{n}{\sqrt{n^2+1}}=1$,由夹逼定理可知:

$$\lim\limits_{n\to\infty}a_n=\lim\limits_{n\to\infty}\left[\frac{1}{\sqrt{n^2+1}}+\frac{1}{\sqrt{n^2+2}}+\cdots+\frac{1}{\sqrt{n^2+n}}\right]=1.$$

例 2.22 证明 $\lim\limits_{n\to\infty}\sqrt[n]{n}=1$.

证 当 $n>1$ 时 $\sqrt[n]{n}>1$,记 $\alpha_n=\sqrt[n]{n}-1$,则 $\alpha_n>0$. 又 $n=(1+\alpha_n)^n=1+n\alpha_n+\dfrac{1}{2!}n(n-1)\alpha_n^2+\cdots+\alpha_n^n\geqslant\dfrac{1}{2!}n(n-1)\alpha_n^2\Rightarrow 1\geqslant\dfrac{1}{2!}(n-1)\alpha_n^2\Rightarrow\alpha_n<\sqrt{\dfrac{2}{n-1}}$,所以 $0<\alpha_n<\sqrt{\dfrac{2}{n-1}}$.

由夹逼定理及 $\lim\limits_{n\to\infty}\sqrt{\dfrac{2}{n-1}}=0$,可知 $\lim\limits_{n\to\infty}\alpha_n=0$,即

$0=\lim\limits_{n\to\infty}\alpha_n=\lim\limits_{n\to\infty}(\sqrt[n]{n}-1)=\lim\limits_{n\to\infty}\sqrt[n]{n}-1$,所以 $\lim\limits_{n\to\infty}\sqrt[n]{n}=1$.

2.5.3 重要极限之一:$\lim\limits_{x\to0}\dfrac{\sin x}{x}=1$

取单位圆,以 x 表示 $\angle BOC$ 的弧度 $\left(\text{假定 }0<x<\dfrac{\pi}{2}\right)$,如图 2-5 所示.

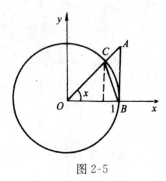

图 2-5

$\triangle OBC$ 的面积 $<$ 扇形 OBC 的面积 $<\triangle OBA$ 的面积,即 $\dfrac{1}{2}\cdot 1\cdot\sin x<\dfrac{1}{2}x<\dfrac{1}{2}\cdot 1\cdot\tan x$,也即 $\sin x<$ $x<\tan x$,三边同除 $\sin x$,得 $1<\dfrac{x}{\sin x}<\dfrac{1}{\cos x}$,即 $1>\dfrac{\sin x}{x}>\cos x$. 由例 2.7 $\lim\limits_{x\to 0^{+}}\cos x=1$ 及夹逼定理,可得

$$\lim_{x\to 0^{+}}\frac{\sin x}{x}=1.$$

当 $-\dfrac{\pi}{2}<x<0$,令 $t=-x$(当 $x\to 0^{-}$ 时 $t\to 0^{+}$),

$$\lim_{x\to 0^{-}}\frac{\sin x}{x}=\lim_{t\to 0^{+}}\frac{\sin(-t)}{-t}=\lim_{t\to 0^{+}}\frac{-\sin t}{-t}=\lim_{t\to 0^{+}}\frac{\sin t}{t}=1.$$

因 $\lim\limits_{x\to 0^{+}}\dfrac{\sin x}{x}=\lim\limits_{x\to 0^{-}}\dfrac{\sin x}{x}=1$,所以 $\lim\limits_{x\to 0}\dfrac{\sin x}{x}=1$.

例 2.23 $\lim\limits_{x\to 0}\dfrac{\tan x}{x}=\lim\limits_{x\to 0}\dfrac{\sin x}{x}\cdot\dfrac{1}{\cos x}=\lim\limits_{x\to 0}\dfrac{\sin x}{x}\cdot\lim\limits_{x\to 0}\dfrac{1}{\cos x}=1\cdot 1=1.$

例 2.24 $\lim\limits_{x\to 0}\dfrac{1-\cos x}{x^{2}}=\lim\limits_{x\to 0}\dfrac{2\cdot\sin^{2}\dfrac{x}{2}}{x^{2}}=\lim\limits_{x\to 0}\dfrac{1}{2}\cdot\dfrac{\sin\dfrac{x}{2}}{\dfrac{x}{2}}\cdot\dfrac{\sin\dfrac{x}{2}}{\dfrac{x}{2}}\left(\text{令}\dfrac{x}{2}=t\right)=$

$\lim\limits_{t\to 0}\dfrac{1}{2}\cdot\dfrac{\sin t}{t}\cdot\dfrac{\sin t}{t}=\dfrac{1}{2}.$

例 2.25 $\lim\limits_{x\to 0}\dfrac{\arcsin x}{x}(\text{令}\ x=\sin t)=\lim\limits_{t\to 0}\dfrac{t}{\sin t}=1.$

事实上通过适当的变量替换,可将重要极限 $\lim\limits_{x\to 0}\dfrac{\sin x}{x}=1$ 推广到

$$\lim_{\alpha(x)\to 0}\frac{\sin\alpha(x)}{\alpha(x)}=1.$$

例 2.26 $\lim\limits_{x\to\frac{\pi}{2}}\dfrac{\cos x}{\dfrac{\pi}{2}-x}=\lim\limits_{x\to\frac{\pi}{2}}\dfrac{\sin\left(\dfrac{\pi}{2}-x\right)}{\dfrac{\pi}{2}-x}=1.$

在例 2.26 中,$\alpha(x)=\dfrac{\pi}{2}-x$,当 $x\to\dfrac{\pi}{2}$ 时,$\alpha(x)\to 0$.

例 2.27 求极限 $\lim\limits_{x\to\infty}\left(\dfrac{\sin x}{x}+x\sin\dfrac{1}{x}\right).$

解 当 $x\to\infty$ 时,有 $\dfrac{1}{x}\to 0$,$|\sin x|\leqslant 1$,即 $\lim\limits_{x\to\infty}\dfrac{\sin x}{x}=0.$

$$\lim_{x \to \infty}\left(\frac{\sin x}{x} + x\sin\frac{1}{x}\right) = \lim_{x \to \infty}\frac{\sin x}{x} + \lim_{x \to \infty}\sin\frac{1}{x}\bigg/\frac{1}{x} = 0 + 1 = 1.$$

2.5.4 重要极限之二：$\lim\limits_{x \to \infty}\left(1 + \dfrac{1}{x}\right)^x = e$

在 2.5.1 节中,已经有 $\lim\limits_{n \to \infty}\left(1 + \dfrac{1}{n}\right)^n = e$. 利用这个结果可以证明 $\lim\limits_{x \to \infty}\left(1 + \dfrac{1}{x}\right)^x = e$.

先求 $x \to +\infty$ 时的极限. 令 $n = [x]$,则当 $x \to +\infty$ 时,$n \to \infty$,且当 $n \leqslant x < n+1$ 时,有 $\left(1 + \dfrac{1}{n+1}\right)^n < \left(1 + \dfrac{1}{x}\right)^x < \left(1 + \dfrac{1}{n}\right)^{n+1}$,其中

$$\lim_{n \to \infty}\left(1 + \frac{1}{n+1}\right)^n = \lim_{n \to \infty}\left(1 + \frac{1}{n+1}\right)^{n+1}\bigg/\left(1 + \frac{1}{n+1}\right)$$

$$= \lim_{n \to \infty}\left(1 + \frac{1}{n+1}\right)^{n+1}\bigg/\lim_{n \to \infty}\left(1 + \frac{1}{n+1}\right) = \frac{e}{1} = e;$$

$$\lim_{n \to \infty}\left(1 + \frac{1}{n}\right)^{n+1} = \lim_{n \to \infty}\left(1 + \frac{1}{n}\right)^n \cdot \left(1 + \frac{1}{n}\right)$$

$$= \lim_{n \to \infty}\left(1 + \frac{1}{n}\right)^n \cdot \lim_{n \to \infty}\left(1 + \frac{1}{n}\right) = e \cdot 1 = e.$$

由夹逼定理可知：$\lim\limits_{x \to +\infty}\left(1 + \dfrac{1}{x}\right)^x = e.$

再求 $x \to -\infty$ 时的极限. 令 $t = -x$,则当 $x \to -\infty$ 时,$t \to +\infty$.

$$\lim_{x \to -\infty}\left(1 + \frac{1}{x}\right)^x = \lim_{t \to +\infty}\left(1 + \frac{1}{-t}\right)^{-t} = \lim_{t \to +\infty}\left(1 - \frac{1}{t}\right)^{-t} = \lim_{t \to +\infty}\left(\frac{t-1}{t}\right)^{-t}$$

$$= \lim_{t \to +\infty}\left(\frac{t}{t-1}\right)^t = \lim_{t \to +\infty}\left(1 + \frac{1}{t-1}\right)^t$$

$$= \lim_{t \to +\infty}\left(1 + \frac{1}{t-1}\right)^{t-1}\left(1 + \frac{1}{t-1}\right)$$

$$= \lim_{t \to +\infty}\left(1 + \frac{1}{t-1}\right)^{t-1}\lim_{t \to +\infty}\left(1 + \frac{1}{t-1}\right) = e \cdot 1 = e.$$

所以有

$$\lim_{x \to \infty}\left(1 + \frac{1}{x}\right)^x = e. \tag{2-6}$$

在 $\lim\limits_{x \to \infty}\left(1 + \dfrac{1}{x}\right)^x = e$ 中,令 $x = \dfrac{1}{t}$,得

$$\lim_{t \to 0}(1 + t)^{\frac{1}{t}} = e. \tag{2-7}$$

式(2-6)与式(2-7)是第二个重要极限的两种不同表示形式.

例 2.28 $\lim\limits_{x \to \infty}\left(1 - \dfrac{1}{x}\right)^x = \lim\limits_{x \to \infty}\left[\left(1 + \dfrac{1}{-x}\right)^{-x}\right]^{-1}$

$$\xrightarrow{t=-x} \lim_{t\to\infty}\left[\left(1+\frac{1}{t}\right)^t\right]^{-1}=\mathrm{e}^{-1}=\frac{1}{\mathrm{e}}.$$

例 2.29 $\displaystyle\lim_{x\to\infty}\left(1+\frac{1}{2x}\right)^x \xrightarrow{x=\frac{t}{2}} \lim_{t\to\infty}\left(1+\frac{1}{t}\right)^{\frac{t}{2}}$

$$=\lim_{t\to\infty}\left[\left(1+\frac{1}{t}\right)^t\right]^{\frac{1}{2}}=\mathrm{e}^{\frac{1}{2}}.$$

事实上,通过适当的变量替换,有

$$\lim_{\alpha(x)\to\infty}\left(1+\frac{1}{\alpha(x)}\right)^{\alpha(x)}=\mathrm{e},$$

及

$$\lim_{\beta(x)\to0}\left(1+\beta(x)\right)^{\frac{1}{\beta(x)}}=\mathrm{e}.$$

例 2.30 $\displaystyle\lim_{x\to\infty}\left(\frac{x^2-1}{x^2+1}\right)^{x^2}=\lim_{x\to\infty}\left(\frac{1-\dfrac{1}{x^2}}{1+\dfrac{1}{x^2}}\right)^{x^2}$

$$=\lim_{x\to\infty}\left(1-\frac{1}{x^2}\right)^{x^2}\bigg/\lim_{x\to\infty}\left(1+\frac{1}{x^2}\right)^{x^2}=\frac{\mathrm{e}^{-1}}{\mathrm{e}}=\mathrm{e}^{-2}=\frac{1}{\mathrm{e}^2}.$$

例 2.31 确定 c,使 $\displaystyle\lim_{x\to\infty}\left(\frac{x+c}{x-c}\right)^x=4$.

解 由于 $\displaystyle\lim_{x\to\infty}\left(\frac{x+c}{x-c}\right)^x=\lim_{x\to\infty}\left(\frac{1+\dfrac{c}{x}}{1-\dfrac{c}{x}}\right)^x=\lim_{x\to\infty}\frac{\left(1+\dfrac{c}{x}\right)^x}{\left(1-\dfrac{c}{x}\right)^x}$

$$=\lim_{x\to\infty}\frac{\left[\left(1+\dfrac{c}{x}\right)^{\frac{x}{c}}\right]^c}{\left[\left(1-\dfrac{c}{x}\right)^{\frac{x}{c}}\right]^c}=\frac{\mathrm{e}^c}{\mathrm{e}^{-c}}=\mathrm{e}^{2c}=4,$$

因此 $2c=\ln 4$, $c=\ln 2$.

例 2.32 $\displaystyle\lim_{x\to0}(1+x)^{\frac{3}{\tan x}}=\lim_{x\to0}\left[(1+x)^{\frac{1}{x}}\right]^{\frac{3x}{\tan x}},$

因为 $\displaystyle\lim_{x\to0}(1+x)^{\frac{1}{x}}=\mathrm{e},\quad \lim_{x\to0}\frac{3x}{\tan x}=3,$

所以原式 $=\mathrm{e}^3$.

2.5.5 无穷小的比较

定义 2.9 设 α 和 β 是两个无穷小,若:

(1) $\lim \dfrac{\alpha}{\beta}=0$,称 α 是 β 的高阶无穷小,记作 $\alpha=o(\beta)$;

(2) $\lim \dfrac{\alpha}{\beta}=C\neq 0$,称 α 与 β 是同阶无穷小;

(3) $\lim \dfrac{\alpha}{\beta}=1$,称 α 与 β 是等价无穷小,记为 $\alpha\sim\beta$.

当 $x\to 0$ 时,$x\sim\sin x\sim\tan x\sim\arcsin x\sim\arctan x$;

$$1-\cos x\sim\frac{1}{2}x^2;\quad \sqrt[n]{1+x}-1\sim\frac{1}{n}x.$$

定理 2.20 设 $\alpha\sim\alpha',\beta\sim\beta'$,且 $\lim \dfrac{\alpha'}{\beta'}$ 存在,则 $\lim \dfrac{\alpha}{\beta}=\lim \dfrac{\alpha'}{\beta'}$.

证 $\lim \dfrac{\alpha}{\beta}=\lim \dfrac{\alpha}{\alpha'}\cdot\dfrac{\alpha'}{\beta'}\cdot\dfrac{\beta'}{\beta}=\lim \dfrac{\alpha}{\alpha'}\cdot\lim \dfrac{\alpha'}{\beta'}\cdot\lim \dfrac{\beta'}{\beta}$

$$=1\cdot\lim \frac{\alpha'}{\beta'}\cdot 1=\lim \frac{\alpha'}{\beta'}.$$

例 2.33 求 $\lim\limits_{x\to 0}\dfrac{\sin 3x}{\tan 5x}$.

解 当 $x\to 0$ 时,$\sin 3x\sim 3x,\tan 5x\sim 5x$,于是

$$\lim_{x\to 0}\frac{\sin 3x}{\tan 5x}=\lim_{x\to 0}\frac{3x}{5x}=\frac{3}{5}.$$

例 2.34 求 $\lim\limits_{x\to 0}\dfrac{\sqrt{1+x\sin x}-1}{1-\cos x}$.

解 当 $x\to 0$ 时,$\sqrt{1+x\sin x}-1\sim\frac{1}{2}x\sin x\sim\frac{1}{2}x^2,1-\cos x\sim\frac{1}{2}x^2$,于是

$$\lim_{x\to 0}\frac{\sqrt{1+x\sin x}-1}{1-\cos x}=\lim_{x\to 0}\frac{\frac{1}{2}x^2}{\frac{1}{2}x^2}=1.$$

例 2.35 $\lim\limits_{x\to 0^+}(\cos\sqrt{x})^{\frac{1}{\ln(1+x)}}=$

$$\lim_{x\to 0^+}\left\{\left[1+(\cos\sqrt{x}-1)\right]^{\frac{1}{\cos\sqrt{x}-1}}\right\}^{\frac{\cos\sqrt{x}-1}{\ln(1+x)}},$$

其中 $$\lim_{x\to 0^+}\left[1+(\cos\sqrt{x}-1)\right]^{\frac{1}{\cos\sqrt{x}-1}}=e;$$

注意到当 $x\to 0$ 时,$\ln(1+x)\sim x,\cos\sqrt{x}-1\sim-\frac{1}{2}x$,

$$\lim_{x\to 0^+}\frac{\cos\sqrt{x}-1}{\ln\sqrt{1+x}}=\lim_{x\to 0^+}\frac{-\frac{1}{2}x}{x}=-\frac{1}{2},$$

所以原式 $= e^{-\frac{1}{2}}$.

2.6 函数的连续性

2.6.1 函数连续的定义

定义 2.10 设函数 $f(x)$ 在 x_0 的某邻域内有定义,若满足 $\lim\limits_{x \to x_0} f(x) = f(x_0)$,则称函数 $f(x)$ 在 x_0 点连续;否则称 $f(x)$ 在 x_0 点间断.

在连续的定义中,令 $x = x_0 + \Delta x$,则 $f(x)$ 在 x_0 的连续又可被定义为: $\lim\limits_{\Delta x \to 0} \Delta y = \lim\limits_{\Delta x \to 0} [f(x_0 + \Delta x) - f(x_0)] = 0$.

函数 $f(x)$ 在 x_0 点连续,需满足三条:(1) $\lim\limits_{x \to x_0} f(x)$ 存在;(2) $f(x)$ 在 x_0 有定义;(3) $\lim\limits_{x \to x_0} f(x) = f(x_0)$.

定义 2.11 如果 $\lim\limits_{x \to x_0^+} f(x) = f(x_0)$,则称函数 $f(x)$ 在 x_0 点右连续;如果 $\lim\limits_{x \to x_0^-} f(x) = f(x_0)$,则称函数 $f(x)$ 在 x_0 点左连续.

由极限存在的充要条件是左、右极限存在且相等,可得以下定理.

定理 2.21 函数 $f(x)$ 在 x_0 点连续 $\Leftrightarrow$ $f(x)$ 在 x_0 点既左连续,又右连续.

定义 2.12 函数 $f(x)$ 在开区间 (a,b) 内每一点连续,称函数 $f(x)$ 在开区间 (a,b) 内连续.

定义 2.13 函数 $f(x)$ 在开区间 (a,b) 内连续,在 $x = a$ 点右连续,在 $x = b$ 点左连续,称函数 $f(x)$ 在闭区间 $[a,b]$ 上连续.

函数 $f(x)$ 在 x_0 点连续,其图像在 x_0 点不断开;函数 $f(x)$ 在区间上连续,则其图像 $y = f(x)$ 在相应的区间内是一条连续的曲线.

例 2.36 证明函数 $y = \sin x$ 在 $(-\infty, +\infty)$ 上连续.

证 设 x_0 为 $(-\infty, +\infty)$ 上任一点,

$$\Delta y = \sin(x_0 + \Delta x) - \sin x_0 = 2\cos\left(x_0 + \frac{\Delta x}{2}\right) \cdot \sin\frac{\Delta x}{2},$$

当 $\Delta x \to 0$ 时, $\left|\cos\left(x_0 + \frac{\Delta x}{2}\right)\right| \leqslant 1, \sin\frac{\Delta x}{2} \to 0$.

于是有 $\lim\limits_{\Delta x \to 0} \Delta y = 0$, $y = \sin x$ 在 x_0 点连续. 由 x_0 为 $(-\infty, +\infty)$ 上任一点,所以 $\sin x$ 在 $(-\infty, +\infty)$ 上连续.

例 2.37 若函数 $f(x) = \begin{cases} 2x + a, & x < 1, \\ b, & x = 1, \\ \sqrt{x-1}, & x > 1, \end{cases}$ 在 $x = 1$ 处连续,

确定 a 和 b.

解　$f(x)$ 在 $x=1$ 处连续：$f(1^+)=f(1^-)=f(1)$，
$f(1^+)=0,f(1^-)=2+a,f(1)=b$，所以有 $b=0,a=-2$.

2.6.2　函数的间断点及其分类

由定义 2.10，若函数 $f(x)$ 在 x_0 点不连续，则称 $f(x)$ 在 x_0 点间断，x_0 为 $f(x)$ 的间断点. x_0 为函数 $f(x)$ 的间断点有下面三种情况：

（1）$\lim\limits_{x\to x_0}f(x)$ 不存在，即 $f(x_0^+),f(x_0^-)$ 至少有一个不存在或虽两者都存在但不相等；

（2）函数 $f(x)$ 在 x_0 点无定义；

（3）$\lim\limits_{x\to x_0}f(x)$ 存在，且 $f(x)$ 在 x_0 点有定义，但两者不相等.

根据函数 $f(x)$ 在 x_0 点的情况，可对间断点作如下的分类：

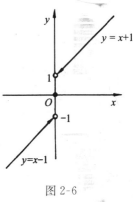

图 2-6

定义 2.14　$f(x_0^+)\neq f(x_0^-)$，则称 x_0 为函数 $f(x)$ 的**跳跃间断点**.

例 2.38　设 $f(x)=\begin{cases}x+1,&x>0,\\0,&x=0,\\x-1,&x<0.\end{cases}$

$f(0^+)=1,f(0^-)=-1,f(0^+)\neq f(0^-),x$ 为 $f(x)$ 的跳跃间断点. 如图 2-6 所示，函数 $f(x)$ 在 $x=0$ 处有一个跳跃. 这就是"跳跃"的由来.

定义 2.15　函数 $f(x)$ 在 x_0 点有定义（或者无定义），若 $\lim\limits_{x\to x_0}f(x)\neq f(x_0)$，则称 x_0 为 $f(x)$ 的可去间断点.

若 x_0 为函数 $f(x)$ 的可去间断点，我们可补充或改变函数 $f(x)$ 在 x_0 点的定义，使函数 $f(x)$ 在 x_0 点连续. 这就是"可去"的由来.

例 2.39　函数 $f(x)=(1+x)^{\frac{1}{x}}$ 在 $x=0$ 处无定义，但 $\lim\limits_{x\to 0}(1+x)^{\frac{1}{x}}=\mathrm{e}$，补充 $f(0)=\mathrm{e}$，得

$$F(x)=\begin{cases}(1+x)^{\frac{1}{x}},&x\neq 0,\\\mathrm{e},&x=0,\end{cases}\quad F(x) \text{ 在 } x=0 \text{ 点连续}.$$

例 2.40　函数 $f(x)=\begin{cases}\dfrac{\sin x}{x},&x\neq 0,\\5,&x=0,\end{cases}\quad \lim\limits_{x\to 0}f(x)=1\neq f(0)$.

改变 $f(x)$ 在 $x=0$ 处的定义, 得

$$F(x) = \begin{cases} \dfrac{\sin x}{x}, & x \neq 0, \\ 1, & x = 0, \end{cases} \quad F(x) \text{ 在 } x = 0 \text{ 点连续.}$$

跳跃间断点与可去间断点统称为第一类间断点. 不是第一类间断点的间断点为第二类间断点. 如函数 $f(x) = \dfrac{1}{x-1}$, 由于 $\lim\limits_{x \to 1} f(x) = \infty$, $x=1$ 是函数 $\dfrac{1}{x-1}$ 的第二类间断点.

例 2.41 求函数 (1) $y = \dfrac{x^2 - 1}{x^2 - 3x + 2}$; (2) $y = \dfrac{1/x - 1/(x+1)}{1/(x-1) - 1/x}$ 的间断点.

解 (1) $y = \dfrac{x^2 - 1}{(x-1)(x-2)}$, 当 $x=1$, $x=2$ 时函数无定义, 所以 $x=1$, $x=2$ 为函数的间断点.

$$\lim_{x \to 1} \frac{x^2 - 1}{x^2 - 3x + 2} = \lim_{x \to 1} \frac{(x+1)(x-1)}{(x-1)(x-2)} = -2,$$

$x=1$ 为函数的可去间断点.

$$\lim_{x \to 2} \frac{x^2 - 1}{x^2 - 3x + 2} = \lim_{x \to 2} \frac{(x+1)(x-1)}{(x-1)(x-2)} = \infty,$$

$x=2$ 为函数的无穷间断点 (第二类间断点).

(2) 当 $x=0$, $x=1$, $x=-1$ 时函数无定义, 所以 $x=0$, $x=1$, $x=-1$ 为函数的间断点. 因为

$$y = \frac{1/x - 1/(x+1)}{1/(x-1) - 1/x} = \frac{x(x-1)}{x(x+1)} = \frac{x-1}{x+1} \quad (x \neq 0, 1),$$

$\lim\limits_{x \to 0} y = -1$, $\quad x=0$ 为第一类可去间断点;

$\lim\limits_{x \to 1} y = 0$, $\quad x=1$ 也为第一类可去间断点;

$\lim\limits_{x \to -1} y = \infty$, $\quad x=-1$ 为第二类间断点.

2.6.3　初等函数的连续性

关于函数的连续性, 有如下结论:

定理 2.22 基本初等函数在定义域内是连续的.

定理 2.23 连续函数的和、差、积、商 (分母不为零) 是连续的.

定理 2.24 连续函数的复合函数是连续的, 即若 $\lim\limits_{u \to u_0} f(u) = f(u_0)$, $\lim\limits_{x \to x_0} u(x) = u(x_0)$, 则复合函数 $y = f[u(x)]$ 有 $\lim\limits_{x \to x_0} f[u(x)] = f[u(x_0)]$.

证 由 $\lim_{u \to u_0} f(u) = f(u_0)$，即对 $\forall \varepsilon > 0$，$\exists \eta > 0$，当 $|u - u_0| < \eta$ 时，有 $|f(u) - f(u_0)| < \varepsilon$.

由 $\lim_{x \to x_0} u(x) = u(x_0)$，对上面 $\eta > 0$，$\exists \delta > 0$，当 $|x - x_0| < \delta$ 时，有 $|u(x) - u(x_0)| < \eta$.

从而对 $\forall \varepsilon > 0$，$\exists \delta > 0$，当 $|x - x_0| < \delta$ 时，$|u - u_0| < \eta$，有 $|f[u(x)] - f[u(x_0)]| < \varepsilon$，得复合函数 $y = f[u(x)]$ 在 x_0 点连续.

初等函数是由基本初等函数经过有限次四则运算和有限次复合而得的，由定理 2.22，2.23 和 2.24 可得如下定理.

定理 2.25 初等函数在其定义区间内是连续的.

该定理强调的是定义区间，而不是定义域. 如函数 $y = \sqrt{1-x} + \sqrt{x-1}$ 是初等函数，其定义域为 $x = 1$. 仅在某一点有定义，而在该点的任意邻域都无定义的函数，不能讨论其连续性.

下面介绍函数的连续性在求极限时的应用.

由连续的定义可知，若 x_0 是 $f(x)$ 的连续点，有 $\lim_{x \to x_0} f(x) = f(x_0)$，即在函数连续点的极限等于该点的函数值，也即函数运算与极限运算可以交换：

$$\lim_{x \to x_0} f(x) = f(\lim_{x \to x_0} x)$$

由此可证明定理 2.17 与定理 2.18.

因为 $\sqrt[n]{u}$ 是连续函数，$\lim \sqrt[n]{u} = \sqrt[n]{\lim u}$，

所以 $\lim \sqrt[n]{f(x)} = \sqrt[n]{\lim f(x)} = \sqrt[n]{A}$.

又 $[f(x)]^{g(x)} = e^{g(x) \cdot \ln f(x)}$，是指数函数与对数函数的复合，所以

$$\lim [f(x)]^{g(x)} = \lim e^{g(x) \ln f(x)} = e^{\lim(g(x) \cdot \ln f(x))} =$$

$$e^{\lim g(x) \cdot \lim \ln f(x)} = e^{\lim g(x) \cdot \ln \lim f(x)} = e^{B \ln A} = e^{\ln A^B} = A^B.$$

例 2.42 $\lim_{x \to 0} \dfrac{\ln(1+x)}{x}$

$= \lim_{x \to 0} \ln(1+x)^{\frac{1}{x}} = \ln \lim_{x \to 0} (1+x)^{\frac{1}{x}} = \ln e = 1.$

例 2.43 $\lim_{x \to 0} \dfrac{e^x - 1}{x} \xrightarrow{\text{令} y = e^x - 1} \lim_{y \to 0} \dfrac{y}{\ln(y+1)} = 1.$

可得：当 $x \to 0$ 时，$e^x - 1 \sim x$；$\ln(1+x) \sim x$.

2.6.4 闭区间上连续函数的性质

定理 2.26(最值定理) 设函数 $y = f(x)$ 在闭区间 $[a, b]$ 上连续，则在 $[a, b]$ 上 $f(x)$ 至少取得最大值和最小值各一次，即至少存在两点 $\xi_1, \xi_2 \in [a, b]$，使对 $\forall x \in$

$[a,b]$,都有

$$m = f(\xi_1) \leqslant f(x) \leqslant f(\xi_2) = M.$$

定理 2.22 中 m,M 是 $f(x)$ 在 $[a,b]$ 上的最小、最大值. 定理的条件如果不满足,这样的 m,M 就不一定存在. 如函数 $y = \dfrac{1}{x}$ 在 $(0,1)$ 上连续,在 $(0,1)$ 内既无最大值 M,也无最小值 m.

定理 2.27(介值定理) 设函数 $y = f(x)$ 在闭区间 $[a,b]$ 上连续,m 与 M 分别为 $f(x)$ 在 $[a,b]$ 上的最小值和最大值,则对介于 m 与 M 之间的任意实数 $C(m \leqslant C \leqslant M)$,在 $[a,b]$ 上至少存在一点 ξ,使得 $f(\xi) = C$.

例 2.44 设函数 $f(x)$ 在 $[a,b]$ 上连续,$x_1,x_2,\cdots,x_n$ 为 $[a,b]$ 上的 n 个点,证明:在 $[a,b]$ 上至少存在一点 ξ,使 $f(\xi) = \dfrac{1}{n}[f(x_1) + f(x_2) + \cdots + f(x_n)]$.

证 $f(x)$ 在 $[a,b]$ 上连续,则函数 $f(x)$ 在 $[a,b]$ 上有最大值 M 与最小值 m,显然有 $m \leqslant f(x_i) \leqslant M, i = 1 \sim n$,

于是 $$m \leqslant \dfrac{1}{n}[f(x_1) + f(x_2) + \cdots + f(x_n)] \leqslant M.$$

由介值定理可知,在 $[a,b]$ 上至少存在一点 ξ,

使得 $$f(\xi) = \dfrac{1}{n}[f(x_1) + f(x_2) + \cdots + f(x_n)].$$

定理 2.28(零值定理) 设函数 $y = f(x)$ 在闭区间 $[a,b]$ 上连续,且 $f(a) \cdot f(b) < 0$,则在开区间 (a,b) 内至少存在一点 ξ,使 $f(\xi) = 0$.

例 2.45 试证方程 $x \cdot 2^x = 1$ 至少有一个正根,且不超过 1.

证 令 $f(x) = x \cdot 2^x - 1$,则 $f(x)$ 在 $[0,1]$ 上连续,$f(0) = -1, f(1) = 1$,由零值定理可知,在 $(0,1)$ 内至少存在一点 ξ,使得 $f(\xi) = 0$,即方程 $x \cdot 2^x = 1$ 至少有一个正根,且不超过 1.

例 2.46 设 $f(x)$ 与 $g(x)$ 在 $[a,b]$ 上连续,且 $f(a) < g(a), f(b) > g(b)$,则在 (a,b) 内至少存在一点 ξ,使 $f(\xi) = g(\xi)$.

证 令 $F(x) = f(x) - g(x)$,$F(x)$ 在 $[a,b]$ 上连续,且 $F(a) = f(a) - g(a) < 0, F(b) = f(b) - g(b) > 0$. 由零值定理可知,在 (a,b) 内至少存在一点 ξ,使得 $F(\xi) = 0$,即 $f(\xi) = g(\xi)$.

习 题 2

1. 用观察法指出下列数列的极限,并按定义验证之:

(1) $a_n = \dfrac{(-1)^n}{2^n}$ $(n=1,2,3,\cdots)$;

(2) $a_1 = 0.9, a_2 = 0.99, \cdots, a_n = 0.\underbrace{99\cdots9}_{n\text{个}}, \cdots$.

2. 用数列极限的定义验证下列极限:

(1) $\lim\limits_{n\to\infty} \dfrac{2}{\sqrt{n}} = 0$;

(2) $\lim\limits_{n\to\infty} \dfrac{3n-2}{2n+1} = \dfrac{3}{2}$;

(3) $\lim\limits_{n\to\infty} (\sqrt{n+1} - \sqrt{n}) = 0$;

(4) $\lim\limits_{n\to\infty} \dfrac{n!}{n^n} = 0$;

(5) $\lim\limits_{n\to\infty} \dfrac{2^n}{n!} = 0$;

(6) $\lim\limits_{n\to\infty} \sqrt[n]{a} = 1$ $(a>0)$.

3. 如果 $\lim\limits_{n\to\infty} a_n = A$,证明 $\lim\limits_{n\to\infty} |a_n| = |A|$. 举例说明反之未必成立.

4. 设数列 $\{a_n\}$ 有界,又 $\lim\limits_{n\to\infty} b_n = 0$,证明 $\lim\limits_{n\to\infty} a_n b_n = 0$.

5. 数列的有界性是数列收敛的什么条件? 无界数列是否一定发散? 有界数列是否一定收敛?

6. 用定义证明下列极限:

(1) $\lim\limits_{x\to\infty} \dfrac{1}{x^3} = 0$;

(2) $\lim\limits_{x\to+\infty} \dfrac{\sin x}{\sqrt{x}} = 0$;

(3) $\lim\limits_{x\to\infty} \dfrac{2-x}{x} = -1$;

(4) $\lim\limits_{x\to1} (1-x)^3 = 0$;

(5) $\lim\limits_{x\to4} \sqrt{x} = 2$;

(6) $\lim\limits_{x\to\frac{\pi}{4}} \sin x = \dfrac{\sqrt{2}}{2}$.

7. 证明函数 $f(x) = \dfrac{x}{|x|}$ 当 $x\to0$ 时极限不存在.

8. 求函数 $f(x) = \arctan\dfrac{1}{x}$ 当 $x\to0$ 时的左、右极限,并问 $\lim\limits_{x\to0} f(x)$ 是否存在.

9. 下列各函数,在 x 的什么趋向下是无穷小? 什么趋向下是无穷大?

(1) $y = \dfrac{x+1}{x-1}$;

(2) $y = \dfrac{x^3 - 3x + 2}{x-2}$;

(3) $y = \sqrt{2x-1}$;

(4) $y = \dfrac{\sin x}{1+\cos x} (0 \leqslant x \leqslant 2\pi)$;

(5) $y = a^x (0<a<1)$.

10. 试举例说明 n 个无穷小之和,当 $n\to\infty$ 时,其结果为:(1) 无穷小;(2) 常数;(3) 无穷大.

11. 求下列各极限:

(1) $\lim\limits_{x\to 0}x^2\sin\dfrac{1}{x}$ ；

(2) $\lim\limits_{x\to\infty}\dfrac{\sin x}{x}$ ；

(3) $\lim\limits_{x\to\infty}\dfrac{\arctan x}{x}$ ；

(4) $\lim\limits_{n\to\infty}(\sin n!)\cdot\left(\dfrac{n^2-1}{3n^3+2}\right)$.

12. 计算下列各极限：

(1) $\lim\limits_{n\to\infty}\dfrac{5^n+(-2)^n}{5^{n+1}+(-2)^{n+1}}$ ；

(2) $\lim\limits_{n\to\infty}\dfrac{1+\dfrac{1}{2}+\dfrac{1}{2^2}+\cdots+\dfrac{1}{2^n}}{1+\dfrac{1}{3}+\dfrac{1}{3^2}+\cdots+\dfrac{1}{3^n}}$ ；

(3) $\lim\limits_{n\to\infty}\dfrac{1^2+2^2+\cdots+n^2}{n^3}$ （提示： $1^2+2^2+\cdots+n^2=\dfrac{1}{6}n(n+1)(2n+1)$ ）；

(4) $\lim\limits_{n\to\infty}\left[\dfrac{1}{1\cdot 2}+\dfrac{1}{2\cdot 3}+\cdots+\dfrac{1}{n(n+1)}\right]$ ；

(5) $\lim\limits_{n\to\infty}\left[\dfrac{1}{1\cdot 3}+\dfrac{1}{2\cdot 4}+\dfrac{1}{3\cdot 5}+\cdots+\dfrac{1}{n(n+2)}\right]$ ；

(6) $\lim\limits_{x\to\infty}\left(\dfrac{1}{n^2}+\dfrac{3}{n^2}+\cdots+\dfrac{2n-1}{n^2}\right)$ ；

(7) $\lim\limits_{n\to\infty}\sqrt{n}(\sqrt{n+1}-\sqrt{n})$.

13. 计算下列各极限：

(1) $\lim\limits_{x\to 4}\dfrac{x^2-6x+8}{x^2-5x+4}$ ；

(2) $\lim\limits_{x\to 5}\dfrac{x^2-7x+10}{x^2-25}$ ；

(3) $\lim\limits_{x\to a}\dfrac{x^2-(a+1)x+a}{x^3-a^3}$ ；

(4) $\lim\limits_{h\to 0}\dfrac{(x+h)^3-x^3}{h}$ ；

(5) $\lim\limits_{x\to 1}\left(\dfrac{1}{x-1}-\dfrac{2}{x^2-1}\right)$ ；

(6) $\lim\limits_{x\to\infty}\dfrac{3x^2+2}{1-4x^3}$ ；

(7) $\lim\limits_{x\to\infty}\dfrac{(2x-3)^{20}(3x+2)^{30}}{(5x+1)^{50}}$.

14. 计算下列各极限：

(1) $\lim\limits_{x\to 0}\dfrac{\sqrt{1+x^2}-1}{x}$ ；

(2) $\lim\limits_{x\to -8}\dfrac{\sqrt{1-x}-3}{2+\sqrt[3]{x}}$ ；

(3) $\lim\limits_{x\to 0}\dfrac{5x}{\sqrt[3]{1+x}-\sqrt[3]{1-x}}$ ；

(4) $\lim\limits_{x\to 7}\dfrac{2-\sqrt{x-3}}{x^2-49}$ ；

(5) $\lim\limits_{x\to 1}\dfrac{x+x^2+\cdots+x^n-n}{x-1}$ ；

(6) $\lim\limits_{x\to 1}\dfrac{x^m-1}{x^n-1}$ （ m,n 为自然数）；

(7) $\lim\limits_{x\to+\infty}(\sqrt{(x+2)(x-1)}-x)$；　(8) $\lim\limits_{x\to1}\dfrac{\sqrt[3]{x}-1}{\sqrt{x}-1}$（令 $x=t^6$）；

(9) $\lim\limits_{x\to\infty}(\sqrt{(x+a)(x+b)}-x)$；　(10) $\lim\limits_{x\to+\infty}\dfrac{\sqrt{x}+\sqrt[3]{x}+\sqrt[4]{x}}{\sqrt{2x+1}}$.

15. 利用夹逼定理证明：

$$\lim_{n\to\infty}\left[\frac{1}{n^2}+\frac{1}{(n+1)^2}+\cdots+\frac{1}{(2n)^2}\right]=0.$$

16. 设 $A=\max\{a_1,a_2,\cdots,a_m\}$，$a_i>0(i=1,2,\cdots,m)$，利用夹逼定理证明：

$$\lim_{n\to\infty}\sqrt[n]{a_1^n+a_2^n+\cdots+a_m^n}=A.$$

17. 计算下列极限：

(1) $\lim\limits_{n\to\infty}\left(1+\dfrac{1}{4n}\right)^{8n}$；

(2) $\lim\limits_{n\to\infty}\left(\dfrac{n+1}{n-1}\right)^{n}$；

(3) $\lim\limits_{n\to\infty}\left(1+\dfrac{1}{n+1}\right)^{n}$；

(4) $\lim\limits_{x\to\infty}\left(1+\dfrac{2}{x}\right)^{x+3}$；

(5) $\lim\limits_{x\to0}(1-3x)^{\frac{1}{x}}$；

(6) $\lim\limits_{x\to0}\sqrt[x]{1-2x}$；

(7) $\lim\limits_{x\to0}(1+\tan x)^{\cot x}$；

(8) $\lim\limits_{x\to0}(1+3\tan^2 x)^{\cot^2 x}$；

(9) $\lim\limits_{x\to\infty}\left(\dfrac{2x-1}{2x+1}\right)^{x}$；

(10) $\lim\limits_{n\to\infty}\left(\dfrac{2n+3}{2n+1}\right)^{n+1}$；

(11) $\lim\limits_{x\to\frac{\pi}{2}}(1+\cos x)^{3\sec x}$；

(12) $\lim\limits_{x\to\infty}\left(\dfrac{x^2}{x^2-1}\right)^{x}$.

18. 计算下列极限：

(1) $\lim\limits_{x\to0}\dfrac{\sin ax}{\sin bx}$ $(a,b\neq0)$；

(2) $\lim\limits_{x\to0}\dfrac{\tan x}{x}$；

(3) $\lim\limits_{x\to0}\dfrac{\arcsin x}{x}$；

(4) $\lim\limits_{x\to\infty}x\sin\dfrac{3}{x}$；

(5) $\lim\limits_{x\to a}\dfrac{\sin x-\sin a}{x-a}$；

(6) $\lim\limits_{x\to\pi}\dfrac{\sin x}{\pi-x}$；

(7) $\lim\limits_{x\to1}\dfrac{1-x^2}{\sin\pi x}$；

(8) $\lim\limits_{x\to\frac{\pi}{2}}\dfrac{\cos x}{\dfrac{\pi}{2}-x}$；

(9) $\lim\limits_{x\to0^+}\dfrac{x}{\sqrt{1-\cos x}}$；

(10) $\lim\limits_{x\to1}(1-x)\tan\dfrac{\pi x}{2}$；

(11) $\lim\limits_{x\to0}\dfrac{\tan x-\sin x}{x^3}$.

19. 当 $x\to0$ 时，下列各函数都是无穷小，试确定哪些是 x 的高阶无穷小？同阶无穷小? 等价无穷小?

(1) x^2+x；　　　　　　　　(2) $x+\sin x$；

(3) $x-\sin x$；　　　　　　　(4) $1-\cos 2x$；

(5) $\tan x$；　　　　　　　　(6) $\tan 2x$.

20. 当 $x\rightarrow 4$ 时,试问无穷小量 $(4-x)^2$ 与 $(2-\sqrt{x})$ 哪个为高阶?

21. 证明:当 $x\rightarrow 0$ 时,$(\sqrt{1+x^2}-\sqrt{1-x^2})$ 与 x^2 为等价无穷小.

22. 证明:当 $x\rightarrow 0$ 时,$(\sqrt{1+x\sin x}-1)$ 与 $\dfrac{1}{2}x^2$ 为等价无穷小.

23. 利用等价无穷小计算下列极限:

(1) $\lim\limits_{x\rightarrow 0}\dfrac{\sqrt{1+x\tan x}-1}{1-\cos x}$；　　　(2) $\lim\limits_{x\rightarrow 0}\dfrac{\sin 2x\cdot(e^x-1)}{\tan x^2}$；

(3) $\lim\limits_{x\rightarrow 0}\dfrac{\ln(1-2x)}{\sin 5x}$；　　　　(4) $\lim\limits_{x\rightarrow 0}\dfrac{(x+1)\cdot\sin x}{\arcsin x}$.

24. 指出下列函数的连续区间:

(1) $f(x)=\dfrac{1}{\sqrt{4-x^2}}$；

(2) $f(x)=\dfrac{1}{\sqrt[3]{x^2-3x+2}}$；

(3) $f(x)=\sqrt{x-4}+\sqrt{6-x}$；

(4) $f(x)=\ln(2-x)$；

(5) $f(x)=\sqrt{\dfrac{x-2}{x-1}}$；

(6) $f(x)=\ln(\arcsin x)$；

(7) $f(x)=\begin{cases}2+x^2, & x\leqslant 0, \\ \dfrac{\sin 2x}{x}, & x<0;\end{cases}$

(8) $f(x)=\begin{cases}\dfrac{1}{x-1}, & 0\leqslant x<1, \\ 1, & 1\leqslant x\leqslant 2, \\ \dfrac{\sin(x-2)}{x-2}, & 2<x\leqslant 3;\end{cases}$

(9) $f(x)=\begin{cases}\dfrac{2x}{\sqrt{1-x}-\sqrt{1+x}}, & -1<x<0, \\ e^{\sin x}-3, & x\geqslant 0.\end{cases}$

25. 求下列函数的间断点,并确定其所属类型;如果是可去间断点,则补充或修改其定义,使它连续.

(1) $y=\dfrac{1-\cos x}{x^2}$;

(2) $y=\dfrac{x^2-1}{x^2-3x+2}$;

(3) $y=\dfrac{\cos\dfrac{\pi}{2}x}{x^2(x-1)}$;

(4) $y=\dfrac{\sqrt[3]{1+4x}-1}{2\sin x}$;

(5) $y=\sin x\cdot\sin\dfrac{1}{x}$;

(6) $y=\dfrac{x-a}{|x-a|}$;

(7) $y=\arctan\dfrac{1}{x}$;

(8) $y=\dfrac{1}{1+e^{\frac{1}{1-x}}}$;

(9) $y=\begin{cases}\dfrac{2^{\frac{1}{x}}-1}{2^{\frac{1}{x}}+1}, & x\neq 0,\\ 1, & x=0;\end{cases}$

(10) $y=\begin{cases}\cos\dfrac{\pi}{2}x, & |x|\leqslant 1,\\ |x-1|, & |x|>1.\end{cases}$

26. 已知下列极限,试确定常数 a 与 b:

(1) $\lim\limits_{x\to\infty}\left(\dfrac{x^2+1}{x+1}-ax-b\right)=0$; (2) $\lim\limits_{x\to+\infty}\left(3x-\sqrt{ax^2+bx+1}\right)=2$.

27. 设 $f(x)=\begin{cases}e^x, & x<0,\\ a+x, & x\geqslant 0,\end{cases}$ 试确定常数 a,使函数 $f(x)$ 为连续函数.

28. 确定常数 k,使下列函数 $f(x)$ 在 $x=0$ 处连续:

(1) $f(x)=\begin{cases}\dfrac{\sin x}{x}+x\sin\dfrac{1}{x}, & x\neq 0,\\ k, & x=0;\end{cases}$

(2) $f(x)=\begin{cases}(1+2x)^{\frac{3}{x}}, & x\neq 0,\\ k, & x=0;\end{cases}$

(3) $f(x)=\begin{cases}2^{-\frac{1}{x^2}}, & x\neq 0,\\ k, & x=0;\end{cases}$

(4) $f(x)=\begin{cases}\dfrac{\tan x-\sin x}{\sin x^3}, & x\neq 0,\\ k, & x=0.\end{cases}$

29. 设 $f(x)=\lim\limits_{n\to\infty}\dfrac{x^{2n-1}+ax^2+bx}{x^{2n}+1}$ 为连续函数,试确定 a 与 b.

30. 试证下列方程在指定区间内至少有一个根.

(1) $x^5-3x-1=0$,在区间 $(1,2)$;

(2) $x=e^x-2$,在区间 $(0,2)$.

31*. 试证方程 $x=a\sin x+b$(其中 $0<a<1,b>0$)至少有一正根,且不超过

$a+b.$

32*. 设 $f(x)$ 在 $[a,b]$ 上连续,且 $a<c<d<b$,证明在 $[a,b]$ 内必存在一点 ξ,使
$$mf(c)+nf(d)=(m+n)f(\xi),$$
其中 m,n 为自然数.

33*. 设 $f(x)$ 在 $(-\infty,+\infty)$ 上连续,且 $\lim\limits_{x\to\infty}f(x)$ 存在,证明函数 $f(x)$ 在 $(-\infty,+\infty)$ 上有界.

34*. 设 $f(x)$ 为 $(-\infty,+\infty)$ 上的连续函数,且满足 $f(x)=f\left(\dfrac{x}{2}\right)$,试证 $f(x)$ 为常数函数.

3 导 数 与 微 分

微分学具有两个基本概念——导数与微分. 在前两章函数及函数极限学习的基础上,本章将以各种实际背景引入导数的概念,建立一整套求导运算公式和法则,给出微分的概念及其在近似计算中的应用. 而对于导数的基本理论及进一步的应用将在下一章作详细的介绍.

3.1 导 数 的 概 念

导数的概念是从各种客观过程的**变化率**问题中提炼出来的. 例如:① 关于流行性感冒的爆发. 函数只能说明在某一特定时间内因流行性感冒生病的人数,而函数的导数就可以显示在这一特定时间内因为流感而生病的发病率为多少. ② 关于瞬时速度. 可以用函数描述一个火箭运动的轨迹,给出在任何时间段内火箭飞行的路程,而函数的导数则可进一步描述路程关于时间的变化率——瞬时速度. ③ 关于经济学理论中的边际问题. 比如生产一定数量产品所需的全部经济资源投入(成本),它是产量 x 的函数,称为成本函数. 成本函数只反映了生产 x 单位产量时所需的全部费用,而成本函数的导数——边际成本,则刻画了在生产 x 个单位产量时成本的变化率,从而帮助企业家们在生产过程中作出决策.

3.1.1 导数的定义

我们先由两个实际问题出发,然后引出导数的定义.

第一个问题是求作变速直线运动时质点在时刻 t 的速度.

设 $s=s(t)$ 为质点的运动方程,表示经 t 单位时间后质点所经过的路程.

在中学物理中我们已经知道,如果质点运动是匀速的,则比值

$$v=\frac{s}{t},$$

这个常数 v 就是质点运动的速度. 对于变速的质点运动,虽然整体说来速度是变化的,但局部可近似地看成不变;也就是说,当 Δt 的绝对值很小时,从时刻 t_0 到时刻 $t_0+\Delta t$ 这段时间内质点运动的速度不会有多大改变,可以近似地看成是匀速运动. 因此,在这 Δt 时间内的平均速度就可以看成时刻 t_0 的**瞬时速度**的近似值.

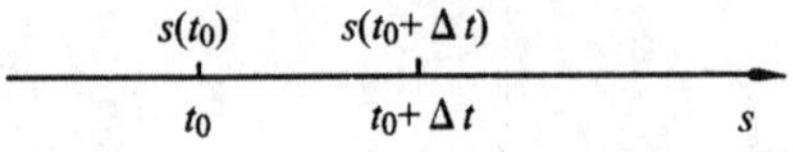

$s(t_0)$ $s(t_0+\Delta t)$

t_0 $t_0+\Delta t$ s

图 3-1

因为质点从时刻 t_0 到 $t_0+\Delta t$ 的位移(见图 3-1)

$$\Delta s = s(t_0 + \Delta t) - s(t_0),$$

所以,在 Δt 时间内的平均速度

$$\bar{v} = \frac{\Delta s}{\Delta t} = \frac{s(t_0 + \Delta t) - s(t_0)}{\Delta t}.$$

显然,当 $|\Delta t|$ 越小,这个平均速度就越接近于时刻 t_0 的瞬时速度. 若 $\Delta t \to 0$, $\frac{\Delta s}{\Delta t}$ 以数 v_0 为极限,则 v_0 即为质点在 t_0 时刻的瞬时速度

$$v(t_0) = \lim_{\Delta t \to 0} \bar{v} = \lim_{\Delta t \to 0} \frac{\Delta s}{\Delta t}$$

$$= \lim_{\Delta t \to 0} \frac{s(t_0 + \Delta t) - s(t_0)}{\Delta t}.$$

例 3.1 有一球在悬崖的顶端往下坠落,在 t 时刻所通过的位移

$$s = -16t^2,$$

其中 t 的单位为 s, s 的单位为 m. 求:

(1) 球在 $t=3\,\mathrm{s}$ 到 $t=5\,\mathrm{s}$ 这段时间内的平均速度 $\bar{v}$;

(2) 球在 $t=3\,\mathrm{s}$ 时的速度.

解 (1) 球在时间 $[3,5]$ 内的位移

$$\Delta s = [-16(5)^2] - [-16(3)^2] = -256 \ (\mathrm{m}),$$

所以平均速度 $\bar{v} = \frac{\Delta s}{\Delta t} = \frac{-256}{2} = -128 \ (\mathrm{m/s}).$

(2) 取小段时间 $[3, 3+\Delta t]$,所以

$$\Delta s = [-16(3+\Delta t)^2] - [16(3)^2]$$

$$= -96\Delta t - 16\Delta t^2 \ (\mathrm{m/s}).$$

因此球在 $t=3\,\mathrm{s}$ 时的速度

$$v(3) = \lim_{\Delta t \to 0} \frac{\Delta s}{\Delta t} = \lim_{\Delta t \to 0} \frac{-96\Delta t - 16\Delta t^2}{\Delta t}$$

$$= -96 \ (\mathrm{m/s}).$$

第二个问题是切线的斜率. 在直角坐标中作函数 $y = f(x)$ 的图形,在它上面取点 $M_0(x_0, f(x_0))$ 及 $M(x_0 + \Delta x, f(x_0 + \Delta x))$,过点 M_0 和 M 作曲线的割线 M_0M(见图 3-2),那么割线 M_0M 的斜率为

$$\frac{f(x_0 + \Delta x) - f(x_0)}{\Delta x} = \frac{\Delta y}{\Delta x},$$

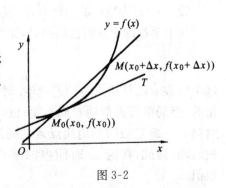

图 3-2

当 $\Delta x \to 0$ 时,点 M 沿着曲线无限地接近 M_0;在这同时,割线 $M_0 M$ 就趋于一个极限位置 $M_0 T$(见图 3-3).定义直线 $M_0 T$ 为曲线 $y = f(x)$ 在点 $(x_0, f(x_0))$ 的切线,而极限值

$$\lim_{\Delta x \to 0} \frac{\Delta y}{\Delta x} = \lim_{\Delta x \to 0} \frac{f(x_0 + \Delta x) - f(x_0)}{\Delta x}$$

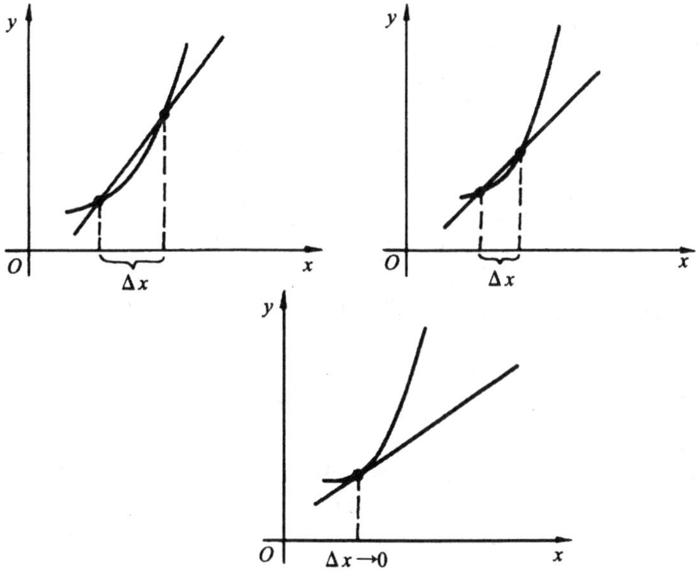

图 3-3

就是此切线的斜率 k,即 $k = \lim\limits_{\Delta x \to 0} \dfrac{f(x_0 + \Delta x) - f(x_0)}{\Delta x}$.

例 3.2 求曲线 $f(x) = x^2$ 在点 $(x_0, f(x_0))$ 处切线的斜率.

解 由上面定义,在点 $(x_0, f(x_0))$ 处的切线斜率

$$k = \lim_{\Delta x \to 0} \frac{(x_0 + \Delta x)^2 - x_0^2}{\Delta x}$$

$$= \lim_{\Delta x \to 0} \frac{2x_0 \Delta x + (\Delta x)^2}{\Delta x} = 2x_0.$$

实际中有许多问题(如非均匀杆的线密度、电流强度等),都需要研究在非均匀的变化过程中因变量对自变量的变化率,即都可归结为求增量之比的极限.我们从这类问题中舍弃它们的物理意义和几何意义,可得导数定义.

定义 3.1 设函数 $y = f(x)$ 在点 x_0 的某邻域内有定义,当自变量在 x_0 处有增量 Δx(点 $x_0 + \Delta x$ 也在此邻域内)时,相应的函数也有增量

$$\Delta y = f(x_0 + \Delta x) - f(x_0).$$

如果当 $\Delta x \to 0$ 时增量之比的极限

$$\lim_{\Delta x \to 0} \frac{\Delta y}{\Delta x} = \lim_{\Delta x \to 0} \frac{f(x_0 + \Delta x) - f(x_0)}{\Delta x}$$

存在,则称函数 f 在点 x_0 可导,且这个极限值称为函数 f 在点 x_0 的变化率,也即函数 f 在 x_0 处的导数,记为

$$f'(x_0) = \lim_{\Delta x \to 0} \frac{\Delta y}{\Delta x} = \lim_{\Delta x \to 0} \frac{f(x_0 + \Delta x) - f(x_0)}{\Delta x}, \tag{3-1}$$

也可记为 $y'|_{x=x_0}$, $\dfrac{\mathrm{d}y}{\mathrm{d}x}\Big|_{x=x_0}$, $\dfrac{\mathrm{d}f(x)}{\mathrm{d}x}\Big|_{x=x_0}$.

如果令 $x_0 + \Delta x = x$,则 $\Delta x = x - x_0$,且当 $\Delta x \to 0$ 时,$x \to x_0$. 于是,可得到导数的定义式(3-1)的不同形式:

$$f'(x_0) = \lim_{x \to x_0} \frac{f(x) - f(x_0)}{x - x_0}. \tag{3-2}$$

例 3.3 求函数 $f(x) = C$(C 为常数)在任意点 x_0 处的导数.

解 由导数的定义,得

$$f'(x_0) = \lim_{\Delta x \to 0} \frac{f(x_0 + \Delta x) - f(x_0)}{\Delta x}$$

$$= \lim_{\Delta x \to 0} \frac{C - C}{\Delta x}$$

$$= 0.$$

例 3.4 求函数 $f(x) = x^2 - 5x + 1$ 在 $x = 1$ 处的导数.

解 由导数的定义,得

$$f'(1) = \lim_{\Delta x \to 0} \frac{f(1 + \Delta x) - f(1)}{\Delta x}$$

$$= \lim_{\Delta x \to 0} \frac{[(1 + \Delta x)^2 - 5(1 + \Delta x) + 1] - (1 - 5 + 1)}{\Delta x}$$

$$= \lim_{\Delta x \to 0} \frac{-3\Delta x + (\Delta x)^2}{\Delta x}$$

$$= \lim_{\Delta x \to 0} (-3 + \Delta x)$$

$$= -3.$$

3.1.2 可导与连续的关系

设函数 $y = f(x)$ 在点 x_0 处可导,则极限

$$\lim_{\Delta x \to 0} \frac{\Delta y}{\Delta x} = f'(x_0)$$

存在. 由具有极限的函数与无穷小的关系可知

$$\frac{\Delta y}{\Delta x} = f'(x_0) + \alpha,$$

其中 $\lim_{\Delta x \to 0} \alpha = 0$. 等式两边同乘以 Δx, 得

$$\Delta y = f'(x_0)\Delta x + \alpha \Delta x.$$

当 $\Delta x \to 0$ 时, $\Delta y \to 0$, 即 $\lim_{\Delta x \to 0} \Delta y = \lim_{\Delta x \to 0}[f'(x_0)\Delta x + \alpha \Delta x] = 0$, 因此函数 f 在 x_0 处连续. 由此可得如下定理.

定理 3.1 若函数 $f(x)$ 在点 x_0 处可导, 则该函数在点 x_0 处连续.

此定理之逆未必成立.

例 3.5 考察函数 $f(x) = \sqrt[3]{x}$ 在 $x = 0$ 处的连续性与可导性.

解 因为 $\lim_{x \to 0} f(x) = \lim_{x \to 0} \sqrt[3]{x} = 0 = f(0)$, 所以 $f(x)$ 在 $x = 0$ 处连续. 又

$$f'(0) = \lim_{x \to 0}\frac{f(x) - f(0)}{x} = \lim_{x \to 0}\frac{\sqrt[3]{x}}{x}$$
$$= \lim_{x \to 0}\frac{1}{\sqrt[3]{x^2}} = +\infty.$$

因此函数 $f(x) = \sqrt[3]{x}$ 在 $x = 0$ 处连续但不可导(见图 3-4).

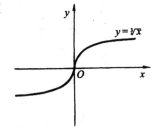

图 3-4

例 3.6 试问函数

$$f(x) = \begin{cases} x\sin\dfrac{1}{x}, & x \neq 0, \\ 0, & x = 0, \end{cases}$$

在 $x = 0$ 处可导吗?

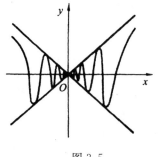

图 3-5

解 因为 $\lim_{x \to 0}\dfrac{f(x) - f(0)}{x} = \lim_{x \to 0}\dfrac{x\sin\dfrac{1}{x}}{x} = \lim\sin\dfrac{1}{x}$ 不存在, 而 $\lim_{x \to 0} f(x) = \lim_{x \to 0} x\sin\dfrac{1}{x} = 0 = f(0)$, 所以函数 $f(x)$ 在 $x = 0$ 处连续但不可导(见图 3-5).

综合以上结果, 我们不难得到这一重要结论: 如果函数 $f(x)$ 在 x_0 处可导, 则函数 $f(x)$ 在 x_0 处必连续; 反之, 如果函数 $f(x)$ 在 x_0 处连续, 那么它在 x_0 处未必可导. 简言之, 可导必定连续, 而连续未必可导. 也即函数在 x_0 处连续是函数在该点可导的必要条件, 而非充分条件.

此外, 由于导数是用增量之比的极限来定义的, 故有如下左、右导数的定义.

定义 3.2 设函数 $f(x)$ 在点 x_0 的某邻域内有定义,点 $x_0+\Delta x$ 也在此邻域内,如果极限

$$\lim_{\Delta x\to0^-}\frac{f(x_0+\Delta x)-f(x_0)}{\Delta x}=\lim_{x\to x_0^-}\frac{f(x)-f(x_0)}{x-x_0}$$

存在,则称该极限值为函数在 x_0 处的左导数,记为 $f'_-(x_0)$;

如果极限

$$\lim_{\Delta x\to0^+}\frac{f(x_0+\Delta x)-f(x_0)}{\Delta x}=\lim_{x\to x_0^+}\frac{f(x)-f(x_0)}{x-x_0}$$

存在,则称该极限值为函数在 x_0 处的右导数,记为 $f'_+(x_0)$.

由极限存在的充要条件可得,$f'(x_0)$ 存在等价于 $f'_+(x_0)$ 及 $f'_-(x_0)$ 存在且相等,即有以下定理:

定理 3.2 函数 $f(x)$ 在 x_0 处可导的充分必要条件是左导数 $f'_-(x_0)$ 和右导数 $f'_+(x_0)$ 都存在且相等.

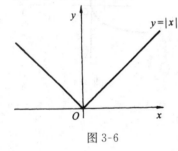

图 3-6

左、右导数常用于讨论分段函数在分段点处的可导性.

例 3.7 讨论函数 $f(x)=|x|$ 在 $x=0$ 处的连续性和可导性(见图 3-6).

解 对于 $f(x)=|x|$,由于

$$\lim_{x\to0^-}f(x)=\lim_{x\to0^-}(-x)=0,$$
$$\lim_{x\to0^+}f(x)=\lim_{x\to0^+}x=0,$$

从而 $\lim\limits_{x\to0}f(x)=\lim\limits_{x\to0}|x|=0=f(0)$,故 $f(x)$ 在 $x=0$ 处连续. 又因为

$$f'_+(0)=\lim_{x\to0^+}\frac{f(x)-f(0)}{x-0}=\lim_{x\to0^+}\frac{x}{x}=1,$$

$$f'_-(0)=\lim_{x\to0^-}\frac{f(x)-f(0)}{x-0}=\lim_{x\to0^-}\frac{-x}{x}=-1,$$

所以 $f(x)=|x|$ 在 $x=0$ 处不可导.

例 3.8 试确定常数 a 和 b,使函数

$$f(x)=\begin{cases}2+ax-x^2, & x\leqslant0,\\ \sin x+b, & x>0,\end{cases}$$

在点 $x=0$ 处连续且可导.

解 因为 $\lim\limits_{x\to0}f(x)=\lim\limits_{x\to0}(2+ax-x^2)=2$,

$$\lim_{x\to0^+}f(x)=\lim_{x\to0^+}(\sin x+b)=b,$$
$$f(0)=2.$$

故当 $b=2$ 时，$f(x)$ 在 $x=0$ 处连续.

又
$$f'_-(0)=\lim_{x\to 0^-}\frac{f(x)-f(0)}{x}=\lim_{x\to 0^-}\frac{(2+ax-x^2)-2}{x}$$
$$=\lim_{x\to 0^-}(a-x)=a,$$
$$f'_+(0)=\lim_{x\to 0^+}\frac{f(x)-f(0)}{x}=\lim_{x\to 0^+}\frac{(\sin x+2)-2}{x}=1.$$

当 $a=1$ 时 $f'_-(0)=f'_+(0)$，即 $f'(0)=1$，

所以当 $a=1,b=2$ 时，$f(x)$ 在 $x=0$ 处连续且可导.

3.1.3 导数的几何意义

函数 $f(x)$ 在 x_0 处的导数 $f'(x_0)$，其几何意义就是该函数所表示的曲线 $y=f(x)$ 在点 $M_0(x_0,f(x_0))$ 处切线的斜率. 如果 $f'(x_0)>0$，则在函数图形上的相应点 M_0 处，曲线的切线斜率大于 0，从而切线的倾斜角 α 是锐角[见图 3-7(a)]. 如果 $f'(x_0)<0$，则曲线在点 M_0 处的切线斜率小于 0，从而切线的倾斜角 α 是钝角[见图 3-7(b)].

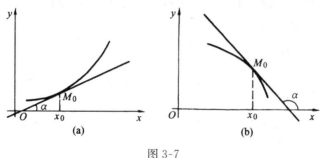

图 3-7

根据导数的几何意义知道，由函数 $f(x)$ 在点 x_0 处的导数 $f'(x_0)$，可得曲线 $y=f(x)$ 在点 $M_0(x_0,f(x_0))$ 的切线方程

$$y=f(x_0)+f'(x_0)(x-x_0)$$

及法线方程

$$y=f(x_0)-\frac{1}{f'(x_0)}(x-x_0)\ (f'(x_0)\neq 0).$$

例 3.9 求曲线 $y=x^3+1$ 在点 $(1,2)$ 处的切线方程和法线方程.

解 因为 $f'(1)=\lim_{x\to 1}\dfrac{f(x)-f(1)}{x-1}$

$$=\lim_{x\to 1}\frac{(x^3+1)-(1+1)}{x-1}$$

$$=\lim_{x\to 1}\frac{x^3-1}{x-1}$$

$$=\lim_{x\to 1}(x^2+x+1)$$
$$=3,$$

所以在点 $(1,2)$ 处的切线方程是

$$y=2+3(x-1),\text{即 }3x-y-1=0;$$

法线方程是

$$y=2-\frac{1}{3}(x-1),\text{即 }x+3y-7=0.$$

3.1.4 导函数

如果函数 $f(x)$ 在区间 (a,b) 内的任意点 x 都可导,即在任意点 x 处都有对应的导数值 $f'(x)$,显然 $f'(x)$ 是 x 的函数,我们称这个函数为 $f(x)$ 的**导函数**,简称**导数**.

定义 3.3 若函数 $f(x)$ 在区间 (a,b) 内可导,且 $f'_+(a)$ 及 $f'_-(b)$ 存在,则称函数 $f(x)$ 在区间 $[a,b]$ 上可导.

而 $f(x)$ 在点 x_0 处的导数也就是导函数 $f'(x)$ 在点 x_0 处的函数值.

例 3.10 设 $y=x^3$,求 $y'|_{x=-1}$,$y'|_{x=2}$

解 因为 $y'=\lim_{\Delta x\to 0}\dfrac{(x+\Delta x)^3-x^3}{\Delta x}$

$$=\lim_{\Delta x\to 0}\frac{3x^2(\Delta x)+3x(\Delta x)^2+(\Delta x)^3}{\Delta x}$$
$$=\lim_{\Delta x\to 0}[3x^2+3x(\Delta x)+(\Delta x)^2]$$
$$=3x^2,$$

所以
$$y'|_{x=-1}=3x^2|_{x=-1}=3;$$
$$y'|_{x=2}=3x^2|_{x=2}=12.$$

一般地,$\dfrac{\mathrm{d}x^n}{\mathrm{d}x}=nx^{n-1}$($n$ 为正整数).

因为若令 $y=x^n$,根据二项式定理

$$(x+\Delta x)^n=x^n+nx^{n-1}(\Delta x)+\frac{n(n-1)}{2!}x^{n-2}(\Delta x)^2+\cdots+(\Delta x)^n,$$

所以 $y'=\dfrac{\mathrm{d}x^n}{\mathrm{d}x}=\lim_{\Delta x\to 0}\dfrac{(x+\Delta x)^n-x^n}{\Delta x}$

$$=\lim_{\Delta x\to 0}\frac{nx^{n-1}(\Delta x)+\dfrac{n(n-1)}{2}x^{n-2}(\Delta x)^2+\cdots+(\Delta x)^n}{\Delta x}$$
$$=\lim_{\Delta x\to 0}\left[nx^{n-1}+\frac{n(n-1)}{2}x^{n-2}(\Delta x)+\cdots+(\Delta x)^{n-1}\right]$$

$$= nx^{n-1}.$$

事实上，对于任何实数 μ，有公式

$$(x^{\mu})' = \mu x^{\mu-1}.$$

例 3.11 证明 $\dfrac{\mathrm{d}\sin x}{\mathrm{d}x} = \cos x, \dfrac{\mathrm{d}\cos x}{\mathrm{d}x} = -\sin x.$

证 令 $y = \sin x$，

所以 $y' = \lim\limits_{\Delta x \to 0} \dfrac{\sin(x+\Delta x) - \sin x}{\Delta x}$

$$= \lim\limits_{\Delta x \to 0} \dfrac{2\cos\left(x+\dfrac{\Delta x}{2}\right)\sin\dfrac{\Delta x}{2}}{\Delta x}$$

$$= \lim\limits_{\Delta x \to 0} \cos\left(x+\dfrac{\Delta x}{2}\right)\dfrac{\sin\dfrac{\Delta x}{2}}{\dfrac{\Delta x}{2}}$$

$$= \cos x.$$

同理可推得 $\dfrac{\mathrm{d}\cos x}{\mathrm{d}x} = -\sin x.$

例 3.12 求函数 $y = \log_a x$ 的导数.

解 $y' = \lim\limits_{\Delta x \to 0} \dfrac{\log_a(x+\Delta x) - \log_a x}{\Delta x}$

$$= \lim\limits_{\Delta x \to 0} \dfrac{1}{\Delta x}\log_a\left(1+\dfrac{\Delta x}{x}\right)$$

$$= \lim\limits_{\Delta x \to 0} \dfrac{1}{x}\log_a\left(1+\dfrac{\Delta x}{x}\right)^{\frac{x}{\Delta x}}$$

$$= \dfrac{1}{x}\log_a \mathrm{e}$$

$$= \dfrac{1}{x\ln a}.$$

特别地，当 $a = \mathrm{e}$ 时有

$$(\ln x)' = \dfrac{1}{x}.$$

同样，用导数的定义可推得指数函数 $y = a^x$ 的导数，即

$$y' = (a^x)' = a^x \ln a.$$

这是因为

$$y' = \lim\limits_{\Delta x \to 0} \dfrac{a^{x+\Delta x} - a^x}{\Delta x}$$

$$= \lim_{\Delta x \to 0} \frac{a^x(a^{\Delta x}-1)}{\Delta x}$$

$$= a^x \lim_{\Delta x \to 0} \frac{e^{\Delta x \ln a}-1}{\Delta x}$$

$$= a^x \ln a.$$

若 $a=\mathrm{e}$,即有

$$(\mathrm{e}^x)' = \mathrm{e}^x.$$

例 3.13 设函数 $f(x)$ 对任意给定 $x,y\in(-\infty,+\infty)$ 满足 $f(x+y)=f(x)g(y)+f(y)g(x)$,且 $f(0)=0,f'(0)=1,g(x)=\sqrt{1+x^2}$. 求 $f'(x)$.

解 由题设 $f'(0)=\lim_{\Delta x \to 0}\dfrac{f(\Delta x)-f(0)}{\Delta x}=\lim_{\Delta x \to 0}\dfrac{f(\Delta x)}{\Delta x}=1$,

所以
$$f'(x)=\lim_{\Delta x \to 0}\frac{f(x+\Delta x)-f(x)}{\Delta x}$$

$$=\lim_{\Delta x \to 0}\frac{f(x)g(\Delta x)+f(\Delta x)g(x)-f(x)}{\Delta x}$$

$$=\lim_{\Delta x \to 0}\frac{f(x)[g(\Delta x)-1]+f(\Delta x)g(x)}{\Delta x}$$

$$=\lim_{\Delta x \to 0}\left[f(x)\frac{\sqrt{1+(\Delta x)^2}-1}{\Delta x}+g(x)\frac{f(\Delta x)}{\Delta x}\right]$$

$$=g(x)\cdot f'(0)$$

$$=\sqrt{1+x^2}.$$

3.2 求 导 法 则

我们常要计算一些初等函数的导数. 若都像上一节按导数的定义去求解,那是很麻烦的. 我们注意到,初等函数是由基本初等函数经过有限次四则运算和有限次复合而构成的,故在已知一些基本初等函数的导函数基础上,再建立导数的四则运算法则和复合函数的求导法则,那么,求初等函数的导数将会变得比较容易.

3.2.1 导数的四则运算

定理 3.3 设 $f(x),g(x)$ 在点 x 处可导,则 $f(x)\pm g(x)$ 在点 x 处也可导,且
$$[f(x)\pm g(x)]' = f'(x)\pm g'(x).$$

证 设 $h(x)=f(x)+g(x)$(减号同理可证得),所以
$$h'(x)=\lim_{\Delta x \to 0}\frac{h(x+\Delta x)-h(x)}{\Delta x}$$

$$= \lim_{\Delta x \to 0} \frac{[f(x+\Delta x)+g(x+\Delta x)]-[f(x)+g(x)]}{\Delta x}$$

$$= \lim_{\Delta x \to 0}\left[\frac{f(x+\Delta x)-f(x)}{\Delta x}+\frac{g(x+\Delta x)-g(x)}{\Delta x}\right]$$

$$= f'(x)+g'(x),$$

即

$$\boxed{[f(x)\pm g(x)]'=f'(x)\pm g'(x).}$$

例 3.14 设 $y=x^3+4x^2-7x+3$,求 y'.

解
$$y'=(x^3+4x^2-7x+3)'$$
$$=(x^3)'+(4x^2)'-(7x)'+(3)'$$
$$=3x^2+8x-7.$$

例 3.15 求函数 $y=x^2+\sqrt{x}$ 在点 $(1,2)$ 处的切线方程和法线方程.

解 因为
$$y'=(x^2+\sqrt{x})'$$
$$=(x^2)'+(x^{\frac{1}{2}})'$$
$$=2x+\frac{1}{2}x^{-\frac{1}{2}}$$
$$=2x+\frac{1}{2\sqrt{x}},$$

所以在点 $(1,2)$ 处切线的斜率 $k=y'(1)=2+\frac{1}{2}=\frac{5}{2}$,故切线方程为

$$y=2+\frac{5}{2}(x-1),\text{即 }5x-2y-1=0;$$

法线方程为

$$y=2-\frac{2}{5}(x-1),\text{即 }2x+5y-12=0.$$

定理 3.4 设 $f(x),g(x)$ **在点** x **处可导,则** $f(x)g(x)$ **在点** x **处也可导,且**
$$[f(x)g(x)]'=f'(x)g(x)+f(x)g'(x).$$

证 设 $h(x)=f(x)g(x)$,所以

$$h'(x)=\lim_{\Delta x \to 0}\frac{h(x+\Delta x)-h(x)}{\Delta x}$$

$$=\lim_{\Delta x \to 0}\frac{f(x+\Delta x)g(x+\Delta x)-f(x)g(x)}{\Delta x}$$

$$=\lim_{\Delta x \to 0}\frac{f(x+\Delta x)g(x+\Delta x)-f(x)g(x+\Delta x)+f(x)g(x+\Delta x)-f(x)g(x)}{\Delta x}$$

$$=\lim_{\Delta x \to 0}\left[\frac{f(x+\Delta x)-f(x)}{\Delta x}g(x+\Delta x)+f(x)\frac{g(x+\Delta x)-g(x)}{\Delta x}\right]$$

$$= f'(x)g(x) + f(x)g'(x),$$

即

$$\big[f(x)g(x)\big]' = f'(x)g(x) + f(x)g'(x).$$

特别

$$\big[Cg(x)\big]' = Cg'(x).$$

例 3.16 设 $y = x^2 \sin x$，求 y'.

解 $y' = (x^2 \sin x)' = (x^2)' \sin x + x^2 (\sin x)'$

$$= 2x \sin x + x^2 \cos x.$$

定理 3.5 设 $f(x)$，$g(x)$ 在点 x 处可导，$g(x) \neq 0$，则 $\dfrac{f(x)}{g(x)}$ 在点 x 处也可导，且

$$\left[\frac{f(x)}{g(x)}\right]' = \frac{f'(x)g(x) - f(x)g'(x)}{g^2(x)}.$$

证 设 $h(x) = \dfrac{f(x)}{g(x)}$，所以

$$h'(x) = \lim_{\Delta x \to 0} \frac{h(x + \Delta x) - h(x)}{\Delta x}$$

$$= \lim_{\Delta x \to 0} \frac{\dfrac{f(x+\Delta x)}{g(x+\Delta x)} - \dfrac{f(x)}{g(x)}}{\Delta x}$$

$$= \lim_{\Delta x \to 0} \frac{f(x+\Delta x)g(x) - f(x)g(x+\Delta x)}{\Delta x g(x+\Delta x)g(x)}$$

$$= \lim_{\Delta x \to 0} \frac{\big[f(x+\Delta x)g(x) - f(x)g(x)\big] - \big[f(x)g(x+\Delta x) - f(x)g(x)\big]}{\Delta x g(x+\Delta x)g(x)}$$

$$= \lim_{\Delta x \to 0} \frac{\dfrac{f(x+\Delta x) - f(x)}{\Delta x} g(x) - f(x) \dfrac{g(x+\Delta x) - g(x)}{\Delta x}}{g(x+\Delta x)g(x)}$$

$$= \frac{f'(x)g(x) - f(x)g'(x)}{g^2(x)},$$

即

$$\left[\frac{f(x)}{g(x)}\right]' = \frac{f'(x)g(x) - f(x)g'(x)}{g^2(x)}.$$

若 $f(x) = 1$，则 $\left[\dfrac{1}{g(x)}\right]' = -\dfrac{g'(x)}{g^2(x)}$.

例 3.17 求 $y = \tan x$ 的导数.

解 $y' = (\tan x)' = \left(\dfrac{\sin x}{\cos x} \right)'$

$\qquad = \dfrac{(\sin x)' \cos x - \sin x (\cos x)'}{\cos^2 x}$

$\qquad = \dfrac{\cos x \cdot \cos x - \sin x (-\sin x)}{\cos^2 x}$

$\qquad = \dfrac{1}{\cos^2 x}$

$\qquad = \sec^2 x.$

同理可得：

$$(\cot x)' = -\csc^2 x$$

例 3.18 求 $y = \sec x$ 的导数.

解 $y' = (\sec x)' = \left(\dfrac{1}{\cos x} \right)' = -\dfrac{(\cos x)'}{\cos^2 x}$

$\qquad = -\dfrac{\sin x}{\cos^2 x} = \dfrac{1}{\cos x} \dfrac{\sin x}{\cos x}$

$\qquad = \sec x \cdot \tan x.$

同理可得

$$(\csc x)' = -\csc x \cdot \cot x$$

例 3.19 设 $y = \dfrac{x}{1 - \cos x}$，求 y'.

解 $y' = \left(\dfrac{x}{1 - \cos x} \right)'$

$\qquad = \dfrac{(x)'(1 - \cos x) - x(1 - \cos x)'}{(1 - \cos x)^2}$

$\qquad = \dfrac{1 - \cos x - x \sin x}{(1 - \cos x)^2}.$

3.2.2 复合函数的求导法则

定理 3.6(链导法) 设函数 $u = \varphi(x)$ 在点 x 处可导，函数 $y = f(u)$ 在对应点 u 处可导，则复合函数 $y = f[\varphi(x)]$ 在点 x 处可导，且

$$\frac{\mathrm{d}y}{\mathrm{d}x} = \frac{\mathrm{d}f}{\mathrm{d}u} \cdot \frac{\mathrm{d}u}{\mathrm{d}x}.$$

或

$$y' = \frac{\mathrm{d}y}{\mathrm{d}x} = f'(u) \cdot \varphi'(x).$$

证 设自变量在点 x 处取得增量 Δx，中间变量 $u = \varphi(x)$ 取得增量 Δu，从而函

数 $y=f(u)$ 取得增量 Δy. 当 $\Delta u \neq 0$ 时,由于 $f'(u)=\lim\limits_{\Delta u \to 0}\dfrac{\Delta y}{\Delta u}$ 及极限与无穷小的关系,有

$$\Delta y = f'(u) \cdot \Delta u + \alpha(\Delta u) \cdot \Delta u,$$

其中 $\lim\limits_{\Delta u \to 0}\alpha(\Delta u)=0$. 而 $\Delta u=0$ 时,因为

$$\Delta y = f(u+\Delta u)-f(u)=0,$$

此时可定义 $\alpha(0)=0$(α 是 Δu 的函数,当 $\Delta u=0$ 时本来是没有定义的),则不论 Δu 是否为零,总有

$$\begin{aligned}\Delta y &= f(\varphi(x+\Delta x))-f[\varphi(x)] \\ &= f'(\varphi(x))\Delta u + \alpha \Delta u.\end{aligned}$$

因为 $u=\varphi(x)$ 在 x 处连续,所以当 $\Delta x \to 0$ 时 $\Delta u \to 0$,故对上式两端除 Δx,并求极限即得复合函数的链导法则:

$$\boxed{\dfrac{\mathrm{d}y}{\mathrm{d}x}=\dfrac{\mathrm{d}y}{\mathrm{d}u}\cdot\dfrac{\mathrm{d}u}{\mathrm{d}x} \quad \text{或} \quad y'=f'(u)\cdot\varphi'(x).}$$

例 3.20　求函数 $y=(1-2x)^6$ 的导数.

解　如果按二项式定理把函数展开,计算量会很大. 但若把函数视为由 $y=u^6, u=1-2x$ 复合而成的复合函数,利用定理 3.6 的链导法,则计算将简便得多.

因为

$$\dfrac{\mathrm{d}y}{\mathrm{d}u}=(u^6)'=6u^5, \quad \dfrac{\mathrm{d}u}{\mathrm{d}x}=(1-2x)'=-2,$$

所以

$$\dfrac{\mathrm{d}y}{\mathrm{d}x}=\dfrac{\mathrm{d}y}{\mathrm{d}u}\cdot\dfrac{\mathrm{d}u}{\mathrm{d}x}=6u^5\cdot(-2)=-12(1-2x)^5.$$

例 3.21　求函数 $y=\cos x^2$ 的导数.

解　函数 $y=\cos x^2$ 由 $y=f(u)=\cos u, u=x^2$ 复合而成. 因为

$$f'(u)=(\cos u)'=-\sin u, \quad u'=(x^2)'=2x,$$

所以

$$\begin{aligned}y'&=f'(u)\cdot u'(x)=-\sin u \cdot 2x \\ &=-2x\sin x^2.\end{aligned}$$

例 3.22　求 $y=\ln|x|$ 的导数.

解　因为 $y=\begin{cases}\ln x, & x>0, \\ \ln(-x), & x<0,\end{cases}$

所以,当 $x>0$ 时

$$y'=(\ln x)'=\dfrac{1}{x};$$

当 $x<0$ 时，$y=\ln(-x)$ 由 $y=\ln u,u=-x$ 复合而成. 所以由

$$(\ln u)' = \frac{1}{u}, \quad u' = (-x)' = -1,$$

可得 $\qquad\qquad y' = [\ln(-x)]' = \frac{1}{u} \cdot (-1) = \frac{1}{x}.$

综合之，便有

$$y' = (\ln |x|)' = \frac{1}{x}.$$

例 3.23 设 $y=x^x$，求 y'.

解 将 $y=x^x=\mathrm{e}^{x\ln x}$ 看成是 $y=\mathrm{e}^u,u=x\ln x$ 复合而成. 因为

$$(\mathrm{e}^u)' = \mathrm{e}^u, \quad (x\ln x)' = \ln x + 1,$$

所以

$$y' = \mathrm{e}^u \cdot (\ln x + 1) = x^x(\ln x + 1).$$

运用这一题的求解方法，我们不难得到对幂函数 $y=x^\mu$（其中 μ 为任意实数）的导数公式：$y'=\mu x^{\mu-1}$.

定理 3.6 的复合函数链导法则可以推广至有限个可导函数的复合函数. 例：函数 $y=f\{\varphi[\psi(x)]\}$ 是由 3 个可导函数 $y=f(u),u=\varphi(v),v=\psi(x)$ 复合而成，则有

$$\frac{\mathrm{d}y}{\mathrm{d}x} = \frac{\mathrm{d}y}{\mathrm{d}u} \cdot \frac{\mathrm{d}u}{\mathrm{d}v} \cdot \frac{\mathrm{d}v}{\mathrm{d}x}$$

或

$$y' = f'(u) \cdot \varphi'(v) \cdot \psi'(x).$$

例 3.24 求下列函数的导数：

(1) $y=\dfrac{x^2}{\sqrt{1+x^2}}$；

(2) $y=\tan[\ln(1+2^x)]$；

(3) $y=\sqrt{\sin\dfrac{x}{2}}$.

解 (1) 先用商的导数公式，则有

$$y' = \frac{(x^2)'\sqrt{1+x^2} - x^2(\sqrt{1+x^2})'}{1+x^2}.$$

计算其中的 $(\sqrt{1+x^2})'$ 要用复合函数的链导法：

$$(\sqrt{1+x^2})' = \frac{1}{2\sqrt{1+x^2}} \cdot (1+x^2)' = \frac{x}{\sqrt{1+x^2}}.$$

在以后的复合函数求导中，不必把函数逐个分解，只要看清其中的复合关系，层层往里求导，再对各自变量的导数连乘即可. 这里就是默记 $1+x^2$ 为 u，那么等

号后的第一项就是 $\sqrt{u}$ 对 u 的导数 $\dfrac{1}{2\sqrt{u}}$，随即乘上 $u=1+x^2$ 对 x 的导数 $2x$，所以

$$y'=\left(\frac{x^2}{\sqrt{1+x^2}}\right)'=\frac{2x\sqrt{1+x^2}-\dfrac{x^3}{\sqrt{1+x^2}}}{1+x^2}$$

$$=\frac{2x+2x^3-x^3}{(1+x^2)^{3/2}}=\frac{x(2+x^2)}{(1+x^2)^{3/2}}.$$

(2) $\quad y'=\{\tan[\ln(1+2^x)]\}'$

$\qquad =\sec^2[\ln(1+2^x)]\cdot[\ln(1+2^x)]'$

$\qquad =\sec^2[\ln(1+2^x)]\cdot\dfrac{1}{1+2^x}\cdot(1+2^x)'$

$\qquad =\sec^2[\ln(1+2^x)]\cdot\dfrac{1}{1+2^x}\cdot2^x\cdot\ln2$

$\qquad =\dfrac{2^x\ln2}{1+2^x}\cdot\sec^2[\ln(1+2^x)].$

(3) $\quad y'=\left(\sqrt{\sin\dfrac{x}{2}}\right)'=\dfrac{1}{2}\cdot\dfrac{1}{\sqrt{\sin\dfrac{x}{2}}}\cdot\left(\sin\dfrac{x}{2}\right)'$

$\qquad =\dfrac{1}{2\sqrt{\sin\dfrac{x}{2}}}\cdot\cos\dfrac{x}{2}\cdot\left(\dfrac{x}{2}\right)'$

$\qquad =\dfrac{1}{2\sqrt{\sin\dfrac{x}{2}}}\cdot\cos\dfrac{x}{2}\cdot\dfrac{1}{2}$

$\qquad =\dfrac{\cos\dfrac{x}{2}}{4\sqrt{\sin\dfrac{x}{2}}}.$

3.2.3 隐函数求导法

方程 $x^2+y^2=1$ 确定了 y 是 x 的函数. 如何求 y' 呢？

设方程所确定的函数为 $y=y(x)$，这时方程变为恒等式

$$x^2+[y(x)]^2\equiv1.$$

对等式两端关于 x 求导，有

$$2x+2y(x)\cdot y'(x)=0,$$

所以

$$y'(x) = -\frac{x}{y} \quad (-1 < x < 1).$$

如果采用解出 $y = +\sqrt{1-x^2}$ 或 $y = -\sqrt{1-x^2}$ 来直接求导，其结果是相同的.

由以上讨论可知，要求由方程确定的隐函数 $y(x)$ 的导数 y'，只要在方程中将 y 视为 x 的函数，利用复合函数的求导法则，对方程两端关于 x 求导数，然后解出 y' 即可.

例 3.25 设 $y = y(x)$ 是由方程 $x^2 + 2xy - y^2 = 2x$ 所确定的隐函数，求 $y'(2)$.

解 方程两端对 x 求导，有

$$2x + 2(y + xy') - 2yy' = 2,$$

所以

$$y' = \frac{1-x-y}{x-y}.$$

当 $x = 2$ 时 $y = 0$ 或 4，因此有

$$y'\big|_{\substack{x=2\\(y=0)}} = -\frac{1}{2}, \quad y'\big|_{\substack{x=2\\(y=4)}} = \frac{5}{2}.$$

例 3.26 求函数 $y = \arcsin x, x \in (-1, 1)$ 的导数.

解 因为 $x = \sin y, (-\frac{\pi}{2} < y < \frac{\pi}{2})$

所以方程两端对 x 求导，有

$$1 = \cos y \cdot y',$$

因此

$$y' = \frac{1}{\cos y} = \frac{1}{\sqrt{1 - \sin^2 y}} = \frac{1}{\sqrt{1-x^2}}, \quad -1 < x < 1.$$

同理可得

$$(\arccos x)' = -\frac{1}{\sqrt{1-x^2}},$$

$$(\arctan x)' = \frac{1}{1+x^2},$$

$$(\text{arccot}\, x)' = -\frac{1}{1+x^2}.$$

最后我们不加证明地介绍当函数用参数方程表示时，如何求任一点的导数.

设平面曲线 C 由参数方程表示：

$$\begin{cases} x = \varphi(t) \\ y = \psi(t) \end{cases} \quad \alpha \leqslant t \leqslant \beta$$

且满足 $\varphi(t), \psi(t)$ 在 $[\alpha, \beta]$ 上可导及 $\varphi'(t) \neq 0$. 则有

$$\frac{\mathrm{d}y}{\mathrm{d}x} = \frac{\psi'(t)}{\varphi'(t)}.$$

详细证明可参阅多学时微积分教材.

例 3. 27 已知星形线的参数方程为

$$\begin{cases} x = a\cos^3 t, \\ y = a\sin^3 t, \end{cases} \quad 求 \frac{dy}{dx}.$$

解 因为 $x'(t) = (a\cos^3 t)' = -3a\cos^2 t \sin t,$

$y'(t) = (a\sin^3 t)' = 3a\sin^2 t \cos t,$

所以

$$\frac{dy}{dx} = \frac{y'(t)}{x'(t)} = \frac{3a\sin^2 t \cos t}{-3a\cos^2 t \sin t} = -\tan t.$$

例 3. 28 求摆线 $\begin{cases} x = a(t - \sin t), \\ y = a(1 - \cos t) \end{cases}$ 在 $t = \frac{\pi}{2}$ 的对应点 (x_0, y_0) 处的切线方程.

解 当 $t = \frac{\pi}{2}$ 时, $(x_0, y_0) = (a(\frac{\pi}{2} - 1), a)$, 且

$x'\left(\frac{\pi}{2}\right) = a(1 - \cos t)\big|_{t = \frac{\pi}{2}} = a,$

$y'\left(\frac{\pi}{2}\right) = a\sin t\big|_{t = \frac{\pi}{2}} = a,$

所以

$$k\big|_{t = \frac{\pi}{2}} = \frac{dy}{dx}\bigg|_{t = \frac{\pi}{2}} = \frac{y'\left(\frac{\pi}{2}\right)}{x'\left(\frac{\pi}{2}\right)} = 1,$$

从而切线方程为

$$y - a = x - a\left(\frac{\pi}{2} - 1\right), \quad 即 \quad x - y + 2a - \frac{a\pi}{2} = 0.$$

以上介绍了求导基本运算法则, 复合函数链导法及函数不同表示时的求导方法. 为便于计算, 列出如下导数的基本公式:

(1) $(C)' = 0$;

(2) $(x^\mu)' = \mu x^{\mu - 1}$ (μ 为任意实数);

(3) $(\log_a |x|)' = \dfrac{1}{x \ln a}$;

(4) $(\ln |x|)' = \dfrac{1}{x}$;

(5) $(a^x)' = a^x \ln a$;

(6) $(e^x)' = e^x$;

(7) $(\sin x)' = \cos x$;

(8) $(\cos x)' = -\sin x$;

(9) $(\tan x)' = \sec^2 x$;

(10) $(\cot x)' = -\csc^2 x$;

(11) $(\sec x)' = \sec x \tan x$;

(12) $(\csc x)' = -\csc x \cot x$;

(13) $(\arcsin x)' = \dfrac{1}{\sqrt{1-x^2}}$ $(|x|<1)$;

(14) $(\arccos x)' = -\dfrac{1}{\sqrt{1-x^2}}$ $(|x|<1)$;

(15) $(\arctan x)' = \dfrac{1}{1+x^2}$;

(16) $(\text{arccot}\, x)' = -\dfrac{1}{1+x^2}$.

导数运算的基本法则:

(1) $[u(x) \pm v(x)]' = u'(x) \pm v'(x)$;

(2) $[u(x)v(x)]' = u'(x)v(x) + u(x)v'(x)$;

(3) $\left[\dfrac{u(x)}{v(x)}\right]' = \dfrac{u'(x)v(x) - u(x)v'(x)}{v^2(x)}$ $(v(x) \neq 0)$;

(4) $\{f[\varphi(x)]\}' = f'[\varphi(x)] \cdot \varphi'(x)$.

其中 u, v, f, φ 可导.

3.3 高 阶 导 数

我们知道,如果物体的运动方程为 $s = s(t)$,则物体在时刻 t 的瞬时速度为 s 对 t 的导数,亦即 $v = s'$. 显然,速度 $v = s'$ 仍是时间 t 的函数,它对时间 t 的导数称为物体在时刻 t 的瞬时加速度,即 $a = v' = (s')'$ 称为 s 对 t 的二阶导数.

例如由自落体的运动方程为

$$s = \frac{1}{2}gt^2,$$

所以,其加速度

$$a = s'' = \left(\frac{1}{2}gt^2\right)'' = (gt)' = g.$$

一般地,设 $f'(x)$ 在点 x 的某个邻域内有定义,若极限

$$\lim_{\Delta x \to 0} \frac{f'(x + \Delta x) - f'(x)}{\Delta x}$$

存在,则称此极限值为函数 $y=f(x)$ 在点 x 处的二阶导数,记为

$$y'',f''(x),\frac{\mathrm{d}^2 y}{\mathrm{d}x^2},\frac{\mathrm{d}^2 f(x)}{\mathrm{d}x^2}.$$

类似地,二阶导数 $f''(x)$ 的导数称为 $f(x)$ 在点 x 处的三阶导数,记为

$$y''',f'''(x),\frac{\mathrm{d}^3 y}{\mathrm{d}x^3},\frac{\mathrm{d}^3 f(x)}{\mathrm{d}x^3}.$$

类似地,有 $y=f(x)$ 的 n 阶导数 $y^{(n)},f^{(n)}(x),\frac{\mathrm{d}^n y}{\mathrm{d}x^n},\frac{\mathrm{d}^n f(x)}{\mathrm{d}x^n}.$

二阶导数以上的导数统称为高阶导数.

显然,求高阶导数并不需要新的求导公式,只需对函数 $f(x)$ 逐次求导就可以了. 一般可通过从低阶导数找规律,得到函数的 n 阶导数.

函数 $f(x)$ 的各阶导数在 $x=x_0$ 处的数值记为

$$f'(x_0),f''(x_0),\cdots,f^{(n)}(x_0)$$

或

$$y'\mid_{x=x_0},y''\mid_{x=x_0},\cdots,y^{(n)}\mid_{x=x_0}.$$

例 3.29   求 $y=x^5-3x^2+2x+1$ 的 n 阶导数.

解   因为 $y'=5x^4-3\cdot 2x+2,$

$y''=5\cdot 4x^3-3\cdot 2,$

$y'''=5\cdot 4\cdot 3x^2-3\cdot 2$

$y^{(4)}=5\cdot 4\cdot 3\cdot 2x,$

$y^{(5)}=5!,$

$y^{(6)}=0,$

所以 $y^{(n)}=0$ $(n>5).$

例 3.30   求 $y=a^x$ 的 n 阶导数.

解   因为 $y'=a^x\ln a,$

$y''=a^x(\ln a)^2,$

$y'''=a^x(\ln a)^3,$

$y^{(4)}=a^x(\ln a)^4,$

……

从而推得 $y^{(n)}=a^x(\ln a)^n.$

特别地, $a=\mathrm{e}$,则 $(\mathrm{e}^x)^{(n)}=\mathrm{e}^x.$

例 3.31   求 $y=\sin x$ 的 n 阶导数.

解   因为

$$y'=(\sin x)'=\cos x=\sin\left(x+\frac{\pi}{2}\right),$$

$$y'' = \left[\sin\left(x + \frac{\pi}{2}\right) \right]' = \cos\left(x + \frac{\pi}{2}\right)\left(x + \frac{\pi}{2}\right)',$$

$$= \cos\left(x + \frac{\pi}{2}\right) = \sin\left(x + 2 \cdot \frac{\pi}{2}\right),$$

$$y''' = -\sin\left(x + \frac{\pi}{2}\right) = \sin\left(x + 3 \cdot \frac{\pi}{2}\right),$$

$$y^{(4)} = -\cos\left(x + \frac{\pi}{2}\right) = \sin\left(x + 4 \cdot \frac{\pi}{2}\right),$$

......

从而推得

$$y^{(n)} = (\sin x)^{(n)} = \sin\left(x + \frac{n\pi}{2}\right).$$

同理可得

$$y^{(n)} = (\cos x)^{(n)} = \cos\left(x + \frac{n\pi}{2}\right).$$

例 3.32 求 $y = \dfrac{1}{x+a}$ 的 n 阶导数.

解 因为

$$y' = \frac{-1}{(x+a)^2},$$

$$y'' = \frac{2}{(x+a)^3},$$

$$y''' = -\frac{2 \cdot 3}{(x+a)^4},$$

$$y^{(4)} = \frac{2 \cdot 3 \cdot 4}{(x+a)^5},$$

......

从而推得

$$y^{(n)} = (-1)^n \frac{n!}{(x+a)^{n+1}}.$$

例 3.33 设 $y = \dfrac{1}{x^2 - x - 6}$,求 $y^{(n)}$.

解 因为 $y = \dfrac{1}{x^2 - x - 6} = \dfrac{1}{(x+2)(x-3)}$

$$= -\frac{1}{5}\left(\frac{1}{x+2} - \frac{1}{x-3}\right),$$

所以

$$y^{(n)} = -\frac{1}{5}\left[\left(\frac{1}{x+2}\right)^{(n)} - \left(\frac{1}{x-3}\right)^{(n)}\right]$$

$$= -\frac{1}{5}\left[(-1)^n\frac{n!}{(x+2)^{n+1}} - (-1)^n\frac{n!}{(x-3)^{n+1}}\right]$$

$$= (-1)^{n+1}\frac{n!}{5}\left[\frac{1}{(x+2)^{n+1}} - \frac{1}{(x-3)^{n+1}}\right].$$

例 3.34　求 $y = \ln(1+x)$ 的 n 阶导数.

解　因为 $y' = \dfrac{1}{1+x}$,

所以由例 3.29 即可得

$$y^{(n)} = (y')^{n-1} = \left(\frac{1}{1+x}\right)^{(n-1)} = (-1)^{n-1}\frac{(n-1)!}{(1+x)^n}.$$

例 3.35　已知 $xy - \sin(\pi y^2) = 0$，求 $y'|_{x=0 \atop y=1}$，$y''|_{x=0 \atop y=1}$.

解　等式两端对 x 求导，得

$$y + xy' - 2\pi yy'\cos(\pi y^2) = 0, \tag{3-3}$$

将 $x=0$，$y=1$ 代入上式，即得

$$y'|_{x=0 \atop y=1} = -\frac{1}{2\pi}.$$

由式 (3-3) 两端再对 x 求导，得

$$y' + y' + xy'' - 2\pi y'^2\cos(\pi y^2) - 2\pi yy''\cos(\pi y^2) + 4\pi^2 y^2 y'^2\sin(\pi y^2) = 0.$$

把 $x=0$，$y=1$，$y' = -\dfrac{1}{2\pi}$ 代入上式，得

$$y''|_{x=0 \atop y=1} = \frac{1}{4\pi^2}.$$

3.4　微分及其应用

3.4.1　微分的定义

我们已经知道，函数的导数是表示函数在点 x 处的变化率，它描述了函数在点 x 处变化的快慢程度. 有时，我们还需要了解函数在某一点当自变量取得一个微小的改变量 Δx 时，函数取得的相应改变量 Δy 的大小.

设 $y = f(x)$ 的导数存在，由于

$$f'(x) = \lim_{\Delta x \to 0}\frac{\Delta y}{\Delta x},$$

故有

$$\frac{\Delta y}{\Delta x} = f'(x) + \alpha, \quad 其中 \lim_{\Delta x \to 0} \alpha = 0,$$

从而

$$\Delta y = f'(x)\Delta x + \alpha \Delta x.$$

我们看到,函数的改变量 Δy 由两部分组成:一部分 $f'(x)\Delta x$ 是 Δx 的线性部分,另一部分 $\alpha \Delta x$ 当 $\Delta x \to 0$ 时是 Δx 的高阶无穷小:

$$\alpha \Delta x = o(\Delta x) \quad (\Delta x \to 0).$$

因此,上式又可写成

$$\Delta y = f'(x)\Delta x + o(\Delta x).$$

定义 3.4　若函数 $y=f(x)$ 在点 x 处当自变量有一增量 Δx 时,函数 f 的增量 Δy 能表示成 $\Delta y = f'(x)\Delta x + o(\Delta x)$,则称函数 $y=f(x)$ 在点 x 处可微,而其 Δx 的**线性函数** $f'(x)\Delta x$ 称为函数 $y=f(x)$ 在点 x 处的微分,记为

$$\mathrm{d}y = \mathrm{d}f(x) = f'(x)\Delta x.$$

若记 $\Delta x = \mathrm{d}x$,则函数 $y=f(x)$ 在点 x 处的微分可表示为

$$\mathrm{d}y = \mathrm{d}f(x) = f'(x)\mathrm{d}x.$$

由此可知,函数可导也必有函数可微,且函数的微分是函数增量 Δy 的线性主部.

在前两节我们曾经用 $\dfrac{\mathrm{d}y}{\mathrm{d}x}$ 表示函数 $y=f(x)$ 的导数. 它是一个整体记号. 现在引进微分的概念后,$\dfrac{\mathrm{d}y}{\mathrm{d}x}$ 就不只是导数的记号了,而是函数微分与自变量微分之商,所以我们又称导数为微商.

3.4.2　微分的几何意义

在直角坐标系中作函数 $y=f(x)$ 的图形(见图 3-8),曲线上取定一点 $M(x,y)$,过 M 点作曲线的切线,此切线的斜率

$$\tan \alpha = f'(x),$$

当自变量在点 x 处有改变量 Δx 时,得曲线上另一点 $M'(x+\Delta x, y+\Delta y)$,记

$$MN = \Delta x, \quad NM' = \Delta y,$$

则

$$NP = MN \cdot \tan \alpha = f'(x)\Delta x = \mathrm{d}y.$$

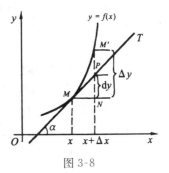

图 3-8

因此,函数 $y=f(x)$ 在点 x 的微分 $\mathrm{d}y$ 就是当曲线上点 M 的横坐标 x 有一个改变量时相应 M 点的切线的纵坐标的改变量. 图 3-8 中的线段 $M'P$ 是 Δy 与 $\mathrm{d}y$ 之差.

3.4.3 微分的运算

由微分的定义可知,求函数 $y=f(x)$ 的微分 $\mathrm{d}y$,只要求得函数的导数 $f'(x)$,再乘上自变量的微分 $\mathrm{d}x$ 即可. 所以由导数的一些基本公式及法则,立即可得微分公式:

(1) $\mathrm{d}(C)=0$;

(2) $\mathrm{d}(x^\mu)=\mu x^{\mu-1}\mathrm{d}x$;

(3) $\mathrm{d}(\log_a|x|)=\dfrac{1}{x\ln a}\mathrm{d}x$;

(4) $\mathrm{d}(\ln|x|)=\dfrac{1}{x}\mathrm{d}x$;

(5) $\mathrm{d}(a^x)=a^x\ln a\,\mathrm{d}x$;

(6) $\mathrm{d}(\mathrm{e}^x)=\mathrm{e}^x\mathrm{d}x$;

(7) $\mathrm{d}(\sin x)=\cos x\,\mathrm{d}x$;

(8) $\mathrm{d}(\cos x)=-\sin x\,\mathrm{d}x$;

(9) $\mathrm{d}(\tan x)=\sec^2 x\,\mathrm{d}x$;

(10) $\mathrm{d}(\cot x)=-\csc^2 x\,\mathrm{d}x$;

(11) $\mathrm{d}(\sec x)=\sec x\tan x\,\mathrm{d}x$;

(12) $\mathrm{d}(\csc x)=-\csc x\cot x\,\mathrm{d}x$;

(13) $\mathrm{d}(\arcsin x)=\dfrac{1}{\sqrt{1-x^2}}\mathrm{d}x$;

(14) $\mathrm{d}(\arccos x)=-\dfrac{1}{\sqrt{1-x^2}}\mathrm{d}x$;

(15) $\mathrm{d}(\arctan x)=\dfrac{1}{1+x^2}\mathrm{d}x$;

(16) $\mathrm{d}(\operatorname{arccot}x)=-\dfrac{1}{1+x^2}\mathrm{d}x$.

微分的运算法则:

(1) $\mathrm{d}[u(x)\pm v(x)]=\mathrm{d}u(x)\pm\mathrm{d}v(x)$;

(2) $\mathrm{d}[u(x)v(x)]=u(x)\mathrm{d}v(x)+v(x)\mathrm{d}u(x)$;

(3) $\mathrm{d}\left[\dfrac{u(x)}{v(x)}\right]=\dfrac{v(x)\mathrm{d}u(x)-u(x)\mathrm{d}v(x)}{v^2(x)}$;

(4) $\mathrm{d}\{f[\varphi(x)]\}=f'[\varphi(x)]\varphi'(x)\mathrm{d}x$.

显然,法则(4)为复合函数 $y=f[\varphi(x)]$ 的微分,如果记 $u=\varphi(x)$,且 $\mathrm{d}u=\varphi'(x)\mathrm{d}x$,那么又可写作

$$\mathrm{d}y=\mathrm{d}f[\varphi(x)]=f'[\varphi(x)]\varphi'(x)\mathrm{d}x=f'(u)\mathrm{d}u,$$

这与 u 作为自变量函数 $y=f(u)$ 的微分形式 $\mathrm{d}y=f'(u)\mathrm{d}u$ 完全一样. 这就是说:不论 u 是自变量还是中间变量,函数 $y=f(u)$ 的微分形式是相同的,这样的特性被称为**一阶微分形式不变性**.

例 3.36 设 $y=\mathrm{e}^{2x-3}$,求 $\mathrm{d}y$.

解法一 利用微分定义可得

$$\mathrm{d}y=(\mathrm{e}^{2x-3})'\mathrm{d}x=\mathrm{e}^{2x-3}(2x-3)'\mathrm{d}x$$
$$=2\mathrm{e}^{2x-3}\mathrm{d}x.$$

解法二 令 $u=2x-3$,则 $y=\mathrm{e}^u$. 由微分形式不变性可得

$$\mathrm{d}y=(\mathrm{e}^u)'\mathrm{d}u=\mathrm{e}^{2x-3}\mathrm{d}(2x-3)$$

$$= 2\mathrm{e}^{2x-3}\mathrm{d}x.$$

例 3.37 设 $y = \dfrac{1}{x} + \sin(x^2 + 3x)$，求 $\mathrm{d}y$.

解法一 利用微分定义可得

$$\mathrm{d}y = \left[\frac{1}{x} + \sin(x^2 + 3x)\right]'\mathrm{d}x$$

$$= \left[-\frac{1}{x^2} + \cos(x^2 + 3x)(x^2 + 3x)'\right]\mathrm{d}x$$

$$= \left[(2x + 3)\cos(x^2 + 3x) - \frac{1}{x^2}\right]\mathrm{d}x.$$

解法二 由微分形式不变性及运算法则得

$$\mathrm{d}y = \mathrm{d}\left[\frac{1}{x} + \sin(x^2 + 3x)\right]$$

$$= \mathrm{d}\left(\frac{1}{x}\right) + \mathrm{d}\left[\sin(x^2 + 3x)\right]$$

$$= -\frac{1}{x^2}\mathrm{d}x + \cos(x^2 + 3x)\mathrm{d}(x^2 + 3x)$$

$$= (2x + 3)\cos(x^2 + 3x)\mathrm{d}x - \frac{1}{x^2}\mathrm{d}x.$$

例 3.38 设 $y = 1 + x\mathrm{e}^y$，求 $\mathrm{d}y|_{x=0}$.

解 等式两端对 x 求导，得

$$y' = \mathrm{e}^y + x\mathrm{e}^y \cdot y'.$$

所以

$$y' = \frac{\mathrm{e}^y}{1 - x\mathrm{e}^y}.$$

由于当 $x = 0$ 时，$y = 1$，因此 $\mathrm{d}y|_{x=0} = y'|_{\substack{x=0 \\ y=1}} \cdot \mathrm{d}x = \mathrm{e}\,\mathrm{d}x.$

3.4.4 微分的应用

我们知道，如果函数 $y = f(x)$ 在点 x_0 处可微，那么当 $|\Delta x|$ 充分小时，函数的微分 $\mathrm{d}y$ 是函数的改变量 Δy 的线性主部，因此可用 $\mathrm{d}y$ 作为 Δy 的近似值，即

$$\Delta y|_{x=x_0} \approx \mathrm{d}y|_{x=x_0} = f'(x_0)\Delta x.$$

此外，因为 $\Delta y = f(x_0 + \Delta x) - f(x_0)$，

所以

$$f(x_0 + \Delta x) - f(x_0) \approx f'(x_0)\Delta x,$$

从而当 $|\Delta x|$ 充分小时有近似公式

$$f(x_0 + \Delta x) \approx f(x_0) + f'(x_0)\Delta x.$$

例 3.39 设 $f(x) = x^2 - 3x + 5$，求：

(1) 当 $x_0=1, \Delta x=0.1$ 时的 Δy 及 dy;

(2) 当 $x_0=1, \Delta x=0.01$ 时的 Δy 及 dy.

解 因为

$$
\begin{aligned}
\Delta y &= f(x_0 + \Delta x) - f(x_0) \\
&= \left[(x_0 + \Delta x)^2 - 3(x_0 + \Delta x) + 5 \right] - (x_0^2 - 3x_0 + 5) \\
&= 2x_0 \Delta x + (\Delta x)^2 - 3\Delta x \\
&= (2x_0 - 3)\Delta x + (\Delta x)^2,
\end{aligned}
$$

$$
dy \big|_{x=x_0} = f'(x_0)\Delta x = (2x_0 - 3)\Delta x,
$$

所以

(1) 当 $x_0=1, \Delta x=0.1$ 时 $\quad \Delta y=-0.09, dy=-0.1$;

(2) 当 $x_0=1, \Delta x=0.01$ 时 $\quad \Delta y=-0.0099, dy=-0.01$.

例 3.40 近似计算 $\arctan 1.02$.

解 设 $f(x)=\arctan x$,根据近似公式

$$
f(x_0 + \Delta x) \approx f(x_0) + f'(x_0)\Delta x,
$$

令 $x_0=1, \Delta x=0.02$,得

$$
\arctan 1.02 \approx \arctan 1 + \frac{1}{2} \cdot 0.02 = \frac{\pi}{4} + 0.01 \approx 0.7954.
$$

例 3.41 证明:当 $|x|$ 充分小时,$e^x \approx 1+x$.

证 设 $f(x)=e^x$,由近似公式

$$
f(x_0 + \Delta x) \approx f(x_0) + f'(x_0)\Delta x,
$$

有

$$
e^{x_0 + \Delta x} \approx e^{x_0} + e^{x_0}\Delta x,
$$

令 $x_0=0, \Delta x=x$,即有

$$
e^x \approx 1+x.
$$

习 题 3

1. 已知 $f'(a)$ 存在,求下列极限:

(1) $\lim\limits_{h \to 0} \dfrac{f(a+h)-f(a)}{h}$; 　　　　(2) $\lim\limits_{x \to a} \dfrac{f(a)-f(x)}{x-a}$;

(3) $\lim\limits_{\Delta x \to 0} \dfrac{f(a+\Delta x)-f(a-\Delta x)}{\Delta x}$; 　　(4) $\lim\limits_{x \to a} \dfrac{xf(a)-af(x)}{x-a}$.

2. 求 a, b,使函数

$$
f(x) = \begin{cases} ax+1, & x>0, \\ e^{2x}+b, & x \leqslant 0, \end{cases}
$$

在 $x=0$ 处连续且可导.

3. 证明函数 $f(x)=\begin{cases} x^2+1, & x\leqslant 2, \\ \dfrac{1}{2}x+4, & x>2, \end{cases}$ 在 $x=2$ 处连续,但不可导.

4. 证明函数 $f(x)=\begin{cases} x^2\sin\dfrac{1}{x}, & x\neq 0, \\ 0 & x=0, \end{cases}$ 在 $x=0$ 处连续,但不可导.

5. 按导数的定义求下列函数的导数:

(1) $y=x^2-1$; (2) $y=-2x^2+x+1$;

(3) $y=\ln 2$; (4) $y=2x-4$.

6. 按定义,求下列函数在指定点处的导数:

(1) $f(x)=4x^2-9$,在 $x=1$ 处;

(2) $f(x)=x^2+6x$,在 $x=2$ 处;

(3) $f(x)=\sin x$,在 $x=\dfrac{\pi}{4}$ 处;

(4) $f(x)=\begin{cases} \sqrt{1+x}, & x\geqslant 0, \\ 1, & x<0, \end{cases}$ 在 $x=0$ 处.

7. 按导数的定义,求下列函数在指定点处的切线方程和法线方程:

(1) $y=2-x^2$,在点 $(1,1)$ 处;

(2) $y=\ln(1+x)$,在点 $(0,0)$ 处.

8. 利用导数的定义证明:偶函数的导数是奇函数,奇函数的导数是偶函数.

9. 设 $f(x)$ 对任何 x 均有关系式 $f(1+x)=af(x)$,且 $f'(0)=b$,证明 $f'(1)=ab$.

10. 设 $f(x)$ 对任何 x,y 均有 $f(x+y)=f(x)+f(y)+2xy$,且 $f'(0)$ 存在,证明:$f'(x)=2x+f'(0)$.

11. 设 $f(x)=(x-a)\varphi(x)$,其中 $\varphi(x)$ 在 $x=a$ 处连续,求 $f'(a)$.

12. 设 $f(x)$ 在 $x=0$ 处可导,且 $f(0)=1$,求 $\lim\limits_{x\to 0^+}[f(x)]^{\frac{1}{x}}$.

13. 求下列函数的导数:

(1) $y=\dfrac{1}{x}$; (2) $y=x\cdot\sqrt{x}$;

(3) $y=\dfrac{1}{\sqrt{x}}$; (4) $y=\dfrac{x^2\cdot\sqrt[3]{x}}{\sqrt[4]{x}}$;

(5) $y=\sqrt{x\sqrt{x}\sqrt{x}}$; (6) $y=2^x$;

(7) $y = 5^x \cdot e^x$;   (8) $y = \lg x$.

14. 赛车的驾驶员在做一项测试. 在头 6 s 内所行的路程

$$s = 14t^2 - \frac{1}{3}t^3 (\text{m}), 0 \leqslant t \leqslant 6.$$

其中 t 为赛车已经行驶的时间. 问在第 4 s 时赛车的速度为多少?

15. 一个螺丝钉从 400 m 的高空下坠,它下落 t 时刻时对地面的高度

$$s = -16t^2 + 400 (\text{m}).$$

求:(1) 在前 4 s 内螺丝钉下落的平均速度;

(2) 在第 4 s 时的瞬时速度.

16. 一个气球垂直上升的路程

$$s = t^2 + t + 4, \quad 0 \leqslant t \leqslant 15.$$

其中 s 为气球在 t 时刻离地面的距离(m).

(1) 分别求出气球在 1 s 和 5 s 时的速度;

(2) 在什么时候气球离地面的高度为 24 m?

(3) 当气球在离地面 24 m 的高空时它的速度是多少?

(4) 在什么时候气球的速度为 23 m/s?

17. 假设一场流行性感冒突然爆发,患流感的人数

$$n = 100t^2 - 2t^3.$$

其中 t 是流感爆发后的天数. 求:

(1) 20 天后多少人会得流感?

(2) 在 20 天后由于流感而生病的发病率为多少?

18. 射入眼中的光的强度 I 取决于瞳孔的半径 r. 当瞳孔增大时,进入眼睛的光的强度增加. 设

$$I = kr^2.$$

其中 k 为常数. 求在某一瞬间光的强度随瞳孔半径的变化率.

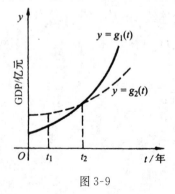

图 3-9

19. 图 3-9 显示了两种对未来 GDP 增长的估计.

(1) 在 t_1 时哪个函数显示了较快的增长率? 请说明理由.

(2) 在 t_2 时,g_1 和 g_2 的增长率相同吗? 请说明理由.

20. 某化工厂日产能力最高为 1000 t. 每日产品的总成本 C(元)是日产量 $x(t)$ 的函数,

$$C = f(x) = 1000 + 7x + 50\sqrt{x}.$$

求：(1) 日产量为 100 t 时的总成本与平均成本；

(2) 当日产量由 100 t 增加到 225 t 时，总成本增加多少？

(3) 当日产量为 100 t 时总成本的变化率为多少？

21. 设某产品生产 x 个单位的总收入为 x 的函数 $R=R(x)=200x-0.01x^2$. 求生产 50 个单位产品时的总收入、平均收入及边际收入.

22. 设 $f(x-1)=x^2+2x-3$，求 $f'(x)$.

23. 设 $f\left(\dfrac{1}{x}-1\right)=\dfrac{x}{2x-1}$，求 $f'(x)$；$f'(2x+1)$；$[f(2x+1)]'$.

24. 设 $f(x)=x^2+2\cos x$，求 $f'(x)+f'(-x)$.

25. 设 $2f(x)+f(1-x)=x^2$，求 $f'(x)$；$f'(1)$.

26. 求下列函数的导数：

(1) $f(x)=2x^2-\dfrac{2}{x^2}+\dfrac{5}{x}+5x$；　(2) $f(x)=(1+x)(1+x^2)^2$；

(3) $f(x)=\mathrm{e}^x(3x^2-x+4)$；　　(4) $f(x)=x^a-a^x$；

(5) $f(x)=3x-\dfrac{2x}{2-x}$；　　　　(6) $f(x)=\dfrac{x+1}{x-1}$；

(7) $f(x)=\dfrac{1-\ln x}{1+\ln x}$；　　　　(8) $f(x)=\dfrac{\sqrt{a}+\sqrt{x}}{\sqrt{a}-\sqrt{x}}$；

(9) $f(x)=\tan x+x\cot x$；　　(10) $f(x)=x\cdot\sin x\cdot\ln x$；

(11) $f(x)=x^2\sin x-\cos x$；　　(12) $f(x)=x\sec x+\mathrm{e}^x\csc x$；

(13) $f(x)=\dfrac{\sin x-x\cos x}{\cos x+x\sin x}$；　(14) $f(x)=\dfrac{\sin x}{x}+\dfrac{x}{\sin x}$.

27. 求下列函数的导数：

(1) $f(x)=\sqrt{1-x^2}$；　　　　(2) $f(x)=\sqrt{x+\sqrt{x+\sqrt{x}}}$；

(3) $f(x)=\mathrm{e}^{2x}$；　　　　　(4) $f(x)=\mathrm{e}^{-x^2}$；

(5) $f(x)=\mathrm{e}^{a^2+x^2}$；　　　　(6) $f(x)=x^2\mathrm{e}^{-2x}$；

(7) $f(x)=3^{\sin x}$；　　　　　(8) $f(x)=2^{\tan\frac{1}{x}}$；

(9) $f(x)=\dfrac{\mathrm{e}^x-\mathrm{e}^{-x}}{\mathrm{e}^x+\mathrm{e}^{-x}}$；　　(10) $f(x)=\ln\dfrac{1+\sqrt{x}}{1-\sqrt{x}}$；

(11) $f(x)=\log_a(1+x^2)$；　　(12) $f(x)=\ln(a^2-x^2)$；

(13) $f(x)=\ln(2x+1)^2$；　　(14) $f(x)=\ln\sqrt{x}+\sqrt{\ln x}$；

(15) $f(x)=\ln(x^2-\mathrm{e}^x)$；　　(16) $f(x)=\ln|1-2x|$；

(17) $f(x)=\ln[\ln(\ln x)]$；　　(18) $f(x)=\ln\sin 2x$；

(19) $f(x)=\log_a(x+\sqrt{1+x^2})$；

(20) $f(x)=\dfrac{x}{2}\sqrt{a^2+x^2}+\dfrac{a^2}{2}\ln(x+\sqrt{a^2+x^2})$.

28. 求下列函数的导数：

(1) $f(x)=\sin^n x+\cos^n x$；

(2) $f(x)=\sqrt{\sin x}+\sin\sqrt{x}$；

(3) $f(x)=\cos^n x \cdot \sin nx$；

(4) $f(x)=\sec^2\dfrac{x}{2}$；

(5) $f(x)=\arctan\sqrt{x}+\sqrt{\arctan x}$；

(6) $f(x)=\arcsin e^x+e^{\arcsin x}$；

(7) $f(x)=\arccos\sqrt{1-3x}$；

(8) $f(x)=\dfrac{x}{2}\sqrt{a^2-x^2}+\dfrac{a}{2}\arcsin\dfrac{x}{a}$；

(9) $f(x)=\arcsin x^2+(\arcsin x)^2$；

(10) $f(x)=x\arccos x-\sqrt{1-x^2}$；

(11) $f(x)=\dfrac{1}{4}\ln\dfrac{1+x}{1-x}-\dfrac{1}{2}\arctan x$；

(12) $f(x)=e^{-x}\cdot\sin^3 x\cdot\operatorname{arccot} e^x$；

(13) $f(x)=e^x\sqrt{1-e^{2x}}+\arcsin e^x$；

(14) $f(x)=\arctan\dfrac{2x}{1-x^2}+\operatorname{arccot} x$.

29. 设 $y=u^v$，其中 u,v 都是 x 的可导函数，证明

$$\frac{\mathrm{d}y}{\mathrm{d}x}=u^v\left(\frac{v}{u}\frac{\mathrm{d}u}{\mathrm{d}x}+\ln u\frac{\mathrm{d}v}{\mathrm{d}x}\right).$$

30. 求下列函数的导数：

(1) $f(x)=\left(1+\dfrac{1}{x}\right)^x$；

(2) $f(x)=(x+1)^{\ln x}$；

(3) $f(x)=x^{\sin x}$；

(4) $f(x)=x^{2x}+(2x)^x$；

(5) $f(x)=(\sin x)^{\cos x}$；

(6) $f(x)=(1-x^2)^{\sec x}$.

31. 求下列隐函数的导数：

(1) $xy^3-2x^2=e^y-5$；

(2) $x^2+y^2-xy=1$；

(3) $y=e^y+xe^y$；

(4) $\sqrt{x}+\sqrt{y}=\sqrt{a}$；

(5) $x^3+y^3=3axy$；

(6) $x^{\frac{2}{3}}+y^{\frac{2}{3}}=a^{\frac{2}{3}}$；

(7) $y-xe^y=1$；

(8) $y\sin x-\cos(x-y)=0$.

32. 求曲线 $\sin(xy)+\ln(y-x)=x$ 在点 $(0,1)$ 处的切线方程和法线方程.

33. 证明:曲线 $3y-2x=x^4y^3$ 和 $2y+3x+y^5=x^3y$ 在原点处正交.

34. 证明:星形线 $x^{\frac{2}{3}}+y^{\frac{2}{3}}=a^{\frac{2}{3}}$ 在两坐标轴间的切线长度为常数.

35. 设球半径 R 以 $2\,\mathrm{cm/s}$ 的速度等速增加,求当球半径 $R=10\,\mathrm{cm}$ 时,其体积 V 增加的速度.

36. 两船同时从一码头出发,甲船以 $30\,\mathrm{km/h}$ 的速度向南行驶,乙船以 $40\,\mathrm{km/h}$ 的速度向东行驶,求两船间距离增加的速度.

37. 设正方形边长为 x,若 x 边以 $0.01\,\mathrm{m/s}$ 的速度减少,求在 $x=20\,\mathrm{m}$ 时正方形面积的变化速度及对角线的变化速度.

38. 用两个细菌培养试验来测试在两种不同的生长抑制因素下细菌生长的相关影响. 在 t 小时后细菌的数量

$$n_1 = 1000+100t+20t^2 \quad (\text{在 A 条件下}),$$
$$n_2 = 1000+200t-10t^2 \quad (\text{在 B 条件下}),$$

试讨论在第 5 小时和第 10 小时末两种不同培养条件下的细菌增长率.

39. 设 $f(x)=x^3+x^2+x+1$,求 $f'(0),f''(0),f'''(0),f^{(4)}(0)$.

40. 设 $f(x)=\arctan x$,求 $f'(0),f''(0),f'''(0)$.

41. 一质点按规律 $s=2\mathrm{e}^{-kt}$ 作直线运动,求它的速度和加速度,以及初始速度和初始加速度.

42. 求下列函数的二阶导数:

(1) $y=\ln(1+x^2)$;　　　　　　(2) $y=x\ln x$;

(3) $y=(1+x^2)\arctan x$;　　　　(4) $y=x\sin x$;

(5) $y=\sqrt{a^2-x^2}$;　　　　　　(6) $y=x^2\mathrm{e}^x$;

(7) $y=x\ln x \cdot \cos x$;　　　　　(8) $y=\sin^4 x-\cos^4 x$;

(9) $y-\sin(x+y)=0$;　　　　　(10) $xy-\mathrm{e}^{x+y}=0$.

43. 设 $y=y(x)$ 是由方程 $y^3+x^2y=2$ 所确定,求 $\dfrac{\mathrm{d}^2y}{\mathrm{d}x^2}\Big|_{\substack{x=0\\y=\sqrt[3]{2}}}$.

44. 设 $y=y(x)$ 是由方程 $\mathrm{e}^y+xy=\mathrm{e}$ 所确定,求 $y''(0)$.

45. 验证函数 $y=\sin\omega t+\cos\omega t$ 满足方程 $y''+\omega^2 y=0$.

46. 验证函数 $y=\sqrt{2x-x^2}$ 满足方程 $y^3y''+1=0$.

47. 验证函数 $y=\dfrac{x-3}{x+4}$ 满足方程 $y''+2y'^2=yy''$.

48. 验证函数 $y=\dfrac{x}{2}+\sin(\ln x)+\cos(\ln x)$ 满足方程

$$x^2y''+xy'+y=x.$$

49. 求下列函数的 n 阶导数：

(1) $y = x e^x$；

(2) $y = \dfrac{x-1}{x+1}$；

(3) $y = x \ln x$；

(4) $y = \sin^2 x$.

50. 当 x 由 9 变化到 9.015 时，求函数 $f(x) = 2x - 5\sqrt{x}$ 的微分.

51. 当 x 由 4 变化到 3.98 时，求函数 $f(x) = x - \dfrac{20}{x}$ 的微分.

52. 对给定的 x 和 $\mathrm{d}x$，求 $\mathrm{d}y$：

(1) $y = \sqrt{x^2 + 9}, x = 4, \mathrm{d}x = 0.01$；

(2) $y = \dfrac{2x}{x+1}, x = 3, \mathrm{d}x = -0.001$.

53. 求下列函数的微分：

(1) $y = x + \sqrt{x}$；

(2) $y = e^{-x} \cos(\ln x)$；

(3) $y = (e^x + e^{-x})^2$；

(4) $y = (2x-1)^2 \sin\sqrt{x}$；

(5) $y = x\sin x + \ln 2$；

(6) $y = \operatorname{arccot}\dfrac{1}{x}$；

(7) $x + y + x e^y = 10$；

(8) $e^{xy} - 2x = y + 3$.

54. 设 u, v 是可微函数，求下列函数的微分：

(1) $y = \arcsin\dfrac{u}{v}$；

(2) $y = e^{\sqrt{u^2 + v^2}}$；

(3) $y = \ln\dfrac{u}{v}$；

(4) $y = \tan\dfrac{u^2 - v^2}{2}$.

55. 设一直径为 10 cm 的球，球壳的厚度为 $\dfrac{1}{16}$ cm，求球壳体积的近似值.

56. 一正方体的棱长为 10 m，如果棱长增加 0.1 m，求此正方体体积增加的精确值与近似值.

57. 用微分法求下列各式的近似值：

(1) $\sqrt[3]{8.02}$；

(2) $e^{0.05}$；

(3) $\ln 2.001$；

(4) $\sin 31°$.

58. 证明下列近似公式（$x > 0$）：

(1) $\sqrt[n]{a^n + x} \approx a + \dfrac{x}{na^{n-1}}$ （$a > 0$）；

(2) $\ln(a + x) \approx \ln a + \dfrac{x}{a}$ （$a > 0$）.

59. 定义函数 $y = f(x)$ 在 x_0 处的线性近似为

$$L(x) = f(x_0) + f'(x_0)(x - x_0)$$

（即 $y = f(x)$ 在点 $(x_0, f(x_0))$ 附近以切线来近似曲线），求

$f(x) = \dfrac{1}{(1+2x)^4}$ 在 $x_0 = 0$ 处的线性近似.

4 中值定理与导数的应用

上一章我们介绍了微分学中的两个基本概念:导数与微分,并建立了运算基本公式和法则.本章将介绍微分学的重要理论:微分中值定理,并利用导数这一工具研究函数的特性,分析和解决一些简单的实际问题.

4.1 中 值 定 理

4.1.1 罗尔中值定理

引理 设函数 $y=f(x)$ 在 x_0 的某个邻域内有定义,对于该邻域内的任一 x 有 $f(x) \leqslant f(x_0)$ 或 $f(x) \geqslant f(x_0)$,且在 x_0 处可导,则 $f'(x_0)=0$.

证 因为 $f'(x_0)$ 存在,所以

$$f'(x_0) = \lim_{x \to x_0^-} \frac{f(x)-f(x_0)}{x-x_0}$$

$$= \lim_{x \to x_0^+} \frac{f(x)-f(x_0)}{x-x_0}.$$

不妨设在 x_0 的邻域内 $f(x) \leqslant f(x_0)$,则当 $x > x_0$ 时,

$$f'_+(x_0) = \lim_{x \to x_0^+} \frac{f(x)-f(x_0)}{x-x_0} \leqslant 0,$$

当 $x < x_0$ 时,

$$f'_-(x_0) = \lim_{x \to x_0^-} \frac{f(x)-f(x_0)}{x-x_0} \geqslant 0,$$

可见必有

$$f'(x_0) = 0.$$

如果在 x_0 的邻域内 $f(x) \geqslant f(x_0)$,可用同样的方法证明.

定理 4.1(罗尔中值定理) 设函数 $y=f(x)$ 在闭区间 $[a,b]$ 上连续,在开区间 (a,b) 内可导,且 $f(a)=f(b)$,则在 (a,b) 内至少存在一点 ξ,使 $f'(\xi)=0$.

不难从几何图形上看出定理是正确的(见图 4-1).

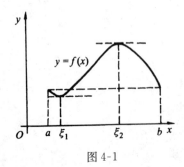

图 4-1

证 因为 $f(x)$ 在闭区间 $[a,b]$ 上连续,所以在 $[a,b]$ 上必定能取得最大值 M 和最小值 m,即 $m \leqslant f(x) \leqslant M$.

(1) 若 $m = M$,则 $f(x)$ 在 $[a,b]$ 上恒为常数,即
$$f(x) = M,$$
因此在 (a,b) 内的每一点都可取作 ξ,使
$$f'(\xi) = 0.$$

(2) 若 $m \neq M$,因为 $f(a) = f(b)$,所以 m 和 M 至少有一个不等于 $f(a)$. 不妨设 $M \neq f(a)$,则在 (a,b) 内至少存在一点 ξ,使 $f(\xi) = M$,且在 ξ 点的某邻域内有 $f(\xi) \geqslant f(x)$. 又因为 $f(x)$ 可导,所以由引理,便有
$$f'(\xi) = 0.$$

注意:定理中的三个条件如有一个不满足,则定理的结论就可能不成立(见图 4-2).

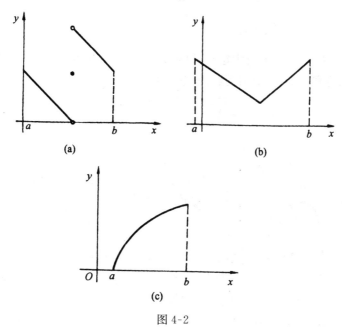

图 4-2

例 4.1 验证函数 $f(x) = x^2 - 2x - 3$ 在 $[-1,3]$ 上满足罗尔中值定理,并求出 ξ,使 $f'(\xi) = 0$.

解 因为
$$f(x) = x^2 - 2x - 3$$
在 $[-1,3]$ 上连续,且
$$f'(x) = 2x - 2,$$
即 $f(x)$ 在 $(-1,3)$ 内可导. 又

$$f(-1) = f(3) = 0,$$

所以 $f(x)$ 在 $[-1,3]$ 上满足罗尔中值定理,且存在 $\xi = 1$,使

$$f'(1) = 0.$$

例 4.2　设 $f(x)$ 在 $[a,b]$ 上二阶可导,且 $f(a) = f(b) = f(c)$,其中 c 是 (a,b) 内的一点,证明方程 $f''(x) = 0$ 在 (a,b) 内必有一实根.

证　因为 $f(x)$ 在 $[a,c]$ 上连续、可导,$f(a) = f(c)$,由罗尔中值定理可知,在 (a,c) 内至少存在一 ξ_1,使 $f'(\xi_1) = 0$.同理,在 (c,b) 内至少存在一点 ξ_2,使

$$f'(\xi_2) = 0.$$

又因为 $f'(x)$ 在 $[\xi_1,\xi_2]$ 上连续、可导,且 $f'(\xi_1) = f'(\xi_2)$,再对 $f'(x)$ 应用罗尔中值定理,在 (ξ_1,ξ_2) 内至少存在一点 ξ,使

$$f''(\xi) = 0,$$

即方程 $f''(x) = 0$ 在 (a,b) 内必有一实根.

4.1.2　拉格朗日中值定理

定理 4.2(拉格朗日中值定理)　设函数 $y = f(x)$ 在闭区间 $[a,b]$ 上连续,在开区间 (a,b) 内可导,则在 (a,b) 内至少存在一点 ξ,使

$$f'(\xi) = \frac{f(b) - f(a)}{b - a}$$

或

$$f(b) - f(a) = f'(\xi)(b - a).$$

我们先借助于几何图形来分析定理的结论.图 4-3 中割线 AB 的斜率

$$k = \frac{f(b) - f(a)}{b - a},$$

由图可见,在这光滑曲线上至少有一点 $(\xi, f(\xi))$ 的切线与割线 AB 平行,也就是切线的斜率 $f'(\xi)$ 与割线 AB 的斜率 k 相等,即

$$f'(\xi) = k_{割线} = \frac{f(b) - f(a)}{b - a}.$$

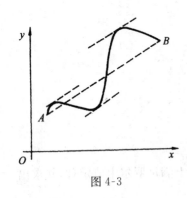

图 4-3

上式又可写成

$$\left[f(x) - y_{割线} \right]'_{x=\xi} = 0.$$

由于割线的方程是

$$y = f(a) + \frac{f(b) - f(a)}{b - a}(x - a),$$

故存在 ξ,使函数

$$F(x) = f(x) - \left[f(a) + \frac{f(b)-f(a)}{b-a}(x-a) \right]$$

在 ξ 点处的导数等于 0.

下面给出分析证明.

证 设 $F(x) = f(x) - f(a) - \dfrac{f(b)-f(a)}{b-a}(x-a)$，由于 $f(x)$ 在闭区间 $[a,b]$ 上连续，在 (a,b) 内可导，因此 $F(x)$ 在闭区间 $[a,b]$ 上连续，在 (a,b) 内可导. 又 $F(a) = F(b) = 0$，所以由罗尔中值定理，在 (a,b) 内至少存在一点 ξ，使

$$F'(\xi) = f'(\xi) - \frac{f(b)-f(a)}{b-a} = 0,$$

亦即

$$f'(\xi) = \frac{f(b)-f(a)}{b-a}$$

或

$$f(b) - f(a) = f'(\xi)(b-a).$$

定理的证明是在 $a < b$ 的情况下得到的，如果 $a > b$，同样可证得定理的结论.

定理的其他形式：

(1) 由于 ξ 是介于 a, b 之间，因此 $\xi = a + \theta(b-a)$，其中 $0 < \theta < 1$. 于是有

$$f(b) - f(a) = f'[a + \theta(b-a)](b-a), \quad 0 < \theta < 1.$$

(2) 若 $a = x_0, b = x_0 + \Delta x$，则有

$$f(x_0 + \Delta x) - f(x_0) = f'(\xi)\Delta x \quad (\xi \text{ 介于 } x_0 \text{ 与 } x_0 + \Delta x \text{ 之间}),$$

或为

$$\Delta y = f'(\xi)\Delta x.$$

显然，罗尔中值定理是拉格朗日中值定理当 $f(a) = f(b)$ 时的特例.

由拉格朗日中值定理可以得到如下两个推论：

推论 1 若函数 $f(x)$ 在区间 (a,b) 上的任意点 x 处的导数 $f'(x)$ 恒等于零，则函数 $f(x)$ 在区间 (a,b) 内是一个常数.

证 设 x_1, x_2 是 (a,b) 内的任意两点，且 $x_1 \neq x_2$. 因为 $f(x)$ 在 (a,b) 内可导，所以拉格朗日中值定理的条件在以 x_1 与 x_2 为端点的区间得到满足，因此有

$$f(x_2) - f(x_1) = f'(\xi)(x_2 - x_1), \quad \xi \in (a,b),$$

由题设可知 $f'(\xi) = 0$，所以 $f(x_2) = f(x_1)$.

这说明了在区间 (a,b) 内的任意两点的函数值相等，所以函数 $f(x)$ 在区间 (a, b) 内是一个常数，即 $f(x) = C$.

推论 2 若函数 $f(x)$ 和 $g(x)$ 在区间内的每一点导数 $f'(x)$ 与 $g'(x)$ 都相等，则这两个函数在此区间内至多相差一个常数.

证　由题设 $f'(x)=g'(x),x\in(a,b)$,故有

$$f'(x)-g'(x)=[f(x)-g(x)]'=0,\quad x\in(a,b),$$

因此,由推论 1 即可得 $f(x)-g(x)=C$,即 $f(x)=g(x)+C$.

例 4.3　证明函数 $f(x)=\ln(x+\sqrt{1+x^2})$ 在 $(-\infty,+\infty)$ 上严格单调增加.

证　设 x_1,x_2 是 $(-\infty,+\infty)$ 上任意两点,且 $x_1<x_2$.

因为

$$f(x)=\ln(x+\sqrt{1+x^2}),$$

$$f'(x)=\frac{1}{x+\sqrt{1+x^2}}\left(1+\frac{x}{\sqrt{1+x^2}}\right)$$

$$=\frac{1}{\sqrt{1+x^2}},\quad x\in(-\infty,+\infty),$$

所以,拉格朗日中值定理的条件在 $f(x)$ 以 x_1 与 x_2 为端点的区间得到满足,因此有

$$f(x_2)-f(x_1)=f'(\xi)(x_2-x_1)$$

$$=\frac{1}{\sqrt{1+\xi^2}}(x_2-x_1)>0,$$

即

$$f(x_2)>f(x_1),$$

所以函数 $f(x)$ 在 $(-\infty,+\infty)$ 上严格单调增加.

例 4.4　证明不等式

$$\left(1-\frac{a}{b}\right)<\ln\frac{b}{a}<\left(\frac{b}{a}-1\right),(a>0,b>0).$$

证　不等式等价于

$$\frac{1}{b}<\frac{\ln b-\ln a}{b-a}<\frac{1}{a}.$$

故设

$$f(x)=\ln x,\quad x\in(0,+\infty).$$

取 $a,b\in(0,+\infty)$,$f(x)$ 在 $[a,b]$ 上连续、可导,且

$$f'(x)=\frac{1}{x},$$

所以由拉格朗日定理得

$$\frac{\ln b-\ln a}{b-a}=\frac{1}{\xi},\quad \xi\in(a,b).$$

由于

$$\frac{1}{b}<\frac{1}{\xi}<\frac{1}{a},$$

故

$$\frac{1}{b}<\frac{\ln b-\ln a}{b-a}<\frac{1}{a},$$

即

$$\left(1-\frac{a}{b}\right)<\ln\frac{b}{a}<\left(\frac{b}{a}-1\right).$$

例 4.5 证明等式 $\arctan x+\mathrm{arccot} x=\frac{\pi}{2}$ 在 $(-\infty,+\infty)$ 上恒成立.

证 设 $f(x)=\arctan x+\mathrm{arccot} x,$

$$f'(x)=\frac{1}{1+x^2}+\left(-\frac{1}{1+x^2}\right)=0,$$

所以在 $(-\infty,+\infty)$ 上, $f(x)=C,$

即
$$f(x)=\arctan x+\mathrm{arccot} x=C.$$

取 $x=0,$ 得 $C=\frac{\pi}{2},$

从而
$$\arctan x+\mathrm{arccot} x=\frac{\pi}{2}.$$

4.1.3 柯西中值定理

如果我们把描述拉格朗日中值定理几何意义的曲线(见图 4-3)用参数方程

$$\begin{cases} x=\varphi(t), \\ y=\psi(t), \end{cases} \quad (a\leqslant t\leqslant b)$$

表示,则对应 A 的坐标为 $(\varphi(a),\psi(a))$, B 的坐标为 $(\varphi(b),\psi(b))$, 割线 AB 的斜率 $k=\frac{\psi(b)-\psi(a)}{\varphi(b)-\varphi(a)}$. 设在曲线上点 $P(t=\xi)$ 处的切线平行于割线 AB, 由参数方程在点 P 的导数 $\dfrac{\mathrm{d}y}{\mathrm{d}x}\Big|_{t=\xi}=\dfrac{\psi'(\xi)}{\varphi'(\xi)}$ 可知, 点 P 处切线的斜率等于割线的斜率 k, 即

$$\frac{\psi'(\xi)}{\varphi'(\xi)}=\frac{\psi(b)-\psi(a)}{\varphi(b)-\varphi(a)},$$

一般地有如下定理:

定理 4.3(柯西中值定理) 设函数 $f(x),g(x)$ 在闭区间 $[a,b]$ 上连续, 在开区间 (a,b) 内可导, 且在 (a,b) 内 $g'(x)\neq 0$, 则在区间 (a,b) 内至少存在一点 ξ, 使

$$\frac{f(b)-f(a)}{g(b)-g(a)}=\frac{f'(\xi)}{g'(\xi)}.$$

证 由命题设 $g'(x)\neq 0$, 则 $g(b)-g(a)\neq 0$. 如果 $g(b)-g(a)=0$, 那么 $g(x)$ 满足罗尔中值定理的条件, 在 (a,b) 内至少存在一点 η, 使

$$g'(\eta)=0,$$

这与 $g'(x)\neq 0$ 矛盾.

我们构造一个辅助函数

$$F(x) = f(x) - f(a) - \frac{f(b)-f(a)}{g(b)-g(a)}[g(x)-g(a)],$$

容易验证 $F(x)$ 满足罗尔中值定理的全部条件,因此,至少存在一点 $\xi \in (a,b)$,使

$$F'(\xi) = f'(\xi) - \frac{f(b)-f(a)}{g(b)-g(a)}g'(\xi) = 0,$$

即

$$\frac{f(b)-f(a)}{g(b)-g(a)} = \frac{f'(\xi)}{g'(\xi)}.$$

不难看出,拉格朗日中值定理便是柯西中值定理的特例. 因为若取 $g(x)=x$,则 $g(b)-g(a)=b-a$,$g'(x)=1$. 柯西中值定理的结论是在 (a,b) 内至少存在一点 ξ,使

$$\frac{f(b)-f(a)}{b-a} = f'(\xi),$$

这便是拉格朗日中值定理的结论.

上述三个定理中的 ξ,只指出了它的取值范围是介于 a,b 之间的某一个数. 对于函数表达式比较简单的,能求得 ξ 的值. 而对一般函数想求得 ξ 的确切位置是比较困难的. 尽管如此,这并不影响定理在微积分理论中所起的作用.

4.2　未定式的定值法——罗必塔法则

中值定理的重要应用之一便是求一类函数的极限. 由于两个无穷小之比的极限或两个无穷大之比的极限可能存在,也可能不存在,我们称此类极限为"**未定式**". 若是两个无穷小之比的极限,记为 $\frac{0}{0}$;两个无穷大之比的极限,记为 $\frac{\infty}{\infty}$. 这一节,我们利用柯西中值定理推导出一个简洁的计算未定式极限的方法,即**罗必塔法则**.

4.2.1　未定式 $\frac{0}{0}$ 的定值法

定理 4.4(罗必塔法则 I)　设函数 $f(x)$ 与 $g(x)$ 满足:

(1) $\lim\limits_{x \to x_0} f(x) = \lim\limits_{x \to x_0} g(x) = 0$;

(2) 在点 x_0 的某个邻域内(x_0 可除外)可导,且 $g'(x) \neq 0$;

(3) $\lim\limits_{x \to x_0} \dfrac{f'(x)}{g'(x)} = A$(或 ∞);

则

$$\lim_{x \to x_0} \frac{f(x)}{g(x)} = \lim_{x \to x_0} \frac{f'(x)}{g'(x)}.$$

证 由条件(1)可知：如果 $f(x)$ 与 $g(x)$ 在点 x_0 处连续，则有 $f(x_0) = g(x_0) = 0$；如果在点 x_0 处间断，则必为可去间断点，此时定义函数值

$$f(x_0) = g(x_0) = 0,$$

使函数 $f(x)$ 与 $g(x)$ 在点 x_0 某邻域内连续. 设 x 是点 x_0 邻域内的任意一点，由条件(2)得 $f(x)$ 和 $g(x)$ 在以 x, x_0 为端点的区间上满足柯西中值定理的条件，故有

$$\frac{f(x)}{g(x)} = \frac{f(x) - f(x_0)}{g(x) - g(x_0)} = \frac{f'(\xi)}{g'(\xi)} \quad (\xi \text{ 介于 } x, x_0 \text{ 之间}).$$

当 $x \to x_0$ 时，$\xi \to x_0$，所以

$$\lim_{x \to x_0} \frac{f(x)}{g(x)} = \lim_{x \to x_0} \frac{f'(\xi)}{g'(\xi)} = \lim_{x \to x_0} \frac{f'(x)}{g'(x)}.$$

定理说明：

(1) 如果 $\lim\limits_{x \to x_0} \dfrac{f'(x)}{g'(x)} = A$，则 $\lim\limits_{x \to x_0} \dfrac{f(x)}{g(x)} = A$；如果 $\lim\limits_{x \to x_0} \dfrac{f'(x)}{g'(x)} = \infty$，则 $\lim\limits_{x \to x_0} \dfrac{f(x)}{g(x)} = \infty$.

但如果 $\lim\limits_{x \to x_0} \dfrac{f'(x)}{g'(x)}$ 不存在，却不能断定 $\lim\limits_{x \to x_0} \dfrac{f(x)}{g(x)}$ 不存在.

(2) 如果 $\lim\limits_{x \to x_0} \dfrac{f'(x)}{g'(x)}$ 还是未定式，且函数 $f'(x)$ 与 $g'(x)$ 能满足定理中 $f(x)$ 与 $g(x)$ 应满足的条件，则再继续使用罗必塔法则，从而确定 $\lim\limits_{x \to x_0} \dfrac{f(x)}{g(x)}$，即

$$\lim_{x \to x_0} \frac{f(x)}{g(x)} = \lim_{x \to x_0} \frac{f'(x)}{g'(x)} = \lim_{x \to x_0} \frac{f''(x)}{g''(x)} = A(\text{或} \infty).$$

例 4.6 求 $\lim\limits_{x \to 0} \dfrac{(1+x)^\mu - 1}{x}$.

解 当 $x \to 0$ 时，$f(x) = (1+x)^\mu - 1 \to 0$，$g(x) = x \to 0$，所以原式是 $\dfrac{0}{0}$ 未定式. 又 $f'(x) = \mu(1+x)^{\mu-1}$，$g'(x) = 1 \neq 0$，由罗必塔法则 I，有

$$\lim_{x \to 0} \frac{(1+x)^\mu - 1}{x} = \lim_{x \to 0} \frac{\mu(1+x)^{\mu-1}}{1} = \mu.$$

例 4.7 求 $\lim\limits_{x \to 0} \dfrac{x - \sin x}{x^3}$.

解 这是 $\dfrac{0}{0}$ 未定式，由罗必塔法则 I，有

$$\lim_{x \to 0} \frac{x - \sin x}{x^3} = \lim_{x \to 0} \frac{1 - \cos x}{3x^2}.$$

由于当 $x \to 0$ 时，$1 - \cos x \sim \dfrac{1}{2} x^2$，因此

$$\lim_{x \to 0} \frac{x - \sin x}{x^3} = \lim_{x \to 0} \frac{1 - \cos x}{3x^2} = \lim_{x \to 0} \frac{x^2/2}{3x^2} = \frac{1}{6}.$$

例 4.8 求 $\lim\limits_{x \to \pi} \dfrac{\sin x - \sin \pi}{x - \pi}$.

解 这是 $\dfrac{0}{0}$ 未定式. 由罗必塔法则 I, 有

$$\lim_{x \to \pi} \frac{\sin x - \sin \pi}{x - \pi} = \lim_{x \to \pi} \frac{\cos x}{1} = -1.$$

例 4.9 求 $\lim\limits_{x \to 0} \dfrac{\tan x - x}{x - \sin x}$

解 这是 $\dfrac{0}{0}$ 未定式. 由罗必塔法则 I, 有

$$\lim_{x \to 0} \frac{\tan x - x}{x - \sin x} = \lim_{x \to 0} \frac{\sec^2 x - 1}{1 - \cos x}$$

$$= \lim_{x \to 0} \frac{1 - \cos^2 x}{\cos^2 (1 - \cos x)} = \lim_{x \to 0} \frac{1 + \cos x}{\cos^2 x} = 2.$$

如果当 $x \to \infty$ 时, $f(x) \to 0, g(x) \to 0$, 极限

$$\lim_{x \to \infty} \frac{f(x)}{g(x)}$$

也是 $\dfrac{0}{0}$ 型未定式. 关于这类未定式, 有如下定理.

定理 4.5(罗必塔法则 II) 设函数 $f(x), g(x)$ 满足条件:

(1) $\lim\limits_{x \to \infty} f(x) = \lim\limits_{x \to \infty} g(x) = 0$;

(2) 在 $|x| > N$ 内 $f(x), g(x)$ **可导**, **且** $g'(x) \neq 0$;

(3) $\lim\limits_{x \to \infty} \dfrac{f'(x)}{g'(x)} = A$(或$\infty$);

则

$$\lim_{x \to \infty} \frac{f(x)}{g(x)} = \lim_{x \to \infty} \frac{f'(x)}{g'(x)}.$$

证 令 $t = \dfrac{1}{x}$, 则当 $x \to \infty$ 时, $t \to 0$, 所以

$$\lim_{x \to \infty} f(x) = \lim_{t \to 0} f\left(\frac{1}{t}\right) = 0,$$

$$\lim_{x \to \infty} (x) = \lim_{t \to 0} g\left(\frac{1}{t}\right) = 0,$$

且在 $|t| < \dfrac{1}{N}$ 内，$\left[f\left(\dfrac{1}{t}\right) \right]' = f'\left(\dfrac{1}{t}\right) \cdot \left(-\dfrac{1}{t^2}\right)$ 及 $\left[g\left(\dfrac{1}{t}\right) \right]' = g'\left(\dfrac{1}{t}\right) \cdot \left(-\dfrac{1}{t^2}\right)$ 存在，所以

$$\lim_{x \to \infty} \frac{f(x)}{g(x)} = \lim_{t \to 0} \frac{f\left(\dfrac{1}{t}\right)}{g\left(\dfrac{1}{t}\right)} = \lim_{t \to 0} \frac{f'\left(\dfrac{1}{t}\right) \cdot \left(-\dfrac{1}{t^2}\right)}{g'\left(\dfrac{1}{t}\right) \cdot \left(-\dfrac{1}{t^2}\right)}$$

$$= \lim_{t \to 0} \frac{f'\left(\dfrac{1}{t}\right)}{g'\left(\dfrac{1}{t}\right)} = \lim_{x \to \infty} \frac{f'(x)}{g'(x)},$$

即

$$\lim_{x \to \infty} \frac{f(x)}{g(x)} = \lim_{x \to \infty} \frac{f'(x)}{g'(x)}.$$

例 4.10　求 $\lim\limits_{x \to +\infty} \dfrac{\pi - 2\arctan x}{\mathrm{e}^{1/x} - 1}$.

解　这是 $\dfrac{0}{0}$ 未定式. 由罗必塔法则 II，有

$$\lim_{x \to +\infty} \frac{\pi - 2\arctan x}{\mathrm{e}^{1/x} - 1} = \lim_{x \to +\infty} \frac{-\dfrac{2}{1+x^2}}{-\dfrac{1}{x^2} \cdot \mathrm{e}^{1/x}}$$

$$= \lim_{x \to +\infty} \mathrm{e}^{-\frac{1}{x}} \frac{2x^2}{1+x^2}$$

$$= 2.$$

4.2.2　未定式 $\dfrac{\infty}{\infty}$ 的定值法

定理 4.6(罗必塔法则 III)　设函数 $f(x), g(x)$ 满足条件：

(1) $\lim\limits_{x \to x_0} f(x) = \lim\limits_{x \to x_0} g(x) = \infty$；

(2) 在点 x_0 的某个邻域内(点 x_0 可除外)可导，且 $g'(x) \neq 0$；

(3) $\lim\limits_{x \to x_0} \dfrac{f'(x)}{g'(x)} = A$(或 ∞)；

则

$$\lim_{x \to x_0} \frac{f(x)}{g(x)} = \lim_{x \to x_0} \frac{f'(x)}{g'(x)}.$$

证明从略.

定理 4.7(罗必塔法则 IV)　设函数 $f(x), g(x)$ 满足条件：

(1) $\lim\limits_{x\to\infty}f(x)=\lim\limits_{x\to\infty}g(x)=\infty$；

(2) 在 $|x|>N$ 内 $f(x),g(x)$ 可导，且 $g'(x)\neq0$；

(3) $\lim\limits_{x\to\infty}\dfrac{f'(x)}{g'(x)}=A(\text{或}\infty)$；

则

$$\lim_{x\to\infty}\frac{f(x)}{g(x)}=\lim_{x\to\infty}\frac{f'(x)}{g'(x)}=A(\text{或}\infty).$$

证明从略.

罗必塔法则 Ⅰ～Ⅳ 的自变量变化过程相应改为 $x\to x_0^+$，$x\to x_0^-$ 或 $x\to+\infty$，$x\to-\infty$，结论依然成立.

例 4.11 求 $\lim\limits_{x\to0^+}\dfrac{\ln x}{1+2\ln\sin x}$.

解 这是 $\dfrac{\infty}{\infty}$ 未定式. 由罗必塔法则 Ⅲ，有

$$
\begin{aligned}
\lim_{x\to0^+}\frac{\ln x}{1+2\ln\sin x}
&=\lim_{x\to0^+}\frac{\dfrac{1}{x}}{2\dfrac{\cos x}{\sin x}}\\
&=\frac{1}{2}\lim_{x\to0^+}\frac{1}{\cos x}\frac{\sin x}{x}\\
&=\frac{1}{2}.
\end{aligned}
$$

例 4.12 求 $\lim\limits_{x\to\frac{\pi}{2}^-}\dfrac{\tan x}{\tan 3x}$.

解 这是 $\dfrac{\infty}{\infty}$ 未定式. 由罗必塔法则 Ⅲ，有

$$
\begin{aligned}
\lim_{x\to\frac{\pi}{2}^-}\frac{\tan x}{\tan 3x}
&=\lim_{x\to\frac{\pi}{2}^-}\frac{\sin x\cos 3x}{\cos x\sin 3x}\\
&=\lim_{x\to\frac{\pi}{2}^-}\frac{\sin x}{\sin 3x}\cdot\lim_{x\to\frac{\pi}{2}^-}\frac{\cos 3x}{\cos x}\\
&=-\lim_{x\to\frac{\pi}{2}^-}\frac{\cos 3x}{\cos x}\\
&=-\lim_{x\to\frac{\pi}{2}^-}\frac{3\sin 3x}{\sin x}=3.
\end{aligned}
$$

例 4.13　求 $\lim\limits_{x \to +\infty} \dfrac{\ln x}{x^{\mu}}(\mu > 0).$

解　这是 $\dfrac{\infty}{\infty}$ 未定式. 由罗必塔法则 IV, 有

$$\lim_{x \to +\infty} \frac{\ln x}{x^{\mu}} = \lim_{x \to +\infty} \frac{\dfrac{1}{x}}{\mu x^{\mu-1}} = \lim_{x \to +\infty} \frac{1}{\mu x^{\mu}} = 0.$$

例 4.14　求 $\lim\limits_{x \to +\infty} \dfrac{x^{\mu}}{\mathrm{e}^{\lambda x}}(\lambda, \mu \text{ 为正实数}).$

解　这是 $\dfrac{\infty}{\infty}$ 未定式. 不妨设 $k \leqslant \mu < k+1, k$ 为正整数. $(k+1)$ 次使用罗必塔法则, 有

$$\begin{aligned}
\lim_{x \to +\infty} \frac{x^{\mu}}{\mathrm{e}^{\lambda x}} &= \lim_{x \to +\infty} \frac{\mu x^{\mu-1}}{\lambda \mathrm{e}^{\lambda x}} \\
&= \lim_{x \to +\infty} \frac{\mu(\mu-1)x^{\mu-2}}{\lambda^2 \mathrm{e}^{\lambda x}} \\
&= \cdots\cdots\cdots\cdots \\
&= \lim_{x \to +\infty} \frac{\mu(\mu-1)\cdots(\mu-k)}{\lambda^{k+1} \mathrm{e}^{\lambda x} x^{(k+1)-\mu}} \\
&= 0.
\end{aligned}$$

以上二例说明: 当 $x \to +\infty$ 时, $\mathrm{e}^{\lambda x}(\lambda > 0)$ 趋于无穷大速度最快, $x^{\mu}(\mu > 0)$ 次之, $\ln x$ 最慢.

4.2.3　其他未定式的定值法

罗必塔法则不仅可以解决 $\dfrac{0}{0}$ 与 $\dfrac{\infty}{\infty}$ 未定式的极限, 还可以用来解决其他未定式的极限问题. 以下讨论中极限号下可以是自变量的某一变化过程.

1) $0 \cdot \infty$ 未定式

设 $\lim f(x) = 0, \lim g(x) = \infty$, 则

$$\lim f(x) \cdot g(x)$$

称为 $0 \cdot \infty$ 未定式. 实际只要将未定式改写:

$$\lim f(x) \cdot g(x) = \lim \frac{f(x)}{\dfrac{1}{g(x)}}$$

或

$$\lim f(x) \cdot g(x) = \lim \frac{g(x)}{\frac{1}{f(x)}},$$

它就成为 $\frac{0}{0}$ 或 $\frac{\infty}{\infty}$ 未定式了.

例 4. 15 求 $\lim\limits_{x \to 0^+} x^n \ln x$.

解 $\lim\limits_{x \to 0^+} x^n \ln x = \lim\limits_{x \to 0^+} \frac{\ln x}{x^{-n}}$,

这就把 $0 \cdot \infty$ 未定式变为 $\frac{\infty}{\infty}$ 未定式了,所以

$$\lim_{x \to 0^+} x^n \ln x = \lim_{x \to 0^+} \frac{\ln x}{x^{-n}} = \lim_{x \to 0^+} \frac{\frac{1}{x}}{-nx^{-n-1}}$$

$$= \lim_{x \to 0^+} \frac{-x^n}{n} = 0.$$

例 4. 16 求 $\lim\limits_{x \to +\infty} x\left(\frac{\pi}{2} - \arctan x\right)$.

解 $\lim\limits_{x \to +\infty} x\left(\frac{\pi}{2} - \arctan x\right)$ （为 $\infty \cdot 0$ 未定式）

$$= \lim_{x \to +\infty} \frac{\frac{\pi}{2} - \arctan x}{1/x}$$

$$= \lim_{x \to +\infty} \frac{-1/(1+x^2)}{-1/x^2}$$

$$= \lim_{x \to +\infty} \frac{x^2}{1+x^2} = 1.$$

2) $\infty - \infty$ 未定式

设 $\lim f(x) = \lim g(x) = +\infty$

或

$$\lim f(x) = \lim g(x) = -\infty$$

则

$$\lim [f(x) - g(x)]$$

称为 $\infty - \infty$ 未定式. 它可化为 $\frac{0}{0}$ 未定式,即

$$\lim [f(x) - g(x)] = \lim \frac{\frac{1}{g(x)} - \frac{1}{f(x)}}{\frac{1}{f(x)} \cdot \frac{1}{g(x)}};$$

有时也可化为$\dfrac{\infty}{\infty}$未定式.

例 4.17　求$\lim\limits_{x\to 0}\left(\dfrac{1}{x}-\dfrac{1}{e^x-1}\right)$.

解　$\lim\limits_{x\to 0}\left(\dfrac{1}{x}-\dfrac{1}{e^x-1}\right)$　（为$\infty-\infty$未定式）

$$=\lim_{x\to 0}\frac{e^x-1-x}{x(e^x-1)}$$

$$=\lim_{x\to 0}\frac{e^x-1-x}{x^2}$$

$$=\lim_{x\to 0}\frac{e^x-1}{2x}$$

$$=\frac{1}{2}.$$

例 4.18　求$\lim\limits_{x\to 0}\left(\dfrac{1}{x}-\csc x\right)$.

解　$\lim\limits_{x\to 0}\left(\dfrac{1}{x}-\csc x\right)$　（为$\infty-\infty$未定式）

$$=\lim_{x\to 0}\frac{\sin x-x}{x\sin x}$$

$$=\lim_{x\to 0}\frac{\sin x-x}{x^2}$$

$$=\lim_{x\to 0}\frac{\cos x-1}{2x}$$

$$=\lim_{x\to 0}\frac{-\sin x}{2}=0.$$

3) $0^0,\infty^0,1^\infty$未定式

设 ① $\lim f(x)=0$，$\lim g(x)=0$；

　② $\lim f(x)=\infty$，$\lim g(x)=0$；

　③ $\lim f(x)=1$，$\lim g(x)=\infty$.

则
$$\lim[f(x)]^{g(x)}$$

分别称为$0^0,\infty^0,1^\infty$未定式. 应用对数性质，
$$\lim[f(x)]^{g(x)}=e^{\lim\ln[f(x)]^{g(x)}}$$
$$=e^{\lim g(x)\ln[f(x)]}$$

就归结为讨论$0\cdot\infty$未定式.

例 4.19　求$\lim\limits_{x\to 0^+}x^x$.

解　$\lim\limits_{x\to 0^+} x^x$　　（为 0^0 未定式）

$$=e^{\lim\limits_{x\to 0^+} x\ln x}$$

由于

$$\lim\limits_{x\to 0^+} x\ln x = \lim\limits_{x\to 0^+}\frac{\ln x}{\frac{1}{x}}　　（为\frac{\infty}{\infty}未定式）$$

$$=\lim\limits_{x\to 0^+}\frac{\frac{1}{x}}{-\frac{1}{x^2}}=\lim\limits_{x\to 0^+}(-x)=0,$$

所以

$$\lim\limits_{x\to 0^+} x^x = e^0 = 1.$$

例 4.20　求 $\lim\limits_{x\to 0^+}\left(\ln\frac{1}{x}\right)^{\tan x}$.

解　$\lim\limits_{x\to 0^+}\left(\ln\frac{1}{x}\right)^{\tan x}=(-\ln x)^{\tan x}$　　（为 ∞^0 未定式）

$$=e^{\lim\limits_{x\to 0^+}\tan x\cdot\ln(-\ln x)}$$

由于

$$\lim\limits_{x\to 0^+}\tan x\cdot\ln(-\ln x)　　（为 0\cdot\infty 未定式）$$

$$=\lim\limits_{x\to 0^+}\frac{\ln(-\ln x)}{\cot x}　　（为\frac{\infty}{\infty}未定式）$$

$$=\lim\limits_{x\to 0^+}\frac{\frac{1}{-\ln x}\frac{1}{x}}{-\csc^2 x}=\lim\limits_{x\to 0^+}\frac{\sin^2 x}{x\ln x}$$

$$=\lim\limits_{x\to 0^+}\frac{x}{\ln x}=0,$$

所以

$$\lim\limits_{x\to 0^+}\left(\ln\frac{1}{x}\right)^{\tan x}=e^0=1.$$

例 4.21　求 $\lim\limits_{x\to 1} x^{\frac{1}{1-x}}$.

解　$\lim\limits_{x\to 1} x^{\frac{1}{1-x}}$　　（为 1^∞ 未定式）

$$=e^{\lim\limits_{x\to 1}\frac{1}{1-x}\ln x}$$

由于

$$\lim\limits_{x\to 1}\frac{1}{1-x}\ln x=\lim\limits_{x\to 1}\frac{\ln x}{1-x}　　（为\frac{0}{0}未定式）$$

$$= \lim_{x \to 1} \frac{\frac{1}{x}}{-1} = -1,$$

所以

$$\lim_{x \to 1} x^{\frac{1}{1-x}} = e^{-1}.$$

4.3 函数的单调性、极值与最值

4.3.1 函数的单调性

我们在 3.1.3 节导数的几何意义中已经知道,曲线在某一区间内单调上升或单调下降与此曲线所对应的函数 $y = f(x)$ 的导数有着密切的关联. 下面讨论如何利用导数来判定函数的增减性.

定理 4.8 设函数 $f(x)$ 在区间 (a,b) 内可导.**(1)** 如果在区间 (a,b) 内 $f'(x) > 0$,则函数 $f(x)$ 在此区间内严格单调增加;**(2)** 如果在区间 (a,b) 内 $f'(x) < 0$,则函数 $f(x)$ 在此区间内严格单调减少.

证 任取 $x_1, x_2 \in (a,b)$,且 $x_1 < x_2$,则由拉格朗日中值定理,有

$$f(x_2) - f(x_1) = f'(\xi)(x_2 - x_1), \quad \xi \in (x_1, x_2).$$

(1) 如果 $f'(x) > 0$,则 $f'(\xi) > 0$,所以 $f(x_2) - f(x_1) > 0$,即 $f(x)$ 在 (a,b) 内严格单调增加;

(2) 如果 $f'(x) < 0$,则 $f'(\xi) < 0$,所以 $f(x_2) - f(x_1) < 0$,即 $f(x)$ 在 (a,b) 内严格单调减少.

说明:如果 $f(x)$ 在区间 (a,b) 上连续,在 (a,b) 内只有有限个点处导数为 0 或导数不存在,在其他点处导数恒大于 0(或小于 0),则 f 在 (a,b) 上仍为严格单调增加(或严格单调减少).

例 4.22 证明:当 $x \geq 0$ 时,$\ln(1+x) \geq \dfrac{x}{1+x}$.

证 设 $f(x) = (1+x)\ln(1+x) - x$,
因为

$$f'(x) = \ln(1+x),$$

当 $x > 0$ 时,$f'(x) > 0$,因此 $f(x)$ 在 $(0, +\infty)$ 内单调递增. 又因为 $f(0) = 0$,所以 $f(x) \geq f(0) = 0$,即

$$\ln(1+x) - \frac{x}{1+x} \geq 0,$$

亦即

$$\ln(1+x) \geqslant \frac{x}{1+x}.$$

例 4.23 求函数 $f(x) = \frac{x^3}{3} - \frac{x^2}{2} - 2x$ 的单调区间.

解 因为

$$f'(x) = x^2 - x - 2 = (x+1)(x-2),$$

所以,当 $x \in (-\infty, -1)$ 时,$f'(x) > 0$,函数 $f(x)$ 在 $(-\infty, -1)$ 内单调增加;当 $x \in (-1, 2)$ 时,$f'(x) < 0$,函数 $f(x)$ 在 $(-1, 2)$ 内单调减少;又当 $x \in (2, +\infty)$ 时,$f'(x) > 0$,函数 $f(x)$ 在 $(2, +\infty)$ 内单调增加. 如果我们用表列出,就能更直观地说明问题的结论(表 4-1 中把曲线单调增加记为↗,单调下降记为↘).

表 4-1

x	$(-\infty, -1)$	$(-1, 2)$	$(2, +\infty)$
$f'(x)$	$+$	$-$	$+$
$f(x)$	↗	↘	↗

4.3.2 函数的极值

在上节表 4-1 中 $x = -1$ 是函数 $f(x)$ 由增加变为减少的转折点,且在此点的左、右邻近恒有 $f(-1) > f(x)$;而 $x = 2$ 则是函数 $f(x)$ 由减少变为增加的转折点,且在此点的左、右邻近恒有 $f(2) < f(x)$. 这种使函数增减性改变的转折点叫做函数的**极值点**.

定义 4.1 设函数 $f(x)$ 在点 x_0 的某邻域内有定义,如果对该邻域内任意一点 $x(x \neq x_0)$ 恒有

$$f(x_0) > f(x)(\text{或 } f(x_0) < f(x)),$$

则称点 x_0 为函数 $f(x)$ 的**极大值点**(或**极小值点**),而 $f(x_0)$ 为函数的**极大值**(或**极小值**).

极大值点与极小值点统称为**极值点**,极大值与极小值统称为**极值**. 显然,极值是一个局部概念,它只是与极值点邻近的所有点的函数值相比较而得,并非是区间上的最小值或最大值.

由 4.1.1 节中引理的证明与极值的定义,我们不难得到:

定理 4.9 设函数 $f(x)$ 在点 x_0 处可导,且在点 x_0 处取得极值 $f(x_0)$,则 $f'(x_0) = 0$.

应该指出:(1) 定理 4.9 表明:若 $f(x)$ 在 x_0 处可导,则 $f'(x_0) = 0$ 是点 x_0 为极

值点的必要条件,非充分条件. 例 $f(x)=x^3$ 是单调递增的,且有 $f'(0)=0$,但在 $x=0$ 处不取得极值.

我们称使 $f'(x_0)=0$ 的点为函数的**驻点**. 驻点可能是极值点,也可能不是极值点.

(2) 定理 4.9 是对函数 $f(x)$ 在点 x_0 处可导而言. 然而,在导数不存在的点也可能取得极值. 例 $f(x)=x^{\frac{2}{3}}$ 在点 $x=0$ 处不可导,而 $x=0$ 却为函数的极值点(见图 4-4).

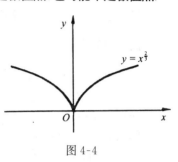

那么如何判断驻点或不可导点是极值点呢? 下面介绍函数取得极值的充分条件.

图 4-4

定理 4.10(充分条件Ⅰ)　设函数 $f(x)$ 在点 x_0 的某邻域内连续,且在该去心邻域内可导.

(1) 当 $x<x_0$ 时,$f'(x)>0$,而 $x>x_0$ 时,$f'(x)<0$,则函数 $f(x)$ 在 x_0 处取得极大值;

(2) 当 $x<x_0$ 时,$f'(x)<0$,而 $x>x_0$ 时,$f'(x)>0$,则函数 $f(x)$ 在 x_0 处取得极小值;

(3) 当 $x<x_0$ 或 $x>x_0$ 时,$f'(x)$不变号,则函数在 x_0 处不取得极值.

证　(1) 当 $x<x_0$ 时,$f'(x)>0$,则 $f(x)$ 在区间 (x,x_0) 内单调增加,所以 $f(x_0)>f(x)$;当 $x>x_0$ 时,$f'(x)<0$,则 $f(x)$ 在 (x_0,x) 内单调减少,所以 $f(x_0)>f(x)$. 因此,在 x_0 的某邻域内,恒有 $f(x_0)>f(x)$,故 $f(x_0)$ 为函数 $f(x)$ 的极大值.

同理可证(2).

(3) 因为当 $x<x_0$ 或 $x>x_0$ 时,$f'(x)$不变号,故函数 $f(x)$ 在 x_0 的左、右邻域内均单调增加或单调减少,所以在 x_0 处不取得极值.

例 4.24　求函数 $f(x)=2x-\dfrac{3}{2}x^{\frac{2}{3}}$ 的单调区间和极值.

解　因为 $f'(x)=2-x^{-\frac{1}{3}}$,令 $f'(x)=2-x^{-\frac{1}{3}}=0$,得驻点 $x=\dfrac{1}{8}$,又因为 $x=0$ 时,$f'(x)$不存在,所以函数的极值点可能在 $x=0$ 和 $\dfrac{1}{8}$ 点上取得. 列表如下:

表 4-2

x	$(-\infty,0)$	0	$\left(0,\dfrac{1}{8}\right)$	$\dfrac{1}{8}$	$\left(\dfrac{1}{8},+\infty\right)$
$f'(x)$	$+$	不存在	$-$	0	$+$
$f(x)$	↗	0(极大值)	↘	$-\dfrac{1}{8}$(极小值)	↗

对于函数 $f(x)$ 在点 x_0 处的极值的判定,还可引用二阶导数,即有以下定理:

定理 4.11(充分条件Ⅱ) 设函数 $f(x)$ 在点 x_0 处 $f'(x_0)=0$,$f''(x_0)\neq 0$,则

(1) 当 $f''(x_0)<0$ 时,函数 $f(x)$ 在 x_0 处取得极大值 $f(x_0)$;

(2) 当 $f''(x_0)>0$ 时,函数 $f(x)$ 在 x_0 处取得极小值 $f(x_0)$.

证 (1)因为 $f''(x_0)=\lim\limits_{x\to x_0}\dfrac{f'(x)-f'(x_0)}{x-x_0}=\lim\limits_{x\to x_0}\dfrac{f'(x)}{x-x_0}<0$,即当 $x<x_0$ 时,$f'(x)>0$,而 $x>x_0$ 时,$f'(x)<0$,所以由定理 4.10 便知 $f(x)$ 在 x_0 处取得极大值 $f(x_0)$.

同理可证(2).

例 4.25 求函数 $f(x)=x^3-3x$ 的极值.

解 因为 $f'(x)=3x^2-3=3(x+1)(x-1)$,

$\qquad\qquad f''(x)=6x$,

令 $f'(x)=0$,得驻点 $x=\pm 1$.

由于

$$f''(-1)=-6<0, \quad f''(1)=6>0,$$

所以在 $x=-1$ 处取得极大值 $f(-1)=2$,在 $x=1$ 处取得极小值 $f(1)=-2$.

4.3.3 极值的应用问题——最值

在实际问题中往往会遇到求最大值或最小值问题(**最大值最小值简称最值**).最值有别于极值,它是全局性的概念,是函数在所考察的区间上全部函数值中的最大者或最小者.

一般地,连续函数在闭区间 $[a,b]$ 上的最大值与最小值,可以由区间内的全部驻点及 $f'(x)$ 不存在的点,与区间端点的函数值相比较,其中最大的就是区间 $[a,b]$ 上的最大值,最小的就是区间 $[a,b]$ 上的最小值.

特殊地,连续函数在闭区间 $[a,b]$ 上只有一个极大值,而没有极小值,则这唯一的极大值便是区间 $[a,b]$ 上的最大值.同样,区间上唯一的极小值(没有极大值)便是区间上的最小值.

例 4.26 求函数 $f(x)=x^4-2x^3$ 在区间 $[-1,2]$ 上的最大值和最小值.

解 因为 $f'(x)=4x^3-6x^2=2x^2(2x-3)$,令 $f'(x)=0$,得驻点 $x=0$ 和 $x=\dfrac{3}{2}$,所以由

$$f(0)=0, \quad f\left(\frac{3}{2}\right)=-\frac{27}{16}, \quad f(-1)=3, \quad f(2)=0$$

比较可得最大值 $f(-1)=3$,最小值 $f\left(\dfrac{3}{2}\right)=-\dfrac{27}{16}$.

例 4.27 要制造一个容积为 V 的带盖圆桶,底圆的半径 r 与桶高 h 有何关系时所用材料最省.

解 问题所要求的是如何使圆桶的表面积 S 最小. 由题设知

$$V = \pi r^2 h,$$

从而

$$h = \frac{V}{\pi r^2},$$

所以

$$S = 2\pi r^2 + 2\pi rh$$
$$= 2\pi r^2 + \frac{2V}{r} \quad (0 < r < +\infty).$$

因为

$$S' = 4\pi r - \frac{2V}{r^2} = \frac{4\pi r^3 - 2V}{r^2},$$

令 $S' = 0$,可得驻点 $r = \sqrt[3]{\dfrac{V}{2\pi}}$(唯一),在区间 $(0, +\infty)$ 内只有唯一的驻点. 由题意可知,这个驻点即为所求的最小值点(容易验证 $S'' = 4\pi + \dfrac{4V}{r^3} > 0$,这个驻点确为最小值点). 因此,当 $r = \sqrt[3]{\dfrac{V}{2\pi}}$ 时,

$$h = \frac{V}{\pi} \left(\sqrt[3]{\frac{2\pi}{V}} \right)^2 = 2\sqrt[3]{\frac{V}{2\pi}},$$

此时圆桶的表面积最小;也就是说,当桶高等于桶底的直径时所用的材料最省.

例 4.28 某公司生产的产品,年产量为 x(百件),总成本为 C(万元),其中固定成本为 2 万元,每生产 1 百件,成本增加 1 万元. 设市场上每年可销售此产品 4 百件,其销售总收入

$$R = R(x) = \begin{cases} 4x - \dfrac{1}{2}x^2, & 0 \leqslant x \leqslant 4, \\ 8, & x > 4. \end{cases}$$

试问:每年生产多少件总利润 L 最大?

解 由于总成本 $C(x) = 2 + x$,

所以

$$L(x) = R(x) - C(x) = \begin{cases} 3x - \dfrac{1}{2}x^2 - 2, & 0 \leqslant x \leqslant 4, \\ 6 - x, & x > 4. \end{cases}$$

于是

$$L'(x) = [R(x) - C(x)]' = \begin{cases} 3-x, & 0 < x < 4, \\ -1, & x > 4. \end{cases}$$

令 $L'(x)=0$,得 $x=3$. 因为 $L''(3)<0$,所以 $L(3)$ 为极大值. 又因为 $L(3)$ 是唯一的极大值,所以它即为最大值,也就是每年生产 3 百件产品总利润 L 最大.

例 4.29 某工厂年计划生产某商品 4 000 套,平均分成若干批生产. 已知每批生产准备费为 100 元,每套产品库存费为 5 元. 如果产品均匀投放市场(上一批用完后立即生产下一批,因此库存量为批量的一半),试问每批生产多少套产品才能使生产准备费与库存费之和为最小?

解 设每批生产 x 套,总费用为 y. 因为年生产 4 000 套,从而年生产批数为 $\frac{4\,000}{x}$,生产准备费为 $100 \cdot \frac{4\,000}{x} = \frac{400\,000}{x}$,库存费为 $5 \cdot \frac{x}{2}$,所以

$$y = \frac{400\,000}{x} + \frac{5x}{2}.$$

因为

$$y' = -\frac{400\,000}{x^2} + \frac{5}{2},$$

令 $y'=0$,得 $x=400$. 又因为

$$y''\big|_{x=400} = \frac{800\,000}{x^3} > 0,$$

所以,当 $x=400$ 时 y 取得极小值,亦即最小值. 因此,每批生产 400 套产品时,生产准备费与库存费之和最小.

例 4.30 试求数列 $\left\{\dfrac{\sqrt{n}}{n+10\,000}\right\}$ 的最大项.

解 此题也是求最值问题. 为能用导数这一有效工具来讨论,不妨设 $f(x) = \dfrac{\sqrt{x}}{x+10\,000}$,亦即讨论连续函数 $f(x)$ 当 $x>0$ 时的最大值. 由

$$f(x) = \frac{\sqrt{x}}{x+10\,000} \quad (x>0)$$

可得

$$f'(x) = \frac{10\,000 - x}{2\sqrt{x}(x+10\,000)^2}.$$

令 $f'(x)=0$ 得 $x=10\,000$,因为

$$f(1) = \frac{1}{10\,001}, f(10\,000) = \frac{1}{200},$$

$$\lim_{x \to +\infty} \frac{\sqrt{x}}{x+10\,000} = 0,$$

比较可得：当 $x=10\,000$ 时，$f(x)$ 最大，亦即数列的最大项 $n=10\,000$.

4.4　曲线的凸性与拐点

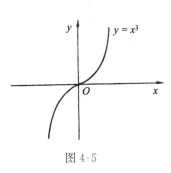

上面我们讨论了函数的单调和极值，但是，这还不能准确、全面地反映函数的特性．例如：函数 $y=x^3$ 在 $(-\infty,+\infty)$ 上单调增加，它的图形是经过原点的上升曲线（见图 4-5），但曲线在 $(-\infty,0)$ 和 $(0,+\infty)$ 上升时的弯曲状况不同，在 y 轴左边的曲线弧是向上凸的，而右边的曲线弧是向下凸的．因此，考察曲线弧的凸向是很必要的．

图 4-5

我们发现：如果在上凸曲线 $y=f(x)$（见图 4-6）的定义区间内任取两点 x_1,x_2，且 $x_1\neq x_2$，点 $\dfrac{x_1+x_2}{2}$ 是 $[x_1,x_2]$ 的中点，则必有

$$f\left(\frac{x_1+x_2}{2}\right)>\frac{f(x_1)+f(x_2)}{2}.$$

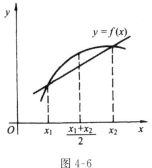

图 4-6

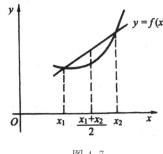

图 4-7

如果在下凸曲线 $y=f(x)$（见图 4-7）的定义区间内任取两点 x_1,x_2，且 $x_1\neq x_2$，则有

$$f\left(\frac{x_1+x_2}{2}\right)<\frac{f(x_1)+f(x_2)}{2}.$$

定义 4.2　设 $f(x)$ 在区间 (a,b) 内连续，x_1,x_2 是区间 (a,b) 内的任意两点．

(1) 如果 $f\left(\dfrac{x_1+x_2}{2}\right)>\dfrac{f(x_1)+f(x_2)}{2}$，则函数 $f(x)$ 所对应的曲线弧在区间 (a,b) 内上凸；

(2) 如果 $f\left(\dfrac{x_1+x_2}{2}\right)<\dfrac{f(x_1)+f(x_2)}{2}$，则函数 $f(x)$ 所对应的曲线弧在区间

(a,b)内下凸.

下面的定理则利用二阶导数给出了曲线凸性的判定法.

定理 4.12 设函数 $f(x)$ 在区间 (a,b) 内具有二阶导数.

(1) 如果在 (a,b) 内 $f''(x)>0$,则曲线 $y=f(x)$ 在 (a,b) 内下凸;

(2) 如果在 (a,b) 内 $f''(x)<0$,则曲线 $y=f(x)$ 在 (a,b) 内上凸.

证 就情形 1 给出证明:

任取 $x_1,x_2\in(a,b)$,且 $x_1<x_2$,$x_0=\dfrac{x_1+x_2}{2}$,记 $x_2-x_0=x_0-x_1=h>0$. 因为拉格朗日中值定理的条件在 $f(x)$ 分别在 $[x_1,x_0]$ 和 $[x_0,x_2]$ 区间得到满足,所以有

$$f(x_0)-f(x_1)=f'(\xi_1)(x_0-x_1)=f'(\xi_1)h,\ \xi_1\in(x_1,x_0);$$

$$f(x_2)-f(x_0)=f'(\xi_2)(x_2-x_0)=f'(\xi_2)h,\ \xi_2\in(x_0,x_2).$$

两式相减,得

$$f(x_2)+f(x_1)-2f(x_0)=[f'(\xi_2)-f'(\xi_1)]h.$$

在 (ξ_1,ξ_2) 内再用拉格朗日中值定理,有

$$f(x_2)+f(x_1)-2f(x_0)=f''(\xi)(\xi_2-\xi_1)h,\xi\in(\xi_1,\xi_2).$$

因为 $f''(x)>0,\xi_2-\xi_1>0,h>0$,所以

$$f(x_2)+f(x_1)-2f(x_0)>0,$$

即

$$f(x_1)+f(x_2)>2f(x_0)=2f\left(\frac{x_1+x_2}{2}\right),$$

亦即

$$f\left(\frac{x_1+x_2}{2}\right)<\frac{f(x_1)+f(x_2)}{2},$$

由定义 4.2 便知曲线下凸.

情形 2 同理可证.

定义 4.3 曲线上凸与下凸的分界点称为曲线的拐点.

拐点既然是曲线上凸与下凸的分界点,那么,若 $y=f(x)$ 二阶可导,则在拐点的左右二阶导数 $f''(x)$ 必定异号,因而在拐点处有 $f''(x)=0$.

通过以上讨论可知,对于二阶可导函数 $f(x)$,求其对应曲线拐点的一般步骤是:先求满足 $f''(x)=0$ 的点,再考虑这些点邻近二阶导数的符号,进而确定这些点是否为拐点的横坐标. 当然,二阶导数不存在的点也可能为曲线拐点的横坐标.

例 4.31 求曲线 $f(x)=x^4-2x^3+1$ 的凸向区间及拐点.

解 因为 $f'(x)=4x^3-6x^2$,

$$f''(x)=12x^2-12x=12x(x-1),$$

令 $f''(x)=0$,得 $x=0,x=1$.

下面通过列表说明函数 $f(x)$ 的凸向区间与拐点.

表 4-3

x	$(-\infty,0)$	0	$(0,1)$	1	$(1,+\infty)$
$f''(x)$	$+$	0	$-$	0	$+$
$f(x)$	$\cup$	拐点$(0,1)$	$\cap$	拐点$(1,0)$	$\cup$

从表 4-3 可见曲线在区间 $(-\infty,0)$,$(1,+\infty)$ 内下凸;在区间 $(0,1)$ 内上凸,曲线的拐点是 $(0,1)$ 和 $(1,0)$.

例 4.32 求曲线 $f(x)=(x-1)^{\frac{5}{3}}$ 的凸向区间及拐点.

解 由 $f'(x)=\dfrac{5}{3}(x-1)^{\frac{2}{3}}$,

$$f''(x)=\frac{10}{9}(x-1)^{-\frac{1}{3}}$$

得 $\qquad\qquad\qquad f'(1)=0,f''(1)$ 不存在.

表 4-4

x	$(-\infty,1)$	1	$(1,+\infty)$
$f''(x)$	$-$	不存在	$+$
$f(x)$	$\cap$	拐点$(1,0)$	$\cup$

从表 4-4 可见曲线在区间 $(-\infty,1)$ 上上凸;在 $(1,+\infty)$ 上下凸,拐点是 $(1,0)$.

4.5 函数图形的描绘

为使函数的图形描绘得较为准确,还需讨论曲线的渐近线.

4.5.1 曲线的渐近线

定义 4.4 如果曲线上的一点沿着曲线无限远离原点时,该点与某条直线的距离趋于 0,则称此直线为该曲线的渐近线.

下面分几种情形讨论:

1) 水平渐近线

设函数 $y=f(x)$ 的定义域是无限区间,如果

$$\lim_{x\to-\infty}f(x)=b \text{ 或 } \lim_{x\to+\infty}f(x)=b,$$

则直线 $y=b$ 为函数 $y=f(x)$ 图像的一条水平渐近线. 例如 $y=\mathrm{e}^x$,因为

$$\lim_{x \to -\infty} \mathrm{e}^x = 0,$$

所以,直线 $y=0$ 是 $y=\mathrm{e}^x$ 的水平渐近线(见图 4-8).

又如 $y=\arctan x$,因为

$$\lim_{x \to -\infty} \arctan x = -\frac{\pi}{2},$$

$$\lim_{x \to +\infty} \arctan x = \frac{\pi}{2},$$

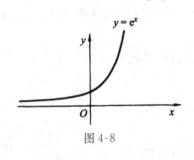

图 4-8

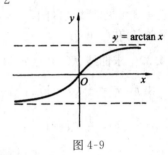

图 4-9

所以,$y=\arctan x$ 所对应的曲线有两条水平渐近线(见图 4-9):

$$y=-\frac{\pi}{2} \text{ 和 } y=\frac{\pi}{2}.$$

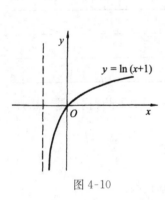

图 4-10

2) 垂直渐近线

若

$$\lim_{x \to x_0^-} f(x) = \infty \text{ 或 } \lim_{x \to x_0^+} f(x) = \infty,$$

则直线 $x=x_0$ 是函数 $y=f(x)$ 图像的垂直渐近线. 例如 $y=\ln(x+1)$,因为

$$\lim_{x \to -1^+} \ln(x+1) = \infty,$$

所以,$x=-1$ 是 $y=\ln(x+1)$ 的垂直渐近线(见图 4-10).

4.5.2 函数图形的描绘

前面所讨论函数的各种性态,可应用于函数的作图,它的一般步骤是:

(1) 确定函数的定义域、奇偶性和周期性;

(2) 求函数 $y=f(x)$ 的一阶导数和二阶导数;

(3) 求得 $f'(x)=0$ 的点及导数不存在的点,再求得 $f''(x)=0$ 的点及(二阶)导数不存在的点;

(4) 列表(步骤 3 所求得点把定义域分成若干个子区间,用 $f'(x)$ 及 $f''(x)$ 在

子区间的正负号确定曲线的形状、极值点和拐点）；

（5）求曲线的渐近线；

（6）作图.

例 4.33 描绘函数 $y = x - \ln(x+1)$ 的图形.

解 该函数的定义域为 $(-1, +\infty)$，由于

$$y' = 1 - \frac{1}{x+1} = \frac{x}{x+1},$$

$$y'' = \frac{1}{(x+1)^2},$$

故由 $y' = 0$，得驻点 $x = 0$.

列表 4-5 如下所示：

表 4-5

x	$(-1, 0)$	0	$(0, +\infty)$
y'	$-$	0	$+$
y''	$+$	$+$	$+$
y	$\searrow$	极小值 0	$\nearrow$

因 $\lim\limits_{x \to -1^+}[x - \ln(x+1)] = \infty$，所以 $x = -1$ 是垂直渐近线. 适当补充几点坐标，如 $A(1, 0.307)$，$B(2, 0.901)$，便有函数在 $(-1, +\infty)$ 上的图形（见图 4-11）.

例 4.34 全面讨论函数 $f(x) = \dfrac{1}{\sqrt{2\pi}} e^{-\frac{x^2}{2}}$ 的性态，且描绘其图形.

解 该函数的定义域为 $(-\infty, +\infty)$，由于 $f(-x) = f(x)$，故 $f(x)$ 是偶函数，其图形关于 y 轴对称.

因为

$$f'(x) = \frac{1}{\sqrt{2\pi}} e^{-\frac{x^2}{2}}(-x) = -\frac{1}{\sqrt{2\pi}} x e^{-\frac{x^2}{2}},$$

$$f''(x) = \frac{1}{\sqrt{2\pi}} e^{-\frac{x^2}{2}}(x^2 - 1),$$

令

$$f'(x) = 0, \text{得} x = 0;$$

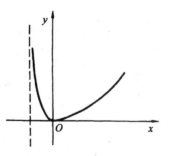

图 4-11

$$f''(x)=0, 得 x=\pm 1.$$

列表 4-6 如下所示：

表 4-6

x	$(-\infty,-1)$	-1	$(-1,0)$	0	$(0,1)$	1	$(1,+\infty)$
$f'(x)$	$+$	$+$	$+$	0	$-$	$-$	$-$
$f''(x)$	$+$	0	$-$	$-$	$-$	0	$+$
$f(x)$	↗	拐点 $\left(-1,\dfrac{1}{\sqrt{2\pi e}}\right)$	↗	极大值 $\dfrac{1}{\sqrt{2\pi}}$	↘	拐点 $\left(1,\dfrac{1}{\sqrt{2\pi e}}\right)$	↘

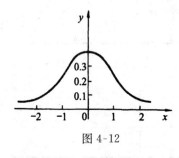

图 4-12

从表 4-6 可见函数的全部性态. 又因 $\lim\limits_{x\to\infty}\dfrac{1}{\sqrt{2\pi}}e^{-\frac{x^2}{2}}=0$, 所以 $y=0$ 是水平渐近线. 图形如图 4-12 所示. 这曲线就是概率论与数理统计中著名的正态分布曲线.

例 4.35 全面讨论函数 $f(x)=2-\dfrac{4(x+1)}{x^2}$ 的性态, 并描绘其图形.

解 该函数的定义域为 $(-\infty,0)\bigcup(0,+\infty)$, 由于

$$f'(x)=-\frac{4x^2-4(x+1)2x}{x^4}=\frac{4(x+2)}{x^3},$$

$$f''(x)=\frac{4x^3-4(x+2)\cdot 3x^2}{x^6}=-\frac{8(x+3)}{x^4},$$

令

$$f'(x)=0, 得 x=-2;$$

$$f''(x)=0, 得 x=-3.$$

列表 4-7 如下所示：

表 4-7

x	$(-\infty,-3)$	-3	$(-3,-2)$	-2	$(-2,0)$	$(0,+\infty)$
$f'(x)$	$+$		$+$	0	$-$	$+$
$f''(x)$	$+$	0	$-$			
$f(x)$	↗	拐点 $\left(-3,2\dfrac{8}{9}\right)$	↗	极大值 3	↘	↗

从表 4-7 可见函数的全部性态. 因 $\lim\limits_{x\to 0}\left[2-\dfrac{4(x+1)}{x^2}\right]=\infty$,所以 $x=0$ 是垂直渐近线;又因 $\lim\limits_{x\to\infty}\left[2-\dfrac{4(x+1)}{x^2}\right]=2$,所以 $y=2$ 是水平渐近线. 再取 n 个点:$A(-2,3)$,$B(-1,2)$,$C(1,-6)$,$D(2,-1)$,可得函数的图形(见图 4-13).

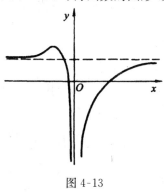

图 4-13

习 题 4

1. 下列函数在给定区间上是否满足罗尔中值定理的全部条件? 如满足,求出定理中的 ξ 值:

(1) $f(x)=2x^2-x-3$ 　　　　$[-1,1.5]$;

(2) $f(x)=e^{x^2}-1$ 　　　　$[-1,1]$;

(3) $f(x)=x\sqrt{2-x}$ 　　　　$[0,2]$;

(4) $f(x)=\dfrac{1}{1+x^2}$ 　　　　$[-3,3]$.

2. 下列函数在给定区间上是否满足拉格朗日中值定理的全部条件? 如满足,求出定理中的 ξ 值:

(1) $f(x)=x^3$ 　　　　$[1,2]$;

(2) $f(x)=x^2+x-1$ 　　　　$[-1,1]$;

(3) $f(x)=\ln x$ 　　　　$[1,2]$;

(4) $f(x)=x^3-3x^2+x-4$ 　　　　$[0,1]$.

3. 举例说明罗尔中值定理与拉格朗日中值定理中 ξ 的值不一定唯一.

4. 函数 $f(x)=x^3+1$,$g(x)=x^2$ 在区间 $[0,1]$ 上是否满足柯西中值定理的条件? 如满足,求出定理中的 ξ 值.

5. 利用罗尔中值定理证明方程

$$5x^4 - 4x + 1 = 0$$

在 $[0,1]$ 之间至少有一个实根.

6. 证明:设在 (a,b) 内 $f'(x) = C$(C 为常数),则 $f(x)$ 在 (a,b) 内是一个线性函数.

7. 证明函数 $f(x) = px^2 + qx + r$ 在应用拉格朗日中值定理时所得的点 ξ 总是区间的中点.

8. 证明下列不等式:

(1) $|\arctan b - \arctan a| \leqslant |b-a|$;

(2) $\mu b^{\mu-1}(a-b) < a^\mu - b^\mu < \mu a^{\mu-1}(a-b)$(其中 $0 < b < a, \mu > 1$).

9. 求下列极限:

(1) $\lim\limits_{x \to 1} \dfrac{x^3 - 3x^2 + 2}{x^3 - x^2 - x + 1}$;

(2) $\lim\limits_{x \to 1} \dfrac{\ln x}{x-1}$;

(3) $\lim\limits_{x \to a} \dfrac{a^x - x^a}{x-a}$ $(a > 0)$;

(4) $\lim\limits_{x \to 0} \dfrac{e^x - e^{-x}}{x}$;

(5) $\lim\limits_{x \to a} \dfrac{ax^3 - x^4}{a^4 - 2a^3 x + 2ax^3 - x^4}$ $(a \neq 0)$;

(6) $\lim\limits_{x \to 0} \dfrac{1 - e^x}{\sin x}$;

(7) $\lim\limits_{x \to 2} \dfrac{x^3 - 2x^2 + x - 2}{x-2}$;

(8) $\lim\limits_{x \to 1} \dfrac{1 - x^2}{\sin \pi x}$;

(9) $\lim\limits_{x \to 0} \dfrac{x - \sin x}{x^2(1 - e^x)}$;

(10) $\lim\limits_{x \to \frac{\pi}{2}} \dfrac{\ln \sin x}{(\pi - 2x)^2}$;

(11) $\lim\limits_{x \to \infty} \dfrac{\ln x}{2^x}$;

(12) $\lim\limits_{x \to \infty} \dfrac{x^2 + \ln x}{x \ln x}$;

(13) $\lim\limits_{x \to \frac{\pi}{2}^+} \cot x \ln\left(x - \dfrac{\pi}{2}\right)$;

(14) $\lim\limits_{x \to \infty} \dfrac{x^2 \sin \dfrac{1}{x}}{4x - 1}$;

(15) $\lim\limits_{x \to 0^+} \ln x \ln(1 - x)$;

(16) $\lim\limits_{x \to 0^+} x^m \ln x$ $(m > 0)$;

(17) $\lim\limits_{x \to 0} x^2 e^{\frac{1}{x^2}}$;

(18) $\lim\limits_{x \to 1} (1 - x) \tan \dfrac{\pi}{2} x$;

(19) $\lim\limits_{x \to 1} \left(\dfrac{x}{1 - x} - \dfrac{1}{\ln x}\right)$;

(20) $\lim\limits_{x \to 0} \left(\dfrac{\cos x}{x \sin x} - \dfrac{1}{x^2}\right)$;

(21) $\lim\limits_{x \to 0} \left(\dfrac{1}{\sin x} - \dfrac{1}{e^x - 1}\right)$;

(22) $\lim\limits_{x \to 0} \left(\dfrac{1}{x^2} - \cot^2 x\right)$;

(23) $\lim\limits_{x \to 0^+} x^{\tan x}$;

(24) $\lim\limits_{x \to 0^+} x^{\frac{1}{\ln(e^x - 1)}}$;

(25) $\lim\limits_{x \to 1} (\sin \pi x)^{x-1}$;

(26) $\lim\limits_{x \to \frac{\pi}{2}} (\cos x)^{\cot x}$;

(27) $\lim\limits_{x \to 0^+}\left(\dfrac{1}{\sqrt{x}}\right)^{\tan x}$;

(28) $\lim\limits_{x \to \infty}(x+\mathrm{e}^x)^{\frac{2}{x}}$;

(29) $\lim\limits_{x \to 0}(x+\mathrm{e}^x)^{\frac{2}{x}}$;

(30) $\lim\limits_{x \to 0}\sqrt[x]{1-2x}$;

(31) $\lim\limits_{x \to \infty}\left(1+\dfrac{2}{x}+\dfrac{3}{x^2}\right)^x$;

(32) $\lim\limits_{x \to 0}(\cos \pi x)^{\frac{1}{x^2}}$.

10. 设 $f(x)$ 在点 a 的某邻域内具有二阶连续导数,求

$$\lim_{h \to 0}\frac{f(a+h)+f(a-h)-2f(a)}{h^2}.$$

11. 设 $f(x)$ 在 $[-1,1]$ 上是恒正的连续可导函数,且 $f(0)=1$,证明:

$$\lim_{x \to 0}[f(x)]^{\frac{1}{x}}=\mathrm{e}^{f'(0)}.$$

12. 求下列函数的单调区间:

(1) $f(x)=3x^2+6x+5$;

(2) $f(x)=x-\mathrm{e}^x$;

(3) $f(x)=x^4-2x^2+2$;

(4) $f(x)=\dfrac{x^2}{1+x}$;

(5) $f(x)=3-\sqrt[3]{(x-2)^2}$;

(6) $f(x)=2x-\ln x$.

13. 利用函数的单调性,证明下列不等式:

(1) $x^{\alpha}-\alpha x \leqslant 1-\alpha$ (其中 $x>0, 0<\alpha<1$);

(2) $2\sqrt{x}>3-\dfrac{1}{x}$ ($x>1$);

(3) $\sin x \geqslant x-\dfrac{x^3}{6}$ ($x \geqslant 0$);

(4) $1+x \geqslant \mathrm{e}^{2x}(1-x)$ ($x>0$).

14. 设函数 $f(x)$ 在区间 $[a,b]$ 上连续,在 (a,b) 内 $f''(x)>0$,证明:$\varphi(x)=\dfrac{f(x)-f(a)}{x-a}$ 在 (a,b) 内单调增加.

15. 求下列函数的极值:

(1) $f(x)=x^3-3x^2+5$;

(2) $f(x)=x^2\mathrm{e}^{-x}$;

(3) $f(x)=(x-1)^2(x+1)^3$;

(4) $f(x)=\sqrt{3-2x^2}$;

(5) $f(x)=(x-1)x^{\frac{2}{3}}$;

(6) $f(x)=(x-5)^2 \cdot \sqrt[3]{(x+1)^2}$.

16. 设 $x=1$ 和 $x=2$ 均为函数 $f(x)=a\ln x+bx^2+3x$ 的极值点,求 a,b 的值.

17. 求下列函数在所给区间上的最值:

(1) $f(x) = x^5 - 5x^4 + 5x^3 + 1$ $[-1, 2]$;

(2) $f(x) = x + 2\sqrt{x}$ $[0, 4]$;

(3) $f(x) = 2e^x + e^{-x}$ $[-1, 1]$;

(4) $f(x) = \sqrt{x}\ln x$ $\left[\dfrac{1}{4}, 1\right]$.

18. 设函数 $f(x) = ax^3 - 6ax^2 + b$ 在 $[-1, 2]$ 上的最大值是 3,最小值是 -29,且 $a > 0$,求 a, b 的值.

19. 某单位欲用围墙围成面积为 $216\,\text{m}^2$ 的一矩形仓库,并在正中用一堵墙将其一分为二. 问这仓库的长和宽取多少时所用材料最省?

20. 已知圆锥体的底面半径为 r,高为 h,求内接于这个锥体且体积最大的圆柱体体积.

21. 甲船以每小时 20 海里的速度向东行驶,同一时间乙船在甲船正北 82 海里处以每小时 16 海里的速度向南行驶. 问这两艘船经过多少时间距离最近?

22. 生产 x 个产品的利润
$$L(x) = 5000 + x - 0.00001x^2 (\text{元}),$$
问生产多少个产品时获得的利润最大?

23. 某厂每批生产 x 个产品的费用
$$C(x) = 5x + 200 (\text{元}),$$
得到的收入
$$R(x) = 10x - 0.01x^2 (\text{元}).$$
问每批应生产多少个产品时才能使利润最大?

24. 某商店每年销售某商品 a 件,每次购进的手续费为 b 元,而每件库存费为 c 元/年. 在该商品均匀销售的情况下,商店应分几批购进此种商品才能使所花的手续费及库存费之和最少?

25. 求下列函数的凸向区间及对应曲线的拐点:

(1) $f(x) = 2x^3 - 12x^2 + 7x + 10$;

(2) $f(x) = \ln(1 + x^2)$;

(3) $f(x) = (x-3)^4 + e^{-x}$;

(4) $f(x) = a - \sqrt[3]{x - b}$.

26. 试确定 a, b,使点 $(1, 3)$ 是曲线 $f(x) = ax^3 + bx^2$ 的拐点.

27. 求 a, b, c,使 $f(x) = ax^3 + bx^2 + cx$ 有一拐点 $(1, 2)$,且在该点的切线斜率为 -1.

28. 求下列曲线的渐近线:

(1) $f(x) = e^{-\frac{1}{x}}$;

(2) $f(x) = \dfrac{e^x}{1+x}$;

(3) $f(x) = \dfrac{2x}{x^2-1}$;

(4) $f(x) = \ln\dfrac{x-1}{x+1} - 2$;

(5) $f(x) = \dfrac{1}{(x+2)^3}$;

(6) $f(x) = \dfrac{x^2-1}{x^2+2x-3}$.

29. 全面讨论下列函数的性态,且描绘其图形:

(1) $f(x) = x^3 - 3x$;

(2) $f(x) = x - \dfrac{3}{2}x^{\frac{2}{3}}$;

(3) $f(x) = x\sqrt{5-x}$;

(4) $f(x) = \ln(1+x^2)$;

(5) $f(x) = xe^{-x}$;

(6) $f(x) = \dfrac{8}{4-x^2}$;

(7) $f(x) = \dfrac{2x}{\ln x}$;

(8) $f(x) = \dfrac{1}{2}\ln\dfrac{1+x}{1-x}$;

(9) $f(x) = \dfrac{|x|}{x-1}$;

(10) $f(x) = \dfrac{2x}{(x+1)^2} - 1$.

5 积 分 学

这一章我们将学习微积分另一重要分支——积分学. 积分学包括不定积分与定积分. 不定积分和定积分虽一字之差, 但它们是完全不同的两个概念. 而微积分基本公式又揭示了两者之间的重要联系, 使定积分的计算变得简便.

5.1 不定积分概念

在微分学中, 我们已掌握如何求一个函数 $F(x)$ 的导函数 $F'(x)$, 而现在则要解决一个相反的问题: 即已知一个函数的导函数, 如何去求这个函数本身. 在实际问题中经常会遇到类似的问题. 例如已知物体的瞬时速度, 要求物体的位置函数; 已知质线的线密度, 要求质线的质量函数; 已知导线的电流强度, 要求通过导线的电量函数; 已知产品的边际成本, 要求产品的成本函数等, 这就需引出不定积分的概念.

5.1.1 原函数与不定积分

定义 5.1 设函数 $f(x)$ 在区间 I 上有定义, 如果在 I 上存在可导函数 $F(x)$, 使 $F'(x) = f(x)$ 或 $\mathrm{d}F(x) = f(x)\mathrm{d}x$, 则称 $F(x)$ 为 $f(x)$ 在区间 I 上的原函数.

例如 $F(x) = \sin x$ 是 $f(x) = \cos x$ 的原函数, 因为 $(\sin x)' = \cos x$; 又 $F(x) = \tan x$ 是 $f(x) = \sec^2 x$ 的原函数, 因为 $(\tan x)' = \sec^2 x$. 此外, 又注意到不仅 $\sin x$ 是 $\cos x$ 的原函数, 对任意常数 C, $\sin x + C$ 也都是 $\cos x$ 的原函数, 所以一个函数的原函数可以有无穷多个. 反过来, 若 $F(x)$ 和 $\Phi(x)$ 均为 $f(x)$ 的原函数, 则由于 $F'(x) = \Phi'(x) = f(x)$, 故由拉格朗日中值定理的推论知, $F(x)$ 与 $\Phi(x)$ 之间仅相差一个常数. 所以虽然一个函数 $f(x)$ 的原函数有无穷多个, 但只要找到它的一个原函数 $F(x)$, 则它所有的原函数便可表示为 $F(x) + C$, 其中 C 为任意常数. 从原函数概念出发, 我们便有如下不定积分概念.

定义 5.2 区间 I 上函数 $f(x)$ 的所有原函数全体 $F(x) + C$(C 为任意常数) 称为 $f(x)$ 在区间 I 上的不定积分, 记为 $\displaystyle\int f(x)\mathrm{d}x$, 即 $\displaystyle\int f(x)\mathrm{d}x = F(x) + C$.

其中 $\displaystyle\int$ 称为积分号, $f(x)$ 称为被积函数, x 称为积分变量, $f(x)\mathrm{d}x$ 称为被积表

达式,C 称为**积分常数**.

根据不定积分的定义,求一个函数 $f(x)$ 的不定积分,关键是找出 $f(x)$ 的一个原函数,如 $\sin x$ 是 $\cos x$ 的一个原函数,故 $\cos x$ 的不定积分即为

$$\int \cos x \, \mathrm{d}x = \sin x + C.$$

例 5.1 求 $\int x^a \mathrm{d}x (\alpha \neq -1)$.

解 由于 $\left(\dfrac{1}{\alpha+1} x^{\alpha+1}\right)' = x^a$,即 $\dfrac{1}{\alpha+1} x^{\alpha+1}$ 是 x^a 的一个原函数,

所以
$$\int x^a \mathrm{d}x = \frac{1}{\alpha+1} x^{\alpha+1} + C.$$

例 5.2 求 $\int \dfrac{1}{\sqrt{1-x^2}} \mathrm{d}x$.

解 由于 $(\arcsin x)' = \dfrac{1}{\sqrt{1-x^2}}$,所以

$$\int \frac{1}{\sqrt{1-x^2}} \mathrm{d}x = \arcsin x + C.$$

由于 $f(x)$ 的不定积分是 $f(x)$ 的所有原函数全体,是相差一个任意常数的一簇函数,故在几何上 $f(x)$ 的不定积分描述了将其一个原函数所对应的曲线沿 y 轴上、下平行移动所得的**曲线簇**(见图 5-1).且每一条曲线在相同横坐标处的切线斜率都相等.曲线簇中的每一条都称为**积分曲线**.

例 5.3 已知函数 $3x^2$ 的一条积分曲线通过点 $(1,2)$,求此积分曲线方程.

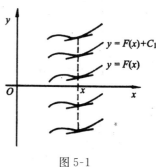

解 设所求积分曲线为 $y = F(x)$. 因为 $(x^3)' = 3x^2$,所以 $F(x) = \int 3x^2 \mathrm{d}x = x^3 + C$,将点 $(1,2)$ 代入该式得 $C = 1$,故所求积分曲线为 $y = x^3 + 1$.

图 5-1

5.1.2 不定积分的性质及基本积分表

由不定积分的定义可得如下不定积分的简单性质:

性质 5.1 $\left(\int f(x) \mathrm{d}x\right)' = f(x)$ 或 $\mathrm{d}\left(\int f(x) \mathrm{d}x\right) = f(x) \mathrm{d}x$,

$$\int f'(x) \mathrm{d}x = f(x) + C \quad \text{或} \quad \int \mathrm{d}f(x) = f(x) + C.$$

性质 5.2 $\int (k_1 f(x) + k_2 g(x)) \mathrm{d}x = k_1 \int f(x) \mathrm{d}x + k_2 \int g(x) \mathrm{d}x.$

其中 k_1, k_2 是不同时为零的任意常数.

性质 5.2 称为不定积分的线性性质. 以上两个性质很容易从原函数与不定积分定义得到.

由性质 5.1 可知, 若不计常数, 不定积分运算与求导运算互为逆运算, 故可从基本导数表得到基本积分表.

基本积分表:

(1) $\int 0\mathrm{d}x = C$;

(2) $\int x^\mu \mathrm{d}x = \dfrac{x^{\mu+1}}{\mu+1} + C$;

(3) $\int \dfrac{1}{x}\mathrm{d}x = \ln|x| + C$;

(4) $\int a^x \mathrm{d}x = \dfrac{a^x}{\ln a} + C$;

(5) $\int \mathrm{e}^x \mathrm{d}x = \mathrm{e}^x + C$;

(6) $\int \sin x\, \mathrm{d}x = -\cos x + C$;

(7) $\int \cos x\, \mathrm{d}x = \sin x + C$;

(8) $\int \sec^2 x\, \mathrm{d}x = \tan x + C$;

(9) $\int \csc^2 x\, \mathrm{d}x = -\cot x + C$;

(10) $\int \tan x \sec x\, \mathrm{d}x = \sec x + C$;

(11) $\int \cot x \csc x\, \mathrm{d}x = -\csc x + C$;

(12) $\int \dfrac{\mathrm{d}x}{1+x^2} = \arctan x + C = -\operatorname{arccot} x + C$;

(13) $\int \dfrac{\mathrm{d}x}{\sqrt{1-x^2}} = \arcsin x + C = -\arccos x + C$.

利用基本积分表, 我们可进行简单的不定积分计算.

例 5.4 求 $\int \dfrac{\sqrt{x^5} - \sqrt{x^3} + x + 1}{x^2}\mathrm{d}x$.

解 原式 $= \int x^{\frac{1}{2}}\mathrm{d}x - \int x^{-\frac{1}{2}}\mathrm{d}x + \int \dfrac{1}{x}\mathrm{d}x + \int x^{-2}\mathrm{d}x$

$$= \frac{2}{3}x^{\frac{3}{2}} - 2x^{\frac{1}{2}} + \ln|x| - \frac{1}{x} + C.$$

例 5.5 求 $\int\left(3\sin x - \dfrac{2\sin x}{\cos^2 x} + \dfrac{1}{\sqrt{1-x^2}}\right)\mathrm{d}x.$

解 原式 $= 3\int \sin x\,\mathrm{d}x - 2\int \tan x\sec x\,\mathrm{d}x + \int \dfrac{\mathrm{d}x}{\sqrt{1-x^2}}$

$$=- 3\cos x - 2\sec x + \arcsin x + C.$$

例 5.6 求 $\int (2^{\frac{x}{2}} + \mathrm{e}^{\frac{x}{2}})^2\,\mathrm{d}x.$

解 原式 $= \int (2^x + 2(\sqrt{2\mathrm{e}})^x + \mathrm{e}^x)\,\mathrm{d}x$

$$= \frac{2^x}{\ln 2} + \frac{2(\sqrt{2\mathrm{e}})^x}{\ln\sqrt{2\mathrm{e}}} + \mathrm{e}^x + C$$

$$= \frac{2^x}{\ln 2} + \frac{4(2\mathrm{e})^{\frac{x}{2}}}{\ln 2 + 1} + \mathrm{e}^x + C.$$

例 5.7 求 $\int \dfrac{1-x^2}{1+x^2}\mathrm{d}x.$

解 原式 $= \int \dfrac{2-(x^2+1)}{1+x^2}\mathrm{d}x$

$$= 2\int \frac{\mathrm{d}x}{1+x^2} - \int \mathrm{d}x$$

$$= 2\arctan x - x + C.$$

例 5.8 求 $\int \dfrac{\mathrm{d}x}{\sin^2 x\cos^2 x}.$

解 原式 $= \int \dfrac{\sin^2 x + \cos^2 x}{\sin^2 x\cos^2 x}\mathrm{d}x$

$$= \int \frac{\mathrm{d}x}{\cos^2 x} + \int \frac{\mathrm{d}x}{\sin^2 x}$$

$$= \tan x - \cot x + C.$$

例 5.9 求 $\int \dfrac{1-\cos x}{1-\cos 2x}\mathrm{d}x.$

解 原式 $= \int \dfrac{1-\cos x}{2\sin^2 x}\mathrm{d}x$

$$= \frac{1}{2}\int \frac{1}{\sin^2 x}\mathrm{d}x - \frac{1}{2}\int \cot x\csc x\,\mathrm{d}x$$

$$=- \frac{1}{2}\cot x + \frac{1}{2}\csc x + C.$$

5.2 不定积分的计算

5.2.1 第一类换元法

定理 5.1 设 $f(u)$ 在区间 I 上连续,其原函数为 $F(u)$,$u=\varphi(x)$ 是可微函数,$\varphi(x)$ 的值域在 $f(u)$ 的定义域内,则 $F[\varphi(x)]$ 是 $f[\varphi(x)]\varphi'(x)$ 的原函数.

证 由条件知 $F'[\varphi(x)]=f[\varphi(x)]$,故根据复合函数链导公式可得

$$[F(\varphi(x))]' = F'[\varphi(x)]\varphi'(x) = f[\varphi(x)]\varphi'(x),$$

故 $F[\varphi(x)]$ 确是 $f[\varphi(x)]\varphi'(x)$ 的原函数.

在定理条件下,可得不定积分的计算公式:

$$\int f[\varphi(x)]\varphi'(x)\mathrm{d}x = F[\varphi(x)]+C, \tag{5-1}$$

称式(5-1)为不定积分的第一类换元法,也常称为凑微分法.

例 5.10 计算 $\displaystyle\int \frac{\mathrm{d}x}{(2x-3)^2}$.

解 原式 $= \dfrac{1}{2}\displaystyle\int \dfrac{\mathrm{d}(2x-3)}{(2x-3)^2} \xlongequal{\text{令} 2x-3=u} \dfrac{1}{2}\displaystyle\int \dfrac{\mathrm{d}u}{u^2}$

$$=-\frac{1}{2u}+C$$

$$=-\frac{1}{2(2x-3)}+C.$$

例 5.11 计算 $\displaystyle\int x\sqrt{1+x^2}\,\mathrm{d}x$.

解 原式 $= \dfrac{1}{2}\displaystyle\int \sqrt{1+x^2}\,\mathrm{d}(1+x^2) \xlongequal{\text{令} 1+x^2=u} \dfrac{1}{2}\displaystyle\int \sqrt{u}\,\mathrm{d}u$

$$= \frac{1}{3}u^{\frac{3}{2}}+C$$

$$= \frac{1}{3}(1+x^2)^{\frac{3}{2}}+C.$$

例 5.12 计算 $\displaystyle\int \frac{1}{\sqrt{x}}\cos\sqrt{x}\,\mathrm{d}x$.

解 原式 $= 2\displaystyle\int \cos\sqrt{x}\,\mathrm{d}(\sqrt{x}) \xlongequal{\text{令}\sqrt{x}=u} 2\displaystyle\int \cos u\,\mathrm{d}u$

$$= 2\sin u+C = 2\sin\sqrt{x}+C.$$

运算熟练后,中间变量可不写.

例 5.13　计算 $\int x\mathrm{e}^{-x^2}\mathrm{d}x$.

解　原式 $=-\dfrac{1}{2}\int \mathrm{e}^{-x^2}\mathrm{d}(-x^2)=-\dfrac{1}{2}\mathrm{e}^{-x^2}+C.$

例 5.14　求 $\displaystyle\int \dfrac{\mathrm{d}x}{\sqrt{a^2-x^2}}(a>0)$,并以此计算 $\displaystyle\int \dfrac{\mathrm{d}x}{\sqrt{4-9x^2}}$.

解　$\displaystyle\int \dfrac{\mathrm{d}x}{\sqrt{a^2-x^2}}=\int \dfrac{\mathrm{d}x}{a\sqrt{1-\left(\dfrac{x}{a}\right)^2}}$

$$=\int \dfrac{\mathrm{d}\left(\dfrac{x}{a}\right)}{\sqrt{1-\left(\dfrac{x}{a}\right)^2}}=\arcsin \dfrac{x}{a}+C,$$

故　　$\displaystyle\int \dfrac{\mathrm{d}x}{\sqrt{4-9x^2}}=\dfrac{1}{3}\int \dfrac{\mathrm{d}(3x)}{\sqrt{2^2-(3x)^2}}=\dfrac{1}{3}\arcsin \dfrac{3x}{2}+C.$

例 5.15　求 $\displaystyle\int \dfrac{\mathrm{d}x}{a^2+x^2}(a\neq 0)$,并以此计算 $\displaystyle\int \dfrac{\mathrm{d}x}{x^2+x+1}$.

解　$\displaystyle\int \dfrac{\mathrm{d}x}{a^2+x^2}=\int \dfrac{\mathrm{d}x}{a^2\left(1+\left(\dfrac{x}{a}\right)^2\right)}=\dfrac{1}{a}\int \dfrac{\mathrm{d}\left(\dfrac{x}{a}\right)}{1+\left(\dfrac{x}{a}\right)^2}$

$$=\dfrac{1}{a}\arctan \dfrac{x}{a}+C,$$

故　　$\displaystyle\int \dfrac{\mathrm{d}x}{x^2+x+1}=\int \dfrac{\mathrm{d}\left(x+\dfrac{1}{2}\right)}{\left(x+\dfrac{1}{2}\right)^2+\left(\dfrac{\sqrt{3}}{2}\right)^2}$

$$=\dfrac{1}{\dfrac{\sqrt{3}}{2}}\arctan \dfrac{x+\dfrac{1}{2}}{\dfrac{\sqrt{3}}{2}}+C$$

$$=\dfrac{2\sqrt{3}}{3}\arctan \dfrac{2x+1}{\sqrt{3}}+C.$$

例 5.16　求 $\displaystyle\int \dfrac{\mathrm{d}x}{x^2-a^2}(a\neq 0)$,并以此计算 $\displaystyle\int \dfrac{\mathrm{d}x}{x^2+2x-1}$.

解　$\displaystyle\int \dfrac{\mathrm{d}x}{x^2-a^2}=\int \dfrac{\mathrm{d}x}{(x-a)(x+a)}$

$$=\dfrac{1}{2a}\int \left(\dfrac{1}{x-a}-\dfrac{1}{x+a}\right)\mathrm{d}x$$

$$= \frac{1}{2a}[\ln|x-a|-\ln|x+a|]+C$$

$$= \frac{1}{2a}\ln\left|\frac{x-a}{x+a}\right|+C,$$

故 $\displaystyle\int \frac{\mathrm{d}x}{x^2+2x-1} = \int \frac{\mathrm{d}x}{(x+1)^2-2} = \int \frac{\mathrm{d}(x+1)}{(x+1)^2-(\sqrt{2})^2}$

$$= \frac{1}{2\sqrt{2}}\ln\left|\frac{x+1-\sqrt{2}}{x+1+\sqrt{2}}\right|+C.$$

以上三例的积分结果均可作为公式用. 凡遇 $\displaystyle\int \frac{\mathrm{d}x}{ax^2+bx+c}$ 形式,分母均可通过配完全平方或因式分解而化成 $u^2\pm A^2$ 或 $(x-a)(x-b)$ 形式,从而可利用例5.15和例 5.16 公式或幂函数求积公式求出.

例 5.17 计算 $\displaystyle\int \frac{\mathrm{d}x}{x(1+2\ln x)}$.

解 原式 $= \displaystyle\frac{1}{2}\int \frac{\mathrm{d}(1+2\ln x)}{1+2\ln x} = \frac{1}{2}\ln|1+2\ln x|+C.$

例 5.18 计算 $\displaystyle\int \frac{\mathrm{d}x}{\mathrm{e}^x+1}$.

解 由于 $\displaystyle\frac{1}{\mathrm{e}^x+1} = \frac{1}{\mathrm{e}^x(1+\mathrm{e}^{-x})} = \frac{\mathrm{e}^{-x}}{1+\mathrm{e}^{-x}},$

故 $\displaystyle\int \frac{\mathrm{d}x}{\mathrm{e}^x+1} = -\int \frac{\mathrm{d}(1+\mathrm{e}^{-x})}{1+\mathrm{e}^{-x}} = -\ln(1+\mathrm{e}^{-x})+C$

$$= x-\ln(1+\mathrm{e}^x)+C.$$

例 5.19 计算 $\displaystyle\int \tan x\,\mathrm{d}x$.

解 原式 $= \displaystyle\int \frac{\sin x}{\cos x}\mathrm{d}x = -\int \frac{\mathrm{d}\cos x}{\cos x} = -\ln|\cos x|+C,$

同理可得 $\displaystyle\int \cot x\,\mathrm{d}x = \ln|\sin x|+C.$

例 5.20 计算 $\displaystyle\int \sec x\,\mathrm{d}x$.

解 原式 $= \displaystyle\int \frac{\cos x}{\cos^2 x}\mathrm{d}x = \int \frac{\mathrm{d}\sin x}{1-\sin^2 x}$

$$= \frac{1}{2}\ln\left|\frac{\sin x+1}{\sin x-1}\right|+C = \frac{1}{2}\ln\left|\frac{\sin^2 x+2\sin x+1}{\cos^2 x}\right|$$

$$= \ln|\sec x+\tan x|+C,$$

同理可得 $\displaystyle\int \csc x\,\mathrm{d}x = \ln|\csc x-\cot x|+C.$

5.2.2 第二类换元法

前面介绍的第一类换元法是利用被积函数本身凑新的变元,即将积分表达式 $f[\varphi(x)]\varphi'(x)\mathrm{d}x$ 凑成 $f(u)\mathrm{d}u$,对 u 积分.而对于有些积分,需另外选择适当变量代换 $x=\varphi(t)$,将积分化或关于新变量 t 的积分,从而将积分求出.

例如,积分 $\displaystyle\int\frac{\mathrm{d}x}{1+\sqrt{x}}$ 内含有根号,不易求解.为去掉根号,可选择变换 $x=t^2$,则 $\mathrm{d}x=2t\,\mathrm{d}t$,原积分即化为 $\displaystyle\int\frac{2t\,\mathrm{d}t}{1+t}$.这样可方便求出不定积分为 $2t-2\ln(1+t)+C$,最后只要将 t 用 $\sqrt{x}$ 回代即可.这就是下面介绍的不定积分的第二类换元法.

定理 5.2 设 $x=\varphi(t)$ 可导,且 $\varphi'(t)\neq0$,又设 $f[\varphi(t)]\varphi'(t)$ 存在原函数 $\Phi(t)$,则

$$\int f(x)\mathrm{d}x=\Phi(\varphi^{-1}(x))+C. \tag{5-2}$$

其中 $\varphi^{-1}(x)=t$ 是 $x=\varphi(t)$ 的反函数.

证 只要证明 $\Phi(\varphi^{-1}(x))$ 确是 $f(x)$ 的原函数即可.由条件知,$\Phi'(t)=f[\varphi(t)]\varphi'(t)$,根据复合函数链导公式及反函数求导公式,可得

$$[\Phi(\varphi^{-1}(x))]'=\Phi'(\varphi^{-1}(x))[\varphi^{-1}(x)]'=\Phi'(t)[\varphi^{-1}(x)]'$$
$$=f[\varphi(t)]\varphi'(t)\cdot\frac{1}{\varphi'(t)}=f[\varphi(t)]=f(x).$$

式(5-2)相当于对原积分作变换 $x=\varphi(t)$,将积分变量由 x 换成 t,对 t 积分,积出后将 $t=\varphi^{-1}(x)$ 回代而得,即

$$\int f(x)\mathrm{d}x\xrightarrow{x=\varphi(x)}\int f[\varphi(t)]\varphi'(t)\mathrm{d}t=\Phi(t)+C$$
$$=\Phi(\varphi^{-1}(x))+C.$$

故式(5-2)称为不定积分的第二类换元公式.

例 5.21 计算 $\displaystyle\int\frac{1}{\sqrt{(a^2-x^2)^3}}\mathrm{d}x(a>0)$.

解 计算该积分的困难在于被积函数含有根式 $\sqrt{a^2-x^2}$,为去根式,我们利用三角恒等式 $\sin^2t+\cos^2t=1$ 作三角代换,即令 $x=a\sin t$,则 $\mathrm{d}x=a\cos t\,\mathrm{d}t$,这样原积分就化为 $\displaystyle\int\frac{\mathrm{d}x}{\sqrt{(a^2-x^2)^3}}=\int\frac{a\cos t\,\mathrm{d}t}{a^3\cos^3t}=\frac{1}{a^2}\int\frac{\mathrm{d}t}{\cos^2t}=\frac{1}{a^2}\tan t+C.$

为将 $\tan t$ 换回成 x 的函数,可借助 $x=a\sin t$ 作辅助三角形(见图5-2),可得

$\tan t=\dfrac{x}{\sqrt{a^2-x^2}}$,所以

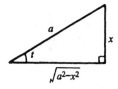

图 5-2

$$\int \frac{\mathrm{d}x}{\sqrt{(a^2-x^2)^3}}=\frac{1}{a^2}\frac{x}{\sqrt{a^2-x^2}}+C.$$

例 5.22 计算 $\displaystyle\int \frac{\mathrm{d}x}{\sqrt{x^2+a^2}}(a>0).$

解 为去根式,利用三角公式,$1+\tan^2 t=\sec^2 t$ 作三角代换(见图 5-3),令 $x=a\tan t$,则 $\mathrm{d}x=a\sec^2 t\,\mathrm{d}t$,所以

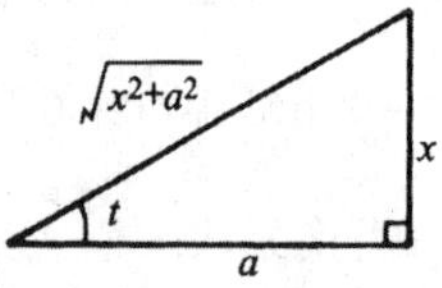

$$\begin{aligned}
\int \frac{\mathrm{d}x}{\sqrt{x^2+a^2}} &= \int \frac{a\sec^2 t}{a\sec t}\mathrm{d}t = \int \sec t\,\mathrm{d}t \\
&= \ln|\sec t+\tan t|+C_1 \\
&= \ln\left|\frac{\sqrt{x^2+a^2}}{a}+\frac{x}{a}\right|+C_1 \\
&= \ln\left|x+\sqrt{x^2+a^2}\right|+C.
\end{aligned}$$

图 5-3

例 5.23 计算 $\displaystyle\int \frac{1}{\sqrt{x^2-a^2}}\mathrm{d}x(a>0).$

解 为去根式,作三角代换(见图 5-4),令 $x=a\sec t$,则 $\mathrm{d}x=a\sec t\cdot\tan t\,\mathrm{d}t$,原式化为

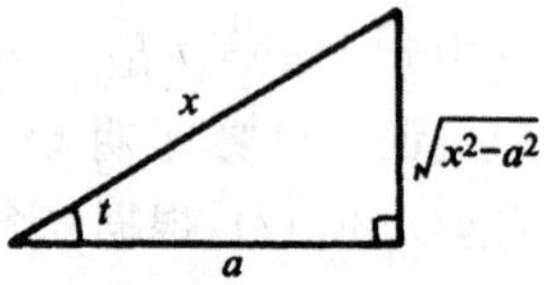

$$\begin{aligned}
\int \frac{1}{\sqrt{x^2-a^2}}\mathrm{d}x &= \int \frac{a\sec t\cdot\tan t}{a\tan t}\mathrm{d}t \\
&= \int \sec t\,\mathrm{d}t \\
&= \ln|\sec t+\tan t|+C_1 \\
&= \ln\left|\frac{x}{a}+\frac{\sqrt{x^2-a^2}}{a}\right|+C_1 \\
&= \ln|x+\sqrt{x^2-a^2}|+C.
\end{aligned}$$

图 5-4

例 5.22,例 5.23 两个例子均可当公式用.

以上三个例子中所作的代换都是三角代换,常用于被积函数中含形如 $\sqrt{x^2\pm a^2}$ 和 $\sqrt{a^2-x^2}$ 因子情况. 一般对 $\sqrt{x^2-a^2}$,令 $x=a\sec t$ 或 $x=a\csc t$;对 $\sqrt{x^2+a^2}$,令 $x=a\tan t$ 或 $x=a\cot t$;对 $\sqrt{a^2-x^2}$,令 $x=a\sin t$ 或 $x=a\cos t$.

不定积分作代换 $x=\varphi(t)$ 时,t 的范围不是很强调写出,一般只要求在 x 单调范围内即可;且当运算中出现开根号时也不强调加绝对值号,只要求能在某一范围内求出原函数即可.

例 5.24 计算 $\displaystyle\int \frac{2\mathrm{d}x}{x^2\sqrt{x^2-9}}.$

解 分母中含 x 因子,常可作倒置换,将分母中 x 因子去掉. 故令

$$x = \frac{1}{t}, 则\ \mathrm{d}x = -\frac{1}{t^2}\mathrm{d}t, 可有$$

$$\int \frac{2\mathrm{d}x}{x^2\sqrt{x^2-9}} = \int \frac{2t^2\left(-\frac{1}{t^2}\right)}{\sqrt{\frac{1}{t^2}-9}}\mathrm{d}t = \int \frac{-2t}{\sqrt{1-9t^2}}\mathrm{d}t$$

$$= \frac{1}{9}\int \frac{\mathrm{d}(1-9t^2)}{\sqrt{1-9t^2}} = \frac{2}{9}(1-9t^2)^{\frac{1}{2}} + C$$

$$= \frac{2}{9}\left(1-\frac{9}{x^2}\right)^{\frac{1}{2}} + C.$$

此题也可用三角代换求解.

例 5. 25 计算 $\int \dfrac{\mathrm{d}x}{\sqrt{1+\mathrm{e}^x}}$.

解 令 $\sqrt{1+\mathrm{e}^x} = t$, 则 $x = \ln(t^2-1), \mathrm{d}x = \dfrac{2t}{t^2-1}$, 则

$$\int \frac{1}{\sqrt{1+\mathrm{e}^x}}\mathrm{d}x = \int \frac{2}{(t^2-1)}\mathrm{d}t = \ln\left|\frac{t-1}{t+1}\right| + C$$

$$= \ln\left|\frac{\sqrt{1+\mathrm{e}^x}-1}{\sqrt{1+\mathrm{e}^x}+1}\right| + C.$$

5.2.3 分部积分法

定理 5.3 设 $u(x), v(x)$ 在区间 I 上具有连续导数, 则

$$\int u(x)v'(x)\mathrm{d}x = u(x)v(x) - \int u'(x)v(x)\mathrm{d}x. \tag{5-3}$$

证 由乘积的求导公式 $[u(x)v(x)]' = u'(x)v(x) + u(x)v'(x)$ 得

$$u(x)v'(x) = [u(x)v(x)]' - u'(x)v(x),$$

对上式两边作不定积分运算即可得式(5-3).

式(5-3)称为不定积分的分部积分公式, 又常写为

$$\int u\,\mathrm{d}v = uv - \int v\,\mathrm{d}u. \tag{5-4}$$

分部积分公式可将一个积分转化为另一个积分, 常可简化计算. 特别用于两个完全不同类型函数的乘积的积分.

例 5. 26 计算 $\int x\mathrm{e}^x\mathrm{d}x$.

解 设 $u = x, \mathrm{d}v = \mathrm{e}^x\mathrm{d}x$, 则

$$\int x\mathrm{e}^x\mathrm{d}x = \int x\,\mathrm{d}(\mathrm{e}^x) = x\mathrm{e}^x - \int \mathrm{e}^x\mathrm{d}x = x\mathrm{e}^x - \mathrm{e}^x + C.$$

若令 $u=\mathrm{e}^x,\mathrm{d}v=x\mathrm{d}x$,则

$$\int x\mathrm{e}^x\mathrm{d}x=\int \mathrm{e}^x\mathrm{d}\left(\frac{x^2}{2}\right)=\mathrm{e}^x\frac{x^2}{2}-\int \frac{x^2}{2}\mathrm{e}^x\mathrm{d}x.$$

显然后一积分要比前一积分难度高. 这说明在运用分部积分公式时,正确选择 u 和 $\mathrm{d}v$ 很重要,否则会使积分更复杂. 一般选择求导后较简单的因子作为 u,而求积较简单的因子作为 $\mathrm{d}v$. 根据经验,选取 u 的优先顺序为反三角函数、对数函数、幂函数、三角函数、指数函数. 例如,当幂函数与反三角函数相乘,选反三角函数为 u,当幂函数与指数函数相乘,选幂函数为 u 等.

例 5.27 计算 $\int x\arctan x\mathrm{d}x$.

解 设 $u=\arctan x,\mathrm{d}v=x\mathrm{d}x$,则

$$\int x\arctan x\mathrm{d}x=\int \arctan x\mathrm{d}\left(\frac{x^2}{2}\right)$$
$$=\frac{x^2}{2}\cdot\arctan x-\int \frac{x^2}{2}\cdot\frac{1}{1+x^2}\mathrm{d}x$$
$$=\frac{x^2}{2}\cdot\arctan x-\frac{1}{2}x+\frac{1}{2}\arctan x+C$$
$$=\frac{1}{2}(x^2+1)\arctan x-\frac{1}{2}x+C.$$

例 5.28 计算 $\int (x^2+2)\cos x\mathrm{d}x$.

解 设 $u=x^2+2,\mathrm{d}v=\cos x\mathrm{d}x$,则

$$\int (x^2+2)\cos x\mathrm{d}x=\int (x^2+2)\mathrm{d}(\sin x)$$
$$=(x^2+2)\sin x-\int \sin x\,2x\mathrm{d}x,$$

对后一积分,再用一次分部积分:

$$\int \sin x\,2x\mathrm{d}x=-\int 2x\mathrm{d}(\cos x)=-2x\cos x+\int 2\cos x\mathrm{d}x$$
$$=-2x\cos x+2\sin x+C,$$

故

$$\int (x^2+2)\cos x\mathrm{d}x=(x^2+2)\sin x+2x\cos x-2\sin x+C$$
$$=x^2\sin x+2x\cos x+C.$$

例 5.29 计算 $\int \mathrm{e}^x\sin x\mathrm{d}x$.

解 $\int \mathrm{e}^x\sin x\mathrm{d}x=\int \sin x\mathrm{d}(\mathrm{e}^x)$

$$= \mathrm{e}^x \sin x - \int \mathrm{e}^x \cos x \, \mathrm{d}x = \mathrm{e}^x \sin x - \int \cos x \, \mathrm{d}(\mathrm{e}^x)$$

$$= \mathrm{e}^x \sin x - \mathrm{e}^x \cos x - \int \mathrm{e}^x \sin x \, \mathrm{d}x.$$

右端出现了与左端仅差一个符号的积分,移项得

$$\int \mathrm{e}^x \sin x \, \mathrm{d}x = \frac{\mathrm{e}^x}{2}(\sin x - \cos x) + C.$$

这种移项求积方法是有些积分在用了几次分部积分公式后出现的循环结果.

例 5.30 计算 $\int \sec^3 x \, \mathrm{d}x$.

解 $\int \sec^3 x \, \mathrm{d}x = \int \sec x \cdot \sec^2 x \, \mathrm{d}x = \int \sec x \, \mathrm{d}(\tan x)$

$$= \sec x \cdot \tan x - \int \tan x \cdot \sec x \cdot \tan x \, \mathrm{d}x$$

$$= \sec x \cdot \tan x - \int \sec x (\sec^2 x - 1) \, \mathrm{d}x$$

$$= \sec x \cdot \tan x - \int \sec^3 x \, \mathrm{d}x + \int \sec x \, \mathrm{d}x$$

$$= \sec x \cdot \tan x - \int \sec^3 x \, \mathrm{d}x + \ln | \sec x + \tan x |$$

移项得

$$\int \sec^3 x \, \mathrm{d}x = \frac{1}{2} \sec x \cdot \tan x + \frac{1}{2} \ln | \sec x + \tan x | + C.$$

例 5.31 计算 $\int \frac{\ln(\mathrm{e}^x + 1)}{\mathrm{e}^x} \mathrm{d}x$.

解 $\int \frac{\ln(\mathrm{e}^x + 1)}{\mathrm{e}^x} \mathrm{d}x = -\int \ln(\mathrm{e}^x + 1) \mathrm{d}(\mathrm{e}^{-x})$

$$= -\ln(\mathrm{e}^x + 1) \mathrm{e}^{-x} + \int \mathrm{e}^{-x} \frac{\mathrm{e}^x}{1 + \mathrm{e}^x} \mathrm{d}x$$

$$= -\mathrm{e}^{-x} \ln(\mathrm{e}^x + 1) + \int \frac{1 + \mathrm{e}^x - \mathrm{e}^x}{1 + \mathrm{e}^x} \mathrm{d}x$$

$$= -\mathrm{e}^{-x} \ln(\mathrm{e}^x + 1) + x - \ln(1 + \mathrm{e}^x) + C.$$

5.3 几种特殊类型函数的积分

这一节将主要以举例形式讨论几种特殊类型函数的不定积分,从而了解求这些特殊类型函数原函数的一般方法.

5.3.1 有理函数的积分

设 $P_n(x)$ 和 $Q_m(x)$ 分别是 x 的 n 次和 m 次实系数多项式,形如

$$R(x) = \frac{P_n(x)}{Q_m(x)}$$

的函数称为有理函数. 当 $n < m$ 时,称为真分式,否则称为假分式. 由于假分式可通过多项式除法化成一个多项式和一个真分式之和,即

$$R(x) = r(x) + \frac{P_l(x)}{Q_m(x)} \quad (l < m),$$

而 $r(x)$ 的积分无困难,因此求有理函数的积分就归结为求真分式的积分.

例 5.32 计算 $\displaystyle\int \frac{1}{x(x-1)^2} \mathrm{d}x$.

解 因为 $\dfrac{1}{x(x-1)^2} = \dfrac{1+x-x}{x(x-1)^2} = \dfrac{1}{(x-1)^2} - \dfrac{1}{x(x-1)}$

$$= \frac{1}{(x-1)^2} - \frac{1}{x-1} + \frac{1}{x},$$

所以

$$\int \frac{\mathrm{d}x}{x(x-1)^2} = \int \frac{\mathrm{d}x}{(x-1)^2} - \int \frac{\mathrm{d}x}{x-1} + \int \frac{1}{x}\mathrm{d}x$$

$$= -\frac{1}{x-1} - \ln|x-1| + \ln|x| + C$$

$$= \ln\left|\frac{x}{x-1}\right| - \frac{1}{x-1} + C.$$

此题我们利用代数运算将被积函数拆成几个部分分式之和来求积. 事实上对于有理真分式,总可分成一些部分分式之和. 一般方法是先在实数范围内将分母分解因式. 对于分母中因式为 $(x-a)^k$ 的,可分解为 k 个部分分式 $\dfrac{A_1}{x-a}, \dfrac{A_2}{(x-a)^2}, \cdots,$

$\dfrac{A_k}{(x-a)^k}$ 之和,其中 $A_1 \cdots A_k$ 为常数;而对于分母中因式为 $(x^2+px+q)^\mu (p^2<4q)$ 的,

可分解为 μ 个部分分式 $\dfrac{B_1 x+C_1}{x^2+px+q}, \dfrac{B_2 x+C_2}{(x^2+px+q)^2}, \cdots, \dfrac{B_\mu x+C_\mu}{(x^2+px+q)^\mu}$ 之和,其中 $B_1 \cdots B_\mu, C_1 \cdots C_\mu$ 为常数.

例 5.33 计算 $\displaystyle\int \frac{x^2+1}{(x-2)^2(x-3)} \mathrm{d}x$.

解 首先将被积函数作部分分式分解:

$$\frac{x^2+1}{(x-2)^2(x-3)} = \frac{A}{x-2} + \frac{B}{(x-2)^2} + \frac{C}{x-3}$$

其中 A,B,C 为待定常数.

为了定出这些常数,先将等式右端通分并去掉分母得恒等式

$$x^2+1=A(x-2)(x-3)+B(x-3)+C(x-2)^2. \tag{5-5}$$

下面将用两种方法求出 A,B,C.

（1）比较系数法

将式(5-5)右端展开可得

$$x^2+1=(A+C)x^2+(-5A+B-4C)x+6A-3B+4C,$$

比较两端同次幂系数可得

$$
\begin{cases}
A+C=1, \\
-5A+B-4C=0, \\
6A-3B+4C=1.
\end{cases}
\Rightarrow
\begin{cases}
A=-9, \\
B=-5, \\
C=10.
\end{cases}
$$

（2）代入法

由于式(5-5)对任意 x 均成立,故可取 x 为某些特定值,将 A,B,C 定出.

在式(5-5)中,令 $x=2$ 得 $B=-5$；令 $x=3$,得 $C=10$；最后令 $x=1$(也可取其他值),且将 $B=-5$,$C=10$ 代入式(5-5)得 $A=-9$. 故

$$\frac{x^2+1}{(x-2)^2(x-3)}=\frac{-9}{x-2}-\frac{5}{(x-2)^2}+\frac{10}{x-3},$$

所以利用积分性质以换元积分法即可将积分求出,即

$$\int \frac{x^2+1}{(x-2)^2(x-3)}\mathrm{d}x=-9\int \frac{\mathrm{d}x}{x-2}-5\int \frac{\mathrm{d}x}{(x-2)^2}+10\int \frac{\mathrm{d}x}{x-3}$$

$$=-9\ln|x-2|+\frac{5}{x-2}+10\ln|x-3|+C.$$

例 5.34 计算 $\displaystyle\int \frac{x+5}{(x+2)(x^2+x+1)}\mathrm{d}x$.

解 将其部分分式分解：

$$\frac{x+5}{(x+2)(x^2+x+1)}=\frac{A}{x+2}+\frac{Bx+C}{x^2+x+1}.$$

将右端通分且两边去分母,得

$$x+5=(A+B)x^2+(A+2B+C)x+(A+2C).$$

比较两端系数,得

$$
\begin{cases}
A+B=0, \\
A+2B+C=1, \\
A+2C=5.
\end{cases}
\Rightarrow
\begin{cases}
A=1, \\
B=-1, \\
C=2.
\end{cases}
$$

故

$$\frac{x+5}{(x+2)(x^2+x+1)}=\frac{1}{x+2}+\frac{-x+2}{x^2+x+1},$$

所以
$$\int \frac{x+5}{(x+2)(x^2+x+1)}\mathrm{d}x = \int \frac{\mathrm{d}x}{x+2} + \int \frac{-x+2}{x^2+x+1}\mathrm{d}x$$
$$= \ln|x+2| + I_1.$$

对于 $I_1 = \int \frac{-x+2}{x^2+x+1}\mathrm{d}x$，由于分子次数比分母次数低一次，可将分子凑出一个分母的微分因子 $2x+1$，故得

$$I_1 = \int \frac{-\frac{1}{2}(2x+1)+\frac{5}{2}}{x^2+x+1}\mathrm{d}x$$

$$= -\frac{1}{2}\int \frac{\mathrm{d}(x^2+x+1)}{x^2+x+1} + \frac{5}{2}\int \frac{\mathrm{d}x}{x^2+x+1}$$

$$= -\frac{1}{2}\ln|x^2+x+1| + \frac{5}{2}\int \frac{\mathrm{d}\left(x+\frac{1}{2}\right)}{\left(x+\frac{1}{2}\right)^2+\frac{3}{4}}$$

$$= -\frac{1}{2}\ln|x^2+x+1| + \frac{5}{2}\cdot\frac{2}{\sqrt{3}}\arctan\frac{2x+1}{\sqrt{3}} + C.$$

故
$$\int \frac{x+5}{(x+2)(x^2+x+1)}\mathrm{d}x = \ln|x+2| - \frac{1}{2}\ln|x^2+x+1| +$$
$$\frac{5}{\sqrt{3}}\arctan\frac{2x+1}{\sqrt{3}} + C.$$

从上面两例我们可了解有理函数积分的一般方法.但用此一般方法求解有理函数的积分往往计算量较大,所以在面对题目时,不一定马上硬套这种解法,可以先考虑是否有其他更简捷的方法.

例 5. 35　计算 $\int \frac{x(2-x^2)}{1-x^4}\mathrm{d}x$.

解　$\int \frac{x(2-x^2)}{1-x^4}\mathrm{d}x = \int \frac{2x}{1-x^4}\mathrm{d}x - \int \frac{x^3}{1-x^4}\mathrm{d}x$

$$= \int \frac{\mathrm{d}x^2}{1-(x^2)^2} - \frac{1}{4}\int \frac{\mathrm{d}x^4}{1-x^4}$$

$$= \frac{1}{2}\ln\left|\frac{x^2+1}{x^2-1}\right| + \frac{1}{4}\ln|1-x^4| + C.$$

5.3.2　三角函数有理式的积分

由三角函数 $\sin x$ 和 $\cos x$ 经有限次四则运算所得的式子称为三角函数有理

式,记为 $R(\sin x, \cos x)$.

对于三角函数有理式的积分,总可经变换 $\tan\dfrac{x}{2}=u$,化成关于 u 的有理函数的积分来求解. 事实上,令 $\tan\dfrac{x}{2}=u$,则

$$\sin x = 2\sin\frac{x}{2}\cos\frac{x}{2} = \frac{2\tan\dfrac{x}{2}}{\sec^2\dfrac{x}{2}} = \frac{2\tan\dfrac{x}{2}}{1+\tan^2\dfrac{x}{2}} = \frac{2u}{1+u^2},$$

$$\cos x = \cos^2\frac{x}{2} - \sin^2\frac{x}{2} = \frac{1-\tan^2\dfrac{x}{2}}{\sec^2\dfrac{x}{2}} = \frac{1-u^2}{1+u^2}.$$

又 $x = 2\arctan u$,所以 $\mathrm{d}x = \dfrac{2\mathrm{d}u}{1+u^2}$,故

$$\int R(\sin x, \cos x)\mathrm{d}x = \int R\left(\frac{2u}{1+u^2}, \frac{1-u^2}{1+u^2}\right) \cdot \frac{2\mathrm{d}u}{1+u^2},$$

即化成了 u 的有理函数的积分. 常称变换 $\tan\dfrac{x}{2}=u$ 为万能变换.

由于有理函数一定可积,故三角函数的有理式也一定可积. 但由于有理函数的积分计算有时很复杂,故在计算中也应先考虑是否有其他更好的方法,如三角恒等变换、基本积分法等.

下面举例说明三角函数有理式的积分计算方法.

例 5.36　求 $\displaystyle\int \frac{\sin x \cos x}{1+\sin^4 x}\mathrm{d}x$.

解　原式 $= \displaystyle\int \frac{\sin x\,\mathrm{d}(\sin x)}{1+\sin^4 x} = \frac{1}{2}\int \frac{\mathrm{d}(\sin^2 x)}{1+(\sin^2 x)^2}$

$$= \frac{1}{2}\arctan(\sin^2 x) + C.$$

一般若被积函数为形如 $R(\sin x)\cos x$ 或 $R(\cos x)\sin x$ 的积分均可像上例一样,用第一类换元法求之. 特别当被积函数为 $\sin^m x \cos^n x$,且 m,n 中有一为正奇数时,也可化成如上形式求之.

例 5.37　计算 $\displaystyle\int \sec^4 x \tan^3 x\,\mathrm{d}x$.

解一　原式 $= \displaystyle\int \sec^3 x \tan^2 x\,\mathrm{d}(\sec x)$

$$= \int \sec^3 x (\sec^2 x - 1)\mathrm{d}(\sec x)$$

$$= \frac{1}{6}\sec^6 x - \frac{1}{4}\sec^4 x + C.$$

解二　原式 $= \displaystyle\int \sec^2 x \tan^3 x \, \mathrm{d}(\tan x)$

$$= \int (1 + \tan^2 x) \tan^3 x \, \mathrm{d}(\tan x)$$

$$= \frac{1}{4} \tan^4 x + \frac{1}{6} \tan^6 x + C.$$

一般若被积函数为形如 $\sec^m x \tan^{2n+1} x$ 或 $\sec^{2m} x \tan^n x$ (m,n 为正整数)的积分,均可化成关于 $\sec x$ 或关于 $\tan x$ 的积分.

例 5.38　计算 $\displaystyle\int \frac{\mathrm{d}x}{\sin^4 x \cos^2 x}$.

解　原式 $= \displaystyle\int \frac{\sec^6 x}{\tan^4 x} \mathrm{d}x = \int \frac{(1 + \tan^2 x)^2}{\tan^4 x} \mathrm{d}(\tan x)$

$$= \int \left(\frac{1}{\tan^4 x} + \frac{2}{\tan^2 x} + 1 \right) \mathrm{d}(\tan x)$$

$$= -\frac{1}{3} \frac{1}{\tan^3 x} - \frac{2}{\tan x} + \tan x + C.$$

一般被积函数中含有 $\sin^2 x$ 及 $\cos^2 x$ 因子的有理式的积分,均可化为关于 $\tan x$ 或 $\cot x$ 的积分. 特别当被积函数是 $\sin^m x \cos^n x$ (m,n 为正偶数)形式时,可直接采用倍角公式来求解.

有些三角函数有理式的积分,可能用三角恒等变换更为方便.

例 5.39　计算 $\displaystyle\int \frac{1 + \sin x}{1 + \cos x} \mathrm{d}x$.

解一　原式 $= \displaystyle\int \frac{1 + 2\sin \dfrac{x}{2} \cos \dfrac{x}{2}}{2\cos^2 \dfrac{x}{2}} \mathrm{d}x$

$$= \int \frac{\mathrm{d}\left(\dfrac{x}{2} \right)}{\cos^2 \dfrac{x}{2}} + 2 \int \frac{\sin \dfrac{x}{2}}{\cos \dfrac{x}{2}} \mathrm{d}\left(\dfrac{x}{2} \right)$$

$$= \tan \frac{x}{2} - 2\ln \left| \cos \frac{x}{2} \right| + C.$$

解二　原式 $= \displaystyle\int \frac{(1 + \sin x)(1 - \cos x)}{\sin^2 x} \mathrm{d}x$

$$= \int \left(\frac{1}{\sin^2 x} - \frac{\cos x}{\sin^2 x} + \frac{1}{\sin x} - \frac{\cos x}{\sin x} \right) \mathrm{d}x$$

$$=-\cot x+\frac{1}{\sin x}+\ln|\csc x-\cot x|-\ln|\sin x|+C.$$

例 5.40 计算 $\displaystyle\int\frac{\mathrm{d}x}{2\sin x-\cos x+3}.$

解 由于此题无合适的其他方法,故可用万能变换. 设 $\tan\dfrac{x}{2}=u$,则

$$\int\frac{\mathrm{d}x}{2\sin x-\cos x+3}=\int\frac{1}{2\cdot\dfrac{2u}{1+u^2}-\dfrac{1-u^2}{1+u^2}+3}\cdot\frac{2}{1+u^2}\mathrm{d}u$$

$$=\int\frac{\mathrm{d}u}{2u^2+2u+1}$$

$$=\frac{1}{2}\int\frac{\mathrm{d}\left(u+\dfrac{1}{2}\right)}{\left(u+\dfrac{1}{2}\right)^2+\dfrac{1}{4}}$$

$$=\arctan(2u+1)+C$$

$$=\arctan\left(2\tan\frac{x}{2}+1\right)+C.$$

5.3.3 简单无理函数的积分

若被积函数中含有根式,称为无理函数. 对于简单的无理函数的积分,一般可作变换将根式去掉化成有理函数的积分. 前面已介绍过用三角变换去掉根式,下面再举几例.

例 5.41 计算 $\displaystyle\int\frac{\sqrt[3]{x}}{x(\sqrt{x}+\sqrt[3]{x})}\mathrm{d}x.$

解 此题含两种根式 $\sqrt{x}$ 及 $\sqrt[3]{x}$,为同时将两种根式去掉,可作变换 $x=t^6$,故

$$\int\frac{\sqrt[3]{x}}{x(\sqrt{x}+\sqrt[3]{x})}\mathrm{d}x=\int\frac{t^2}{t^6(t^3+t^2)}6t^5\mathrm{d}t=6\int\frac{\mathrm{d}t}{t(t+1)}$$

$$=6\int\left(\frac{1}{t}-\frac{1}{t+1}\right)\mathrm{d}t=6\ln\left|\frac{t}{t+1}\right|+C$$

$$=6\ln\frac{\sqrt[6]{x}}{\sqrt[6]{x}+1}+C.$$

一般若被积函数同时含 $x^{m_1/n_1},x^{m_2/n_2},\cdots,x^{m_k/n_k}$,可令 $x=t^n$,其中 n 为 $n_1,\cdots,n_k$ 的最小公倍数,这样便可将所有根式去掉.

例 5.42 计算 $\displaystyle\int\frac{1}{x}\sqrt{\frac{1+x}{x}}\mathrm{d}x.$

解 为去掉根式，直接令$\sqrt{\frac{1+x}{x}}=t$，则$\frac{1+x}{x}=t^2$，$x=\frac{1}{t^2-1}$，$\mathrm{d}x=\frac{-2t\mathrm{d}t}{(t^2-1)^2}$，故

$$\begin{aligned}\int\frac{1}{x}\sqrt{\frac{1+x}{x}}\mathrm{d}x&=\int(t^2-1)\cdot t\cdot\frac{-2t\mathrm{d}t}{(t^2-1)^2}=-2\int\frac{t^2}{t^2-1}\mathrm{d}t\\&=-2\int\left(1+\frac{1}{t^2-1}\right)\mathrm{d}t=-2t-\ln\left|\frac{t-1}{t+1}\right|+C\\&=-2\sqrt{\frac{1+x}{x}}-\ln\left|x\left(\sqrt{\frac{1+x}{x}}-1\right)^2\right|+C.\end{aligned}$$

在结束不定积分计算方法之前，我们要顺便指出的是：从理论上说，初等函数一定存在原函数；但是有少数初等函数的原函数不是初等函数，而若将原函数限制在初等函数范围内，我们常称这些函数的积分是积不出的，例如$\int\mathrm{e}^{-x^2}\mathrm{d}x$，$\int\frac{\sin x}{x}\mathrm{d}x$，$\int\frac{\cos x}{x}\mathrm{d}x$，$\int\frac{\mathrm{d}x}{\ln x}$等.

5.4 定积分概念

5.4.1 引例

首先我们讨论几何上曲边梯形面积的计算.为讨论问题方便，先引进直角坐标系，故曲边梯形就是由连续曲线$y=f(x)(\geqslant 0)$，直线$x=a$，$x=b$及x轴所围成的图形(见图 5-5).我们将采用"无限细分、以直代曲、逐渐逼近"的极限方法去定义曲边梯形的面积S.

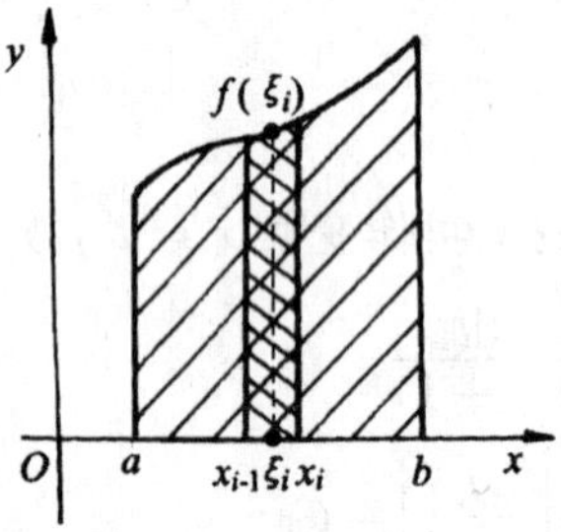

图 5-5

先在$[a,b]$区间内任意插入$n-1$个点$a=x_0<x_1<x_2<\cdots<x_n=b$，将$[a,b]$区间分成$n$个子区间$[x_{i-1},x_i]$，$i=1,2,\cdots,n$.子区间长度为$\Delta x_i=x_i-x_{i-1}$，$i=1,2,\cdots,n$.在各分点作垂线，将曲边梯形分成$n$个小曲边梯形，每个小曲边梯形的面积记为$\Delta S_i$，$i=1,2,\cdots,n$，则$S=\sum\limits_{i=1}^{n}\Delta S_i$.然后在每个子区间$[x_{i-1},x_i]$上任取一点$\xi_i$，$i=1,2,\cdots,n$，并用$f(\xi_i)$为高，$\Delta x_i$为底的矩形面积去近似对应的小曲边梯形面积，即$\Delta S_i\approx f(\xi_i)\Delta x_i$，$i=1,2,\cdots,n$，从而得到曲边梯形面积的一个近似值

$$S=\sum_{i=1}^{n}\Delta S_i\approx\sum_{i=1}^{n}f(\xi_i)\Delta x_i.$$

显然，上式的精确程度将随着分点的越来越多及分割的越来越细而越来越好.若记

$\lambda = \max\limits_{1 \leqslant i \leqslant n} \Delta x_i$，则当 $\lambda \rightarrow 0$ 时，就自然定义曲边梯形的面积 $S = \lim\limits_{\lambda \rightarrow 0} \sum\limits_{i=1}^{n} f(\xi_i) \Delta x_i$．它是一个和式的极限.

其次，我们讨论物理学中密度非均匀分布的细棒质量的计算．设细棒长度为 l，置于直角坐标系的 x 轴上，端点分别对应 a 和 b．设在 x 处的线密度为 $p(x)$．现我们将用与上例类似的方法去计算该细棒的质量 m．

在 $[a,b]$ 区间内任意插入 $n-1$ 个点，将区间分成 n 个子区间 $[x_{i-1}, x_i]$，$i=1$，$2, \cdots, n$．在每个子区间 $[x_{i-1}, x_i]$ 上任取一点 ξ_i，$i=1, 2, \cdots, n$，以点 ξ_i 处的线密度替代子区间 $[x_{i-1}, x_i]$ 上每点的线密度，得该子区间对应质量 $\Delta m_i \approx p(\xi_i) \Delta x_i$，其中 $\Delta x_i = x_i - x_{i-1}$，从而得到细棒质量 m 的近似值

$$m = \sum_{i=1}^{n} \Delta m_i \approx \sum_{i=1}^{n} p(\xi_i) \Delta x_i.$$

记 $\lambda = \max\limits_{1 \leqslant i \leqslant n} (\Delta x_i)$，则当 $\lambda \rightarrow 0$ 时，定义细棒的质量

$$m = \lim_{\lambda \rightarrow 0} \sum_{i=1}^{n} p(\xi_i) \Delta x_i.$$

这也是一个和式的极限.

5.4.2 定积分的定义

以上是分别取自几何与物理的两个实例，它们虽然所代表的实际意义不同，但处理的方法却是一致的，即都可归结为一个和式的极限．在实际问题中，还有许多诸如旋转体的体积、曲线的弧长、变速直线运动所经路程、变力做功等，也都可归结为这种和式的极限．将这些问题的共性加以概括与抽象，就得到数学上的定积分概念.

定义 5.3 设 $f(x)$ 是定义在区间 $[a,b]$ 上的有界函数，在 $[a,b]$ 内任意插入 $n-1$ 个分点 $a = x_0 < x_1 < x_2 < \cdots < x_n = b$，将 $[a,b]$ 分成 n 个子区间 $[x_{i-1}, x_i]$，$i=1$，$2, \cdots, n$，子区间长度 $\Delta x_i = x_i - x_{i-1}$，$i=1, 2, \cdots, n$．在各子区间 $[x_{i-1}, x_i]$ 上任取一点 ξ_i，$i=1, 2, \cdots, n$，作和式 $I_n = \sum\limits_{i=1}^{n} f(\xi_i) \Delta x_i$，记 $\lambda = \max\limits_{1 \leqslant i \leqslant n} \Delta x_i$，令 $\lambda \rightarrow 0$，若和式极限

$$I = \lim_{\lambda \rightarrow 0} I_n = \lim_{\lambda \rightarrow 0} \sum_{i=1}^{n} f(\xi_i) \Delta x_i$$

存在，则称极限值 I 为函数 $f(x)$ 在 $[a,b]$ 上的定积分，记作 $\int_a^b f(x) \mathrm{d}x$，即

$$\int_a^b f(x) \mathrm{d}x = \lim_{\lambda \rightarrow 0} \sum_{i=1}^{n} f(\xi_i) \Delta x_i.$$

其中 $f(x)$ 称为**被积函数**，x 为积分变量，a 和 b 分别称为**积分下限和上限**，$[a,b]$ 称

为积分区间.

从定义知,定积分是一个和式的极限,这个极限值不应与区间$[a,b]$的划分有关,也不应与点ξ_i的取法有关,它仅由积分区间和被积函数唯一确定. 此外,定积分表达式$\int_a^b f(x)\mathrm{d}x$中积分变量仅是一个变量的记号,它可以用x表示,也可用其他字母u,t等表示,均不影响积分的值,即定积分与积分变量无关,

$$\int_a^b f(x)\mathrm{d}x = \int_a^b f(u)\mathrm{d}u = \int_a^b f(t)\mathrm{d}t.$$

利用定积分定义,则前面讨论的曲边梯形的面积和非均匀细棒的质量均可分别用定积分表示为$S = \int_a^b f(x)\mathrm{d}x$和$m = \int_a^b p(x)\mathrm{d}x$.

如果函数$f(x)$在$[a,b]$上定积分存在,我们就称$f(x)$在$[a,b]$上可积. 那么,可积的函数必具有什么性质呢? 而满足什么性质的函数一定可积呢? 这就是如下定理将给出的可积的必要条件和充分条件.

定理5.4(可积的必要条件) 若函数$f(x)$在$[a,b]$上可积,则$f(x)$在$[a,b]$上必有界.

定理5.5(可积的充分条件) 若$f(x)$在$[a,b]$上连续或至多有有限个第一类间断点,则$f(x)$在$[a,b]$上可积.

例5.43 利用定积分定义计算定积分$\int_0^2 x\mathrm{d}x$.

解 因为函数$f(x)=x$在$[0,2]$上连续,故积分存在. 由于积分值与区间分法无关,故为方便计算,在区间$[0,2]$中插入$n-1$个分点,将区间n等份,每个子区间长度为$\dfrac{2}{n}$,其分点为$x_i = \dfrac{2}{n}i$,$i=1,2,\cdots,n-1$,$x_0=0$,$x_n=2$. 现取子区间$[x_{i-1},x_i]$的中点为ξ_i,即$\xi_i = x_{i-1} + \dfrac{1}{n} = \dfrac{2}{n}(i-1) + \dfrac{1}{n}$,$i=1,2,\cdots,n$. 则有

$$\int_0^2 x\mathrm{d}x = \lim_{n\to\infty}\sum_{i=1}^n \xi_i\Delta x_i$$

$$= \lim_{n\to\infty}\sum_{i=1}^n \left(\frac{2}{n}(i-1)+\frac{1}{n}\right)\cdot\frac{2}{n}$$

$$= \lim_{n\to\infty}\sum_{i=1}^n \left(-\frac{2}{n^2}+\frac{4}{n^2}i\right)$$

$$= \lim_{n\to\infty}\left(-\frac{2}{n}\right)+\lim_{n\to\infty}\frac{4}{n^2}\cdot\frac{n(n+1)}{2} = 2.$$

读者不妨分别取ξ_i为子区间左端点和右端点来计算积分值,以进一步加深理解积分值与ξ_i的取法无关.

5.4.3 定积分的几何意义

由引例可知,如果在$[a,b]$上被积函数 $f(x)\geqslant0$,则定积分$\int_a^b f(x)\mathrm{d}x$ 在几何上表示由曲线 $y=f(x)$,直线 $x=a,x=b$ 及 x 轴所围曲边梯形的面积,此时图形在 x 轴上方;如果在$[a,b]$上被积函数 $f(x)<0$,则定积分 $\int_a^b f(x)\mathrm{d}x$ 表示由曲线 $y=f(x)$,直线 $x=a,x=b$ 及 x 轴所围曲边梯形面积并取负值,此时图形在 x 轴下方. 若不论 $f(x)$ 的正负,则 $\int_a^b f(x)\mathrm{d}x$ 表示 x 轴上方与 x 轴下方曲边梯形面积的代数和(见图 5-6). 例如,下面两个定积分分别表示对应图 5-7 和图 5-8 中阴影部分的面积,它们是所论区间上面积的代数和:

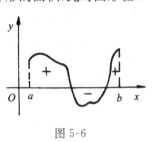

图 5-6

$$I_1 = \int_{-1}^2 \sqrt{4-x^2}\,\mathrm{d}x \qquad \Leftrightarrow$$

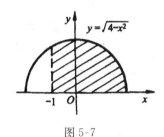

图 5-7

$$I_2 = \int_{-\frac{\pi}{3}}^{\frac{7}{6}\pi} \sin x\,\mathrm{d}x \qquad \Leftrightarrow$$

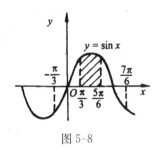

图 5-8

5.5 定积分的基本性质

在定积分的定义中,实际上隐含 $a<b$ 的条件. 对于 $a>b$ 的情况,我们有如下规定:

$$\int_a^b f(x)\mathrm{d}x = -\int_b^a f(x)\mathrm{d}x,\text{且}\int_a^a f(x)\mathrm{d}x = 0,$$

即对调定积分上、下限位置,积分值变号.

下面我们给出定积分的一些基本性质.

性质 5.3 设 $f(x)$ 和 $g(x)$ 均在$[a,b]$上可积,则 $k_1 f(x) \pm k_2 g(x)$ 在$[a,b]$上也可积(k_1,k_2 为常数),且

$$\int_a^b [k_1 f(x) \pm k_2 g(x)]\mathrm{d}x = k_1 \int_a^b f(x)\mathrm{d}x \pm k_2 \int_a^b g(x)\mathrm{d}x.$$

证 按定积分定义可以证明下列式子成立,即

$$\int_a^b [k_1 f(x) \pm k_2 g(x)\mathrm{d}x] = \lim_{\lambda \to 0} \sum_{i=1}^n [k_1 f(\xi_i) \pm k_2 g(\xi_i)]\Delta x_i$$

$$= k_1 \lim_{\lambda \to 0} \sum_{i=1}^n f(\xi_i)\Delta x_i \pm k_2 \lim_{\lambda \to 0} \sum_{i=1}^n g(\xi_i)\Delta x_i$$

$$= k_1 \int_a^b f(x)\mathrm{d}x \pm k_2 \int_a^b g(x)\mathrm{d}x.$$

此即为定积分的线性性质.

性质 5.4 设 c 为$[a,b]$区间的内点或外点,只要 $f(x)$ 在所论区间上可积,均有

$$\int_a^b f(x)\mathrm{d}x = \int_a^c f(x)\mathrm{d}x + \int_c^b f(x)\mathrm{d}x.$$

证 先设 $a<c<b$. 按定积分定义,积分值与区间的分法无关,故总可将 c 作为分点,则有

$$\sum_{[a,b]} f(\xi_i)\Delta x_i = \sum_{[a,c]} f(\xi_i)\Delta x_i + \sum_{[c,b]} f(\xi_i)\Delta x_i,$$

等式两边令 $\lambda \to 0$,即得

$$\int_a^b f(x)\mathrm{d}x = \int_a^c f(x)\mathrm{d}x + \int_c^b f(x)\mathrm{d}x.$$

若 $a<b<c$,则

$$\int_a^c f(x)\mathrm{d}x = \int_a^b f(x)\mathrm{d}x + \int_b^c f(x)\mathrm{d}x,$$

所以

$$\int_a^b f(x)\mathrm{d}x = \int_a^c f(x)\mathrm{d}x - \int_b^c f(x)\mathrm{d}x = \int_a^c f(x)\mathrm{d}x + \int_c^b f(x)\mathrm{d}x.$$

性质 5.5 若在$[a,b]$上,$f(x) \geqslant g(x)$,则

$$\int_a^b f(x)\mathrm{d}x \geqslant \int_a^b g(x)\mathrm{d}x.$$

证 因为

$$\int_a^b f(x)\mathrm{d}x - \int_a^b g(x)\mathrm{d}x = \int_a^b [f(x) - g(x)]\mathrm{d}x$$

$$= \lim_{\lambda \to 0} \sum_{i=1}^{n} \big[f(\xi_i) - g(\xi_i) \big] \Delta x_i,$$

由于 $a \leqslant b$，故 $\Delta x_i \geqslant 0$，且由条件 $f(\xi_i) \geqslant g(\xi_i)$，故有上式 $\geqslant 0$.

特别地，当 $f(x) \geqslant 0$ 时，$\int_a^b f(x) \mathrm{d}x \geqslant 0$.

进一步，由于 $-|f(x)| \leqslant f(x) \leqslant |f(x)|$，所以

$$-\int_a^b |f(x)| \mathrm{d}x \leqslant \int_a^b f(x) \mathrm{d}x \leqslant \int_a^b |f(x)| \mathrm{d}x,$$

故有

$$\left| \int_a^b f(x) \mathrm{d}x \right| \leqslant \int_a^b |f(x)| \mathrm{d}x.$$

性质 5.6(估值定理) 设 $f(x)$ 在 $[a,b]$ 上可积，且 $m \leqslant f(x) \leqslant M$，则当 $a \leqslant x \leqslant b$ 时，有

$$m(b-a) \leqslant \int_a^b f(x) \mathrm{d}x \leqslant M(b-a).$$

证 因为 $m \leqslant f(x) \leqslant M$，故

$$m(b-a) = \int_a^b m \mathrm{d}x \leqslant \int_a^b f(x) \mathrm{d}x \leqslant \int_a^b M \mathrm{d}x = M(b-a).$$

性质 5.7(中值定理) 如果 $f(x)$ 在闭区间 $[a,b]$ 上连续，则在 $[a,b]$ 中至少存在一点 $\xi, a \leqslant \xi \leqslant b$，使

$$\int_a^b f(x) \mathrm{d}x = f(\xi)(b-a).$$

证 因为 $f(x)$ 在闭区间 $[a,b]$ 上连续，故一定存在最大值 M 和最小值 m，使 $m \leqslant f(x) \leqslant M$. 而由估值定理得 $m \leqslant \dfrac{\int_b^a f(x) \mathrm{d}x}{b-a} \leqslant M$，若设 $\mu = \dfrac{\int_a^b f(x) \mathrm{d}x}{b-a}$，则有 $m \leqslant \mu \leqslant M$. 根据闭区间上连续函数的介值定理可知，存在 $\xi \in [a,b]$，使 $f(\xi) = \mu$，即

$$\int_a^b f(x) \mathrm{d}x = f(\xi)(b-a).$$

积分中值定理的几何意义是：当 $f(x) \geqslant 0$ 时，以曲线 $y = f(x)$ 为顶，以区间 $[a,b]$ 为底的曲边梯形面积等于以 $[a,b]$ 中某点 ξ 的函数值 $f(\xi)$ 为高，以 $[a,b]$ 为底的矩形的面积.

例 5.44 估计定积分 $\int_0^1 \dfrac{x^4}{\sqrt{1+x}} \mathrm{d}x$ 的值.

解 设 $f(x) = \dfrac{x^4}{\sqrt{1+x}}$，且在 $[0,1]$ 上，$f'(x) = \dfrac{8x^3 + 7x^4}{2(1+x)^{\frac{3}{2}}} > 0$，故 $f(x)$ 在 $[0,1]$ 上为单调增函数，所以

$$0 = f(0) \leqslant f(x) \leqslant f(1) = \frac{\sqrt{2}}{2}.$$

根据定积分估值定理,便有

$$0 \leqslant \int_0^1 \frac{x^4}{\sqrt{1+x}} \mathrm{d}x \leqslant \frac{\sqrt{2}}{2}.$$

例 5.45 比较积分 $\int_0^1 \mathrm{e}^x \mathrm{d}x$ 和 $\int_0^1 (1+x) \mathrm{d}x$ 的大小.

解 因为当 $0 \leqslant x \leqslant 1$ 时,$\mathrm{e}^x \geqslant 1+x$,故由性质 5.5 可知

$$\int_0^1 \mathrm{e}^x \mathrm{d}x \geqslant \int_0^1 (1+x) \mathrm{d}x.$$

例 5.46 求极限 $\lim_{n \to \infty} \int_n^{n+1} \frac{\sin x}{x} \mathrm{d}x$.

解 利用积分中值定理:

$$\int_n^{n+1} \frac{\sin x}{x} \mathrm{d}x = \frac{\sin \xi_n}{\xi_n}(n+1-n) = \frac{\sin \xi_n}{\xi_n} \quad (n \leqslant \xi_n \leqslant n+1),$$

且当 $n \to \infty$ 时,有 $\xi_n \to \infty$,故

$$\lim_{n \to \infty} \int_n^{n+1} \frac{\sin x}{x} \mathrm{d}x = \lim_{\xi_n \to \infty} \frac{\sin \xi_n}{\xi_n} = 0.$$

5.6 微积分基本定理

5.6.1 变上限函数

定义 5.4 设 $f(x)$ 在区间 $[a,b]$ 上连续,并设 x 是 $[a,b]$ 中的任意一点,作 $f(x)$ 在 $[a,x]$ 上的定积分

$$\Phi(x) = \int_a^x f(t) \mathrm{d}t,$$

$\Phi(x)$ 称为变上限函数.

变上限函数是以定积分形式给出的关于 x 的函数,它有如下重要性质:

定理 5.6 若 $f(x)$ 在 $[a,b]$ 上连续,则变上限函数 $\Phi(x) = \int_a^x f(t) \mathrm{d}t$ 在 $[a,b]$ 上可导,且 $\Phi'(x) = f(x)$,$a \leqslant x \leqslant b$.

证 设 $x, x+\Delta x \in [a,b]$,按变上限函数定义,

$$\Delta \Phi(x) = \Phi(x+\Delta x) - \Phi(x)$$

$$= \int_a^{x+\Delta x} f(t) \mathrm{d}t - \int_a^x f(t) \mathrm{d}t$$

$$= \int_{x}^{x+\Delta x} f(t)\mathrm{d}t.$$

由于 $f(x)$ 在 $[a,b]$ 上连续,故据积分中值定理,在以 $x, x+\Delta x$ 为端点的闭区间上至少存在一点 ξ,使 $\Delta\Phi(x) = f(\xi)\Delta x$. 故

$$\lim_{\Delta x \to 0} \frac{\Delta\Phi(x)}{\Delta x} = \lim_{\Delta x \to 0} \frac{f(\xi)\Delta x}{\Delta x} = f(x),$$

所以

$$\Phi'(x) = f(x), a \leqslant x \leqslant b.$$

从该定理可知,变上限函数可导,且对上限 x 的导数就是其被积函数在积分上限 x 处的值. 由于变上限函数的可导性,我们可像其他可导函数那样,利用微分学知识去研究它的各种性态,如单调性、凹凸性和极值等.

例 5.47   计算下列变上限函数的导数:

(1) $\displaystyle\int_{a}^{x} t\sin t\,\mathrm{d}t$;
   (2) $\displaystyle\int_{x}^{1} \frac{\cos t}{1+t^2}\,\mathrm{d}t$;

(3) $\displaystyle\int_{1}^{x^2} \sqrt{1+t^2}\,\mathrm{d}t$;
   (4) $\displaystyle\int_{\cos x}^{\sin x} \mathrm{e}^{-t^2}\,\mathrm{d}t$.

解   (1) $\dfrac{\mathrm{d}}{\mathrm{d}x}\displaystyle\int_{a}^{x} t\sin t\,\mathrm{d}t = x\sin x.$

(2) $\dfrac{\mathrm{d}}{\mathrm{d}x}\displaystyle\int_{x}^{1} \frac{\cos t}{1+t^2}\,\mathrm{d}t = \dfrac{\mathrm{d}}{\mathrm{d}x}\left(-\int_{1}^{x} \frac{\cos t}{1+t^2}\,\mathrm{d}t\right) = \dfrac{-\cos x}{1+x^2}.$

该小题说明,若上限是常量,下限是 x,则其导函数就是被积函数在下限 x 处的值并带负号.

(3) 由于 $\displaystyle\int_{1}^{x^2} \sqrt{1+t^2}\,\mathrm{d}t$ 中上限是 x 的函数,故可按复合函数的链导公式,先对 x^2 求导,再乘上 x^2 对 x 的导数,即

$$\frac{\mathrm{d}}{\mathrm{d}x}\left(\int_{1}^{x^2} \sqrt{1+t^2}\,\mathrm{d}t\right) = \sqrt{1+(x^2)^2} \cdot (x^2)' = \sqrt{1+x^4} \cdot 2x.$$

(4) $\dfrac{\mathrm{d}}{\mathrm{d}x}\displaystyle\int_{\cos x}^{\sin x} \mathrm{e}^{-t^2}\,\mathrm{d}t = \dfrac{\mathrm{d}}{\mathrm{d}x}\left(\int_{\cos x}^{a} \mathrm{e}^{-t^2}\,\mathrm{d}t + \int_{a}^{\sin x} \mathrm{e}^{-t^2}\,\mathrm{d}t\right)$

$$= -\mathrm{e}^{-(\cos x)^2}(\cos x)' + \mathrm{e}^{-(\sin x)^2}(\sin x)'$$

$$= \sin x\,\mathrm{e}^{-\cos^2 x} + \cos x\,\mathrm{e}^{-\sin^2 x}.$$

一般对于函数 $\displaystyle\int_{g(x)}^{\varphi(x)} f(t)\mathrm{d}t$,其中 $\varphi(x)$ 和 $g(x)$ 可导,则有

$$\frac{\mathrm{d}}{\mathrm{d}x}\left(\int_{g(x)}^{\varphi(x)} f(t)\mathrm{d}t\right) = f(\varphi(x)) \cdot \varphi'(x) - f(g(x)) \cdot g'(x).$$

例 5.48   计算极限 $\displaystyle\lim_{x \to 0} \frac{\int_{0}^{x^2} \sin 5t\,\mathrm{d}t}{\ln(1+x^4)}.$

解　原式 $= \lim\limits_{x \to 0} \dfrac{\int_0^{x^2} \sin 5t \, dt}{x^4} \xlongequal{\left(\frac{0}{0}\right)} \lim\limits_{x \to 0} \dfrac{\sin 5x^2 \cdot 2x}{4x^3}$

$\qquad\quad = \dfrac{5}{2} \lim\limits_{x \to 0} \dfrac{\sin 5x^2}{5x^2} = \dfrac{5}{2}.$

例 5.49　求方程 $\int_y^0 \mathrm{e}^t \mathrm{d}t - xy = \int_0^1 \arctan x \, \mathrm{d}x$ 所确定的隐函数 $y(x)$ 的导数.

解　方程中 y 是 x 的函数,与一般的隐函数方程求导方法一样,方程两边对 x 求导,并记住 y 是 x 的函数,故碰到 y 应先对 y 求导,再乘上 y 对 x 的导数. 又注意到方程右边是定积分,是一个数值,故求导为零. 这样对方程两边求导可得

$$-\mathrm{e}^y \cdot y' - y - xy' = 0,$$

解得

$$y' = \dfrac{-y}{x + \mathrm{e}^y}.$$

例 5.50　设 $f(x)$ 在闭区间 $[a,b]$ 上连续,在开区间 (a,b) 内可导,且 $f'(x) \leqslant 0$. 证明函数

$$F(x) = \dfrac{1}{x-a} \int_a^x f(t) \mathrm{d}t \ \text{在} (a,b) \ \text{内单调减}.$$

证　因为 $F(x)$ 是一个商式,故利用商的求导公式可得

$$F'(x) = \dfrac{f(x)(x-a) - \int_a^x f(t)\mathrm{d}t}{(x-a)^2}$$

$$= \dfrac{(x-a)[f(x) - f(\xi)]}{(x-a)^2} \quad (a \leqslant \xi \leqslant x)$$

$$= \dfrac{f(x) - f(\xi)}{x-a}.$$

又因为 $f'(x) \leqslant 0$,即 $f(x)$ 单调减,故 $f(x) \leqslant f(\xi)$,所以 $F'(x) \leqslant 0$,即 $F(x)$ 在 (a,b) 内单调减.

5.6.2　微积分的基本定理

由变上限函数的导数性质 $\Phi'(x) = f(x)$ 可知,$\Phi(x) = \int_a^x f(t)\mathrm{d}t$ 是被积函数 $f(x)$ 在 $[a,b]$ 上的一个原函数,由此我们给出如下重要的微积分基本定理.

定理 5.7(牛顿 - 莱布尼茨公式)　设 $f(x)$ 在闭区间 $[a,b]$ 上连续,$F(x)$ 是 $f(x)$ 在 $[a,b]$ 上的一个原函数,则

$$\int_a^b f(x)\mathrm{d}x = F(b) - F(a) = F(x) \Big|_a^b.$$

证　由条件可知 $F(x)$ 是 $f(x)$ 的一个原函数,同时变上限函数 $\Phi(x) = \int_a^x f(t)\mathrm{d}t$ 也是 $f(x)$ 的一个原函数,故 $F(x)$ 与 $\Phi(x)$ 之间相差一个常数,即

$$F(x) - \int_a^x f(t)\mathrm{d}t = C.$$

令 $x = a$,得 $C = F(a)$,故

$$\int_a^x f(t)\mathrm{d}t = F(x) - F(a).$$

又令 $x = b$,得 $\int_a^b f(t)\mathrm{d}t = F(b) - F(a)$,将积分变量换成 x,便得

$$\int_a^b f(x)\mathrm{d}x = F(b) - F(a) = F(x)\Big|_a^b.$$

该定理给出的定积分计算公式就称为牛顿-莱布尼茨公式.

牛顿-莱布尼茨公式将定积分的计算归结为求被积函数的原函数,从而使定积分的计算变得简单可行. 该公式也深刻揭示了微分学与积分学之间的联系,是微积分这门重要学科创立的标志,从而使微积分在各个领域中日益显现出不可估量的价值.

例 5.51　计算 $\int_1^{\sqrt{3}} \dfrac{\mathrm{d}x}{x^2(1+x^2)}$.

解　原式 $= \displaystyle\int_1^{\sqrt{3}} \frac{1+x^2-x^2}{x^2(1+x^2)}\mathrm{d}x = \int_1^{\sqrt{3}} \frac{\mathrm{d}x}{x^2} - \int_1^{\sqrt{3}} \frac{\mathrm{d}x}{1+x^2}$

$$= -\frac{1}{x}\Big|_1^{\sqrt{3}} - \arctan x\Big|_1^{\sqrt{3}} = 1 - \frac{\sqrt{3}}{3} - \frac{\pi}{12}.$$

例 5.52　计算 $\int_0^2 |1-x|\,\mathrm{d}x$.

解　被积函数含绝对值号,应去掉绝对值号再积分. 以 $1-x$ 的零点 $x=1$ 作为分界点,将积分分成二项,从而去绝对值号. 故

$$\int_0^2 (1-x)\mathrm{d}x = \int_0^1 (1-x)\mathrm{d}x + \int_1^2 (x-1)\mathrm{d}x$$

$$= \left(x - \frac{x^2}{2}\right)\Big|_0^1 + \left(\frac{x^2}{2} - x\right)\Big|_1^2 = 1.$$

例 5.53　计算 $\int_{-\frac{\pi}{2}}^{\frac{\pi}{2}} \sqrt{1-\cos 2x}\,\mathrm{d}x$.

解　原式 $= \displaystyle\int_{-\frac{\pi}{2}}^{\frac{\pi}{2}} \sqrt{2\sin^2 x} = \sqrt{2}\int_{-\frac{\pi}{2}}^{\frac{\pi}{2}} |\sin x|\,\mathrm{d}x$

$$= \sqrt{2}\Big[\int_{-\frac{\pi}{2}}^0 (-\sin x)\mathrm{d}x + \int_0^{\frac{\pi}{2}} (\sin x)\mathrm{d}x\Big]$$

$$= \sqrt{2} \left[\cos x \Big|_{-\frac{\pi}{2}}^{0} + (-\cos x) \Big|_{0}^{\frac{\pi}{2}} \right] = 2\sqrt{2}.$$

在定积分计算中,去根号必须严格加上绝对值号,再根据被积函数特征去绝对值号后再积分. 若不注意这点,将导致错误.

例 5.54 设 $f(x) = \begin{cases} x+1, & -1 \leqslant x \leqslant 0, \\ e^x, & 0 < x \leqslant 2, \end{cases}$ 求 $\int_{-1}^{2} f(x) dx.$

解 $$\int_{-1}^{2} f(x) dx = \int_{-1}^{0} (x+1) dx + \int_{0}^{2} e^x dx$$

$$= \left(\frac{x^2}{2} + x \right) \Big|_{-1}^{0} + e^x \Big|_{0}^{2}$$

$$= e^2 - \frac{1}{2}.$$

5.7 定 积 分 计 算

由于有了微积分基本定理,使得定积分的计算归结为关键是求出被积函数的原函数. 故不定积分的一些基本积分方法如第一、二类换元法及分部积分法均可类似地移入到定积分的计算中.

5.7.1 换元法

相应于不定积分的第一类换元法,我们有如下定积分的第一类换元法.

定理 5.8 设 $f(u)$ 在区间 I 上连续,其原函数为 $F(u)$,$u = \varphi(x)$ 是连续可微函数,$\varphi(x)$ 的值域在 $f(u)$ 的定义域内,则 $F[\varphi(x)]$ 是 $f[\varphi(x)] \cdot \varphi'(x)$ 的原函数,且

$$\int_{a}^{b} f[\varphi(x)] \varphi'(x) dx = F[\varphi(x)] \Big|_{a}^{b} = F[\varphi(b)] - F[\varphi(a)].$$

例 5.55 计算 $\int_{0}^{1} \frac{2x+1}{x^2+2} dx.$

解 原式 $= \int_{0}^{1} \frac{2x}{x^2+2} dx + \int_{0}^{1} \frac{dx}{x^2+2}$

$$= \ln|x^2+2| \Big|_{0}^{1} + \frac{1}{\sqrt{2}} \arctan \frac{x}{\sqrt{2}} \Big|_{0}^{1} = \ln \frac{3}{2} + \frac{1}{\sqrt{2}} \arctan \frac{\sqrt{2}}{2}.$$

例 5.56 计算 $\int_{e}^{e^2} \frac{5+\ln x}{x} dx.$

解 原式 $= \int_{e}^{e^2} (5+\ln x) d(5+\ln x)$

$$= \frac{1}{2}(5+\ln x)^2 \Big|_{e}^{e^2} = \frac{13}{2}.$$

例 5.57 计算 $\int_0^{\frac{\pi}{2}} \frac{\cos x}{\cos^2 x + 2\sin^2 x} \mathrm{d}x.$

解 原式 $= \int_0^{\frac{\pi}{2}} \frac{\mathrm{d}(\sin x)}{1+\sin^2 x} = \arctan(\sin x) \Big|_0^{\frac{\pi}{2}} = \frac{\pi}{4}.$

例 5.58 计算 $\int_0^{\pi} \sqrt{\sin^3 x - \sin^5 x}\,\mathrm{d}x.$

解 原式 $= \int_0^{\pi} \sqrt{\sin^3 x \cos^2 x}\,\mathrm{d}x$

$$= \int_0^{\pi} |\cos x| \sqrt{\sin^3 x}\,\mathrm{d}x$$

$$= \int_0^{\frac{\pi}{2}} \cos x \sqrt{\sin^3 x}\,\mathrm{d}x + \int_{\frac{\pi}{2}}^{\pi} (-\cos x)\sqrt{\sin^3 x}\,\mathrm{d}x$$

$$= \int_0^{\frac{\pi}{2}} \sqrt{\sin^3 x}\,\mathrm{d}(\sin x) - \int_{\frac{\pi}{2}}^{\pi} \sqrt{\sin^3 x}\,\mathrm{d}(\sin x)$$

$$= \frac{2}{5}\sin^{\frac{5}{2}} x \Big|_0^{\frac{\pi}{2}} - \frac{2}{5}\sin^{\frac{5}{2}} x \Big|_{\frac{\pi}{2}}^{\pi}$$

$$= \frac{2}{5} + \frac{2}{5} = \frac{4}{5}.$$

相应于不定积分的第二类换元法,我们也有定积分的第二类换元法.

定理 5.9 设 $f(x)$ 在 $[a,b]$ 上连续,令 $x = \varphi(t)$,若

(1) $\varphi(\alpha)=a, \varphi(\beta)=b$,且当 t 在以 α, β 为端点的区间内变化时,$\varphi(t)$ 在 $[a,b]$ 内变化;

(2) $\varphi(t)$ 在以 α, β 为端点的区间内有连续导数;

则

$$\int_a^b f(x)\mathrm{d}x = \int_\alpha^\beta f[\varphi(t)]\varphi'(t)\mathrm{d}t. \tag{5-7}$$

证 由定理条件知,$f(x)$ 和 $f[\varphi(t)]\varphi'(t)$ 分别在对应区间上连续,故可积. 若设 $f(x)$ 的一个原函数为 $F(x)$,则由复合函数链导公式知 $f[\varphi(t)]\varphi'(t)$ 的一个原函数为 $F[\varphi(t)]$,根据牛顿-莱布尼茨公式分别有 $\int_a^b f(x)\mathrm{d}x = F(b) - F(a)$

及

$$\int_\alpha^\beta f[\varphi(t)]\varphi'(t)\mathrm{d}t = F[\varphi(\beta)] - F[\varphi(\alpha)] = F(b) - F(a),$$

从而便得

$$\int_a^b f(x)\mathrm{d}x = \int_\alpha^\beta f[\varphi(t)]\varphi'(t)\mathrm{d}t.$$

式(5-7)称为定积分的第二类换元公式. 其特点是,在作积分变量代换 $x=\varphi(t)$ 的同时,积分的上、下限也需作相应的变换,这样在求出关于 t 的原函数后,直接将新的上、下限代入即可,不必有像不定积分第二类换元法那样的回代过程.

例 5.59 设 $f(x)$ 是对称区间 $[-a,a]$ 上的连续函数,则

$$\int_{-a}^{a} f(x)\mathrm{d}x = \begin{cases} 2\displaystyle\int_{0}^{a} f(x)\mathrm{d}x, & \text{当 } f(x) \text{ 为偶函数,} \\ 0, & \text{当 } f(x) \text{ 为奇函数.} \end{cases}$$

证 $\displaystyle\int_{-a}^{a} f(x)\mathrm{d}x = \int_{-a}^{0} f(x)\mathrm{d}x + \int_{0}^{a} f(x)\mathrm{d}x,$

对于 $\displaystyle\int_{-a}^{0} f(x)\mathrm{d}x,$ 设 $x=-t,$ 则 $x=-a$ 时,$t=a$;$x=0$ 时,$t=0.$

所以 $\displaystyle\int_{-a}^{0} f(x)\mathrm{d}x = \int_{a}^{0} f(-t)(-\mathrm{d}t) = \int_{0}^{a} f(-t)\mathrm{d}t = \int_{0}^{a} f(-x)\mathrm{d}x,$

故 $\displaystyle\int_{-a}^{a} f(x)\mathrm{d}x = \int_{0}^{a} [f(-x)+f(x)]\mathrm{d}x$

$$= \begin{cases} 2\displaystyle\int_{0}^{a} f(x)\mathrm{d}x, & \text{当 } f(x) \text{ 为偶函数,} \\ 0, & \text{当 } f(x) \text{ 为奇函数.} \end{cases}$$

例 5.60 计算 $\displaystyle\int_{-\frac{\pi}{2}}^{\frac{\pi}{2}} \ln(x+\sqrt{1+x^2})\mathrm{d}x.$

解 由于积分区间关于原点对称,故特别注意一下被积函数的奇偶性. 由于 $\ln(x+\sqrt{1+x^2})$ 为奇函数,根据例 5.59 结论得

$$\int_{-\frac{\pi}{2}}^{\frac{\pi}{2}} \ln(x+\sqrt{1+x^2})\mathrm{d}x = 0.$$

例 5.61 计算 $\displaystyle\int_{-1}^{1} \frac{2+\sin x}{\sqrt{4-x^2}}\mathrm{d}x.$

解 积分区间关于原点对称,将被积函数拆成二项后利用被积函数的奇偶性可简化为

$$\text{原式} = 2\int_{0}^{1} \frac{2}{\sqrt{4-x^2}}\mathrm{d}x = 4\arcsin\frac{x}{2}\Big|_{0}^{1} = \frac{2\pi}{3}.$$

例 5.62 计算 $\displaystyle\int_{0}^{4} x\sqrt{4x-x^2}\mathrm{d}x.$

解 $\displaystyle\int_{0}^{4} x\sqrt{4x-x^2}\mathrm{d}x = \int_{0}^{4} x\sqrt{4-(x-2)^2}\mathrm{d}x.$ 为去根号,令 $x-2=2\sin t,$ 则 $\mathrm{d}x = 2\cos t\,\mathrm{d}t,$ 且当 $x=0$ 时,$t=-\dfrac{\pi}{2}$;$x=4$ 时,$t=\dfrac{\pi}{2}.$ 代入原式得

$$\int_{-\frac{\pi}{2}}^{\frac{\pi}{2}} 8(1+\sin t)\cos^2 t \, dt = 16\int_0^{\frac{\pi}{2}}\cos^2 t \, dt = 4\pi.$$

例 5.63 设 $f(x) = \dfrac{1}{1+e^x}$,计算$\int_0^2 f(x-1)dx$.

解 令 $x-1=t$,则 $dx=dt$,当 $x=0$ 时,$t=-1$;当 $x=2$ 时,$t=1$,故原式化为

$$\int_0^2 f(x-1)dx = \int_{-1}^1 f(t)dt = \int_{-1}^1 f(x)dx$$

$$= \int_{-1}^1 \frac{1}{1+e^x}dx = \int_{-1}^1 \left(1-\frac{e^x}{1+e^x}\right)dx$$

$$= x\Big|_{-1}^1 - \ln(1+e^x)\Big|_{-1}^1 = 2 - \ln(1+e) + \ln\left(1+\frac{1}{e}\right)$$

$$= 2 - \ln(1+e) + \ln(1+e) - \ln e = 1.$$

例 5.64 试证$\int_0^{\frac{\pi}{2}} f(\sin x)dx = \int_0^{\frac{\pi}{2}} f(\cos x)\,dx$,并计算$\int_0^{\frac{\pi}{2}} \dfrac{\cos x}{\sin x + \cos x}dx$.

证 作变换 $x=\dfrac{\pi}{2}-t$,则 $\sin x = \cos t, dx = -dt$,且当 $x=0$ 时,$t=\dfrac{\pi}{2}$;$x=\dfrac{\pi}{2}$ 时,$t=0$. 故

$$\int_0^{\frac{\pi}{2}} f(\sin x)dx = \int_{\frac{\pi}{2}}^0 f(\cos t)(-dt) = \int_0^{\frac{\pi}{2}} f(\cos t)dt = \int_0^{\frac{\pi}{2}} f(\cos x)dx,$$

由此结果得

$$\int_0^{\frac{\pi}{2}} \frac{\cos x}{\sin x + \cos x}dx = \int_0^{\frac{\pi}{2}} \frac{\sin x}{\sin x + \cos x}dx,$$

所以

$$\int_0^{\frac{\pi}{2}} \frac{\cos x}{\sin x + \cos x}dx = \frac{1}{2}\int_0^{\frac{\pi}{2}} \frac{\sin x + \cos x}{\sin x + \cos x}dx$$

$$= \frac{1}{2}\int_0^{\frac{\pi}{2}} dx = \frac{\pi}{4}.$$

由此可见,利用定积分的第二类换元法有时可得非常巧妙的计算方法.

5.7.2 分部积分法

定理 5.10 设 $u(x), v(x)$ 在$[a,b]$上具有连续导数,则

$$\int_a^b u(x)v'(x)dx = u(x)v(x)\Big|_a^b - \int_a^b u'(x)\cdot v(x)dx, \tag{5-8}$$

又常写为

$$\int_a^b u \, dv = u\cdot v\Big|_a^b - \int_a^b v \, du.$$

证 由条件及牛顿-莱布尼茨公式,有

$$\int_a^b u(x)v'(x)\mathrm{d}x + \int_a^b u'(x)v(x)\mathrm{d}x$$

$$= \int_a^b [u(x)v'(x) + u'(x)v(x)]\mathrm{d}x$$

$$= u(x) \cdot v(x)\Big|_a^b,$$

移项即得式(5-8).

例 5.65 计算 $\int_0^{\frac{1}{2}} \arcsin x\,\mathrm{d}x$.

解 $\int_0^{\frac{1}{2}} \arcsin x\,\mathrm{d}x = x\arcsin x\Big|_0^{\frac{1}{2}} - \int_0^{\frac{1}{2}} \dfrac{x}{\sqrt{1-x^2}}\mathrm{d}x$

$$= \frac{1}{2}\cdot\frac{\pi}{6} + \frac{1}{2}\int_0^{\frac{1}{2}} \frac{\mathrm{d}(1-x^2)}{\sqrt{1-x^2}}$$

$$= \frac{\pi}{12} + \sqrt{1-x^2}\Big|_0^{\frac{1}{2}} = \frac{\pi}{12} + \frac{\sqrt{3}}{2} - 1.$$

例 5.66 $\int_1^4 \ln\sqrt{x}\,\mathrm{d}x$.

解 $\int_1^4 \ln\sqrt{x}\,\mathrm{d}x = \dfrac{1}{2}\int_1^4 \ln x\,\mathrm{d}x$

$$= \frac{1}{2}\left(x\ln x\Big|_1^4 - \int_1^4 x\,\frac{1}{x}\mathrm{d}x\right)$$

$$= \frac{1}{2}(8\ln 2 - 3) = 4\ln 2 - \frac{3}{2}.$$

例 5.67 已知 $f''(x)$ 连续, $f(\pi)=1$,且

$$\int_0^\pi [f(x) + f''(x)]\sin x\,\mathrm{d}x = 3,\ 求\ f(0).$$

解 $\int_0^\pi [f(x) + f''(x)]\sin x\,\mathrm{d}x$

$$= \int_0^\pi f(x)\sin x\,\mathrm{d}x + \int_0^\pi f''(x)\sin x\,\mathrm{d}x,\ 而第二项积分$$

$$\int_0^\pi f''(x)\sin x\,\mathrm{d}x = \int_0^\pi \sin x\,\mathrm{d}(f'(x))$$

$$= \sin x f'(x)\Big|_0^\pi - \int_0^\pi f'(x)\cos x\,\mathrm{d}x$$

$$= -\int_0^\pi \cos x\,\mathrm{d}f(x) = -\cos x f(x)\Big|_0^\pi - \int_0^\pi f(x)\sin x\,\mathrm{d}x$$

$$= f(\pi) + f(0) - \int_0^\pi f(x) \sin x \, dx.$$

故

$$\int_0^\pi [f(x) + f''(x)] \sin x \, dx = f(\pi) + f(0), \text{所以 } f(0) = 2.$$

利用定积分的分部积分公式可得下面有用的递推公式.

例 5.68 设 n 为正整数,试证

$$\int_0^{\frac{\pi}{2}} \sin^n x \, dx = \int_0^{\frac{\pi}{2}} \cos^n x \, dx, \text{并求其值.}$$

证 设 $x = \frac{\pi}{2} - t$,则

$$\int_0^{\frac{\pi}{2}} \sin^n x \, dx = \int_{\frac{\pi}{2}}^0 \sin^n \left(\frac{\pi}{2} - t \right) (- dt) = \int_0^{\frac{\pi}{2}} \cos^n t \, dt = \int_0^{\frac{\pi}{2}} \cos^n x \, dx.$$

下面求值:

设 $I_n = \int_0^{\frac{\pi}{2}} \sin^n x \, dx$,由分部积分公式可得

$$I_n = \int_0^{\frac{\pi}{2}} \sin^{n-1} x \, d(-\cos x)$$

$$= \sin^{n-1} x (-\cos x) \Big|_0^{\frac{\pi}{2}} + \int_0^{\frac{\pi}{2}} (n-1) \sin^{n-2} x \cos^2 x \, dx$$

$$= (n-1) \int_0^{\frac{\pi}{2}} \sin^{n-2} x (1 - \sin^2 x) \, dx$$

$$= (n-1) I_{n-2} - (n-1) I_n,$$

所以 $I_n = \dfrac{n-1}{n} I_{n-2}$,这是积分 I_n 关于 n 的一个递推公式,反复使用此递推公式且由

$$I_0 = \int_0^{\frac{\pi}{2}} dx = \frac{\pi}{2} \text{ 及 } I_1 = \int_0^{\frac{\pi}{2}} \sin x \, dx = 1 \text{ 可得}:$$

当 n 为偶数时,$I_n = \dfrac{n-1}{n} \cdot \dfrac{n-3}{n-2} \cdots \dfrac{3}{4} \cdot \dfrac{1}{2} \cdot I_0 = \dfrac{(n-1)!!}{n!!} \cdot \dfrac{\pi}{2}$;

当 n 为奇数时,$I_n = \dfrac{n-1}{n} \cdot \dfrac{n-3}{n-2} \cdots \dfrac{4}{5} \cdot \dfrac{2}{3} \cdot I_1 = \dfrac{(n-1)!!}{n!!}$.

例如

$$\int_0^{\frac{\pi}{2}} \sin^5 x \, dx = \frac{4}{5} \cdot \frac{2}{3} = \frac{8}{15}.$$

$$\int_0^{\frac{\pi}{2}} \cos^6 x \, dx = \frac{5}{6} \cdot \frac{3}{4} \cdot \frac{1}{2} \cdot \frac{\pi}{2} = \frac{5\pi}{32}.$$

例 5.69 计算 $\int_0^1 x^2 \sqrt{1-x^2} \, dx$.

解 令 $x = \sin t$,则

$$原式 = \int_0^{\frac{\pi}{2}} \sin^2 t \cos^2 t \, dt = \int_0^{\frac{\pi}{2}} (\sin^2 t - \sin^4 t) \, dt$$

$$= \frac{1}{2} \cdot \frac{\pi}{2} - \frac{3}{4} \cdot \frac{1}{2} \cdot \frac{\pi}{2} = \frac{\pi}{16}.$$

5.8 广 义 积 分

前面介绍的定积分概念,是在有限区间上及被积函数是有界的前提下,而在实际问题中,有时需要考虑积分区间为无穷或被积函数为无界函数的情形. 故有必要对定积分的概念加以推广,这就是下面要讨论的广义积分.

5.8.1 无穷区间上的广义积分

定义 5.5 设函数 $f(x)$ 在区间 $[a, +\infty)$ 上连续,记 $f(x)$ 在 $[a, +\infty)$ 上的广义积分为 $\int_a^{+\infty} f(x) dx$,并对任意 $b > a$,定义 $\int_a^{+\infty} f(x) dx = \lim\limits_{b \to +\infty} \int_a^b f(x) dx$. 若右端极限存在,则称广义积分 $\int_a^{+\infty} f(x) dx$ **收敛**;否则称为**发散**.

同样可定义 $f(x)$ 在 $(-\infty, b]$ 上的广义积分

$$\int_{-\infty}^b f(x) dx = \lim_{a \to -\infty} \int_a^b f(x) dx,$$

又定义 $f(x)$ 在 $(-\infty, +\infty)$ 上的广义积分

$$\int_{-\infty}^{+\infty} f(x) dx = \int_{-\infty}^c f(x) dx + \int_c^{+\infty} f(x) dx,$$

其中 $c \in (-\infty, +\infty)$,$\int_{-\infty}^{+\infty} f(x) dx$ 收敛(当且仅当等式右端两个广义积分都收敛).并注意等式右端两个广义积分的极限过程是独立的.

由以上定义可知,广义积分是对定积分的上、下限取极限得到,故广义积分的计算方法就是在定积分计算基础上取极限. 例如设 $F(x)$ 是 $f(x)$ 的原函数,则 $\int_a^{+\infty} f(x) dx = \lim\limits_{b \to +\infty} \int_a^b f(x) dx = \lim\limits_{b \to +\infty} F(b) - F(a)$,就是先用牛顿-莱布尼茨公式再取极限. 此外,定积分的换元法及分部积分法也都可相应地推广到广义积分.

例 5.70 讨论 $\int_a^{+\infty} \dfrac{dx}{x^p}(a > 0)$ 的敛散性,p 是实数.

解 当 $p \neq 1$ 时,

$$\int_a^{+\infty} \frac{\mathrm{d}x}{x^p} = \lim_{b\to+\infty}\int_a^b \frac{\mathrm{d}x}{x^p} = \lim_{b\to+\infty}\frac{1}{1-p}x^{1-p}\bigg|_a^b = \begin{cases} \infty & ,\text{当 }p<1, \\ \dfrac{1}{p-1}a^{1-p}, & \text{当 }p>1; \end{cases}$$

当 $p=1$ 时,

$$\int_a^{+\infty} \frac{\mathrm{d}x}{x} = \lim_{b\to+\infty}\int_a^b \frac{\mathrm{d}x}{x} = \lim_{b\to+\infty}\ln x\bigg|_a^b$$
$$= \lim_{b\to+\infty}\ln b - \ln a = \infty.$$

故当 $p\leqslant 1$ 时,广义积分发散;当 $p>1$ 时,广义积分收敛.

例 5.71 计算并讨论 $\displaystyle\int_{-\infty}^{+\infty} \frac{x}{1+x^2}\mathrm{d}x$ 的敛散性.

解 按定义,插入任意一点,现取为 0,则有

$$\int_{-\infty}^{+\infty} \frac{x}{1+x^2}\mathrm{d}x = \int_{-\infty}^0 \frac{x}{1+x^2}\mathrm{d}x + \int_0^{+\infty} \frac{x}{1+x^2}\mathrm{d}x$$
$$= I_1 + I_2,$$

而

$$I_1 = \int_{-\infty}^0 \frac{x}{1+x^2}\mathrm{d}x = \lim_{a\to-\infty}\frac{1}{2}\ln(1+x^2)\bigg|_a^0 = -\infty,$$
$$I_2 = \int_0^{+\infty} \frac{x}{1+x^2}\mathrm{d}x = \lim_{b\to+\infty}\frac{1}{2}\ln(1+x^2)\bigg|_0^b = +\infty.$$

故 $\displaystyle\int_{-\infty}^{+\infty} \frac{x}{1+x^2}\mathrm{d}x$ 发散.事实上,I_1 与 I_2 中只要有一个发散就能断定原广义积分发散.

此题容易错误地做成

$$\int_{-\infty}^{+\infty} f(x)\mathrm{d}x = \lim_{b\to+\infty}\frac{1}{2}\ln(1+x^2)\bigg|_{-b}^b = 0,$$

即将上、下限趋于无穷的过程视为同一极限过程.

例 5.72 计算并讨论 $\displaystyle\int_1^{+\infty} \frac{\arctan x}{x^2}\mathrm{d}x$ 的敛散性.

解
$$\int_1^{+\infty} \frac{\arctan x}{x^2}\mathrm{d}x = \lim_{b\to+\infty}\int_1^b \frac{\arctan x}{x^2}\mathrm{d}x$$
$$= \lim_{b\to+\infty}\left[-\frac{1}{x}\arctan x\bigg|_1^b + \int_1^b \frac{\mathrm{d}x}{x(1+x^2)}\right]$$
$$= \lim_{b\to+\infty}\left[-\frac{1}{b}\arctan b + \frac{\pi}{4} + \left(\ln x - \frac{1}{2}\ln(1+x^2)\right)\bigg|_1^b\right]$$
$$= \lim_{b\to+\infty}\left[-\frac{1}{b}\arctan b + \frac{\pi}{4} + \ln\frac{b}{\sqrt{1+b^2}} + \frac{1}{2}\ln 2\right]$$

$$= \frac{\pi}{4} + \ln\sqrt{2},$$

故该广义积分收敛.

5.8.2　无界函数的广义积分

定义 5.6　设函数 $f(x)$ 在 $(a,b]$ 上连续,$x=a$ 为 $f(x)$ 的无穷间断点,记 $f(x)$ 在 $(a,b]$ 上的广义积分为 $\int_a^b f(x)\mathrm{d}x$,并定义 $\int_a^b f(x)\mathrm{d}x = \lim_{\varepsilon \to 0}\int_{a+\varepsilon}^b f(x)\mathrm{d}x (\varepsilon > 0)$. 若上述极限存在,则称广义积分 $\int_a^b f(x)\mathrm{d}x$ **收敛**;否则称为**发散**.

同样,对于在 $[a,b)$ 上连续,$x=b$ 为无穷间断点的函数 $f(x)$,定义 $f(x)$ 在 $[a,b)$ 上的广义积分

$$\int_a^b f(x)\mathrm{d}x = \lim_{\varepsilon \to 0}\int_a^{b-\varepsilon} f(x)\mathrm{d}x \quad (\varepsilon > 0).$$

又若 $f(x)$ 在 $[a,b]$ 内除 $x=c$ 点是无穷间断点外处处连续,$a<c<b$,则定义 $f(x)$ 在 $[a,b]$ 上的广义积分

$$\int_a^b f(x)\mathrm{d}x = \int_a^c f(x)\mathrm{d}x + \int_c^b f(x)\mathrm{d}x$$

$$= \lim_{\varepsilon \to 0}\int_a^{c-\varepsilon} f(x)\mathrm{d}x + \lim_{\eta \to 0}\int_{c+\eta}^b f(x)\mathrm{d}x \quad (\varepsilon, \eta > 0).$$

右端两个极限过程为独立的.

例 5.73　计算并讨论 $\int_0^1 \frac{x}{\sqrt{1-x^2}}\mathrm{d}x$ 的敛散性.

解　$\int_0^1 \frac{x}{\sqrt{1-x^2}}\mathrm{d}x = \lim_{\varepsilon \to 0}\int_0^{1-\varepsilon} \frac{x}{\sqrt{1-x^2}}\mathrm{d}x$

$$= \lim_{\varepsilon \to 0} -(1-x^2)^{\frac{1}{2}}\Big|_0^{1-\varepsilon} = 1,$$

故该广义积分收敛.

例 5.74　计算并讨论 $\int_0^1 \ln(1-x)\mathrm{d}x$ 的敛散性.

解　$\int_0^1 \ln(1-x)\mathrm{d}x = \lim_{\varepsilon \to 0}\int_0^{1-\varepsilon} -\ln(1-x)\mathrm{d}(1-x)$

$$= \lim_{\varepsilon \to 0}\left[-(1-x)\ln(1-x)\Big|_0^{1-\varepsilon} - \int_0^{1-\varepsilon}\mathrm{d}x \right]$$

$$= \lim_{\varepsilon \to 0}(-\varepsilon \ln\varepsilon) - 1 = -1,$$

故该广义积分收敛.

注意这里极限 $\lim_{\varepsilon \to 0}(-\varepsilon \ln\varepsilon)$ 是 $0 \cdot \infty$ 不定型,需用罗必塔法则求之:

$$\lim_{\varepsilon \to 0}(-\varepsilon \ln \varepsilon) = \lim_{\varepsilon \to 0}\left(-\frac{\ln \varepsilon}{\frac{1}{\varepsilon}}\right) = \lim_{\varepsilon \to 0}\frac{\frac{1}{\varepsilon}}{\frac{1}{\varepsilon^2}} = 0.$$

例 5.75 计算并讨论 $\displaystyle\int_1^{+\infty}\frac{\mathrm{d}x}{x\sqrt{x^2-1}}$ 的敛散性.

解 广义积分 $\displaystyle\int_1^{+\infty}\frac{\mathrm{d}x}{x\sqrt{x^2-1}}$ 中含两种广义性,即上限为无穷大,下限为无穷间断点. 对于这种情况必须先将积分拆开,使每项只含一种广义性,并只有当每个广义积分均收敛,积分才收敛. 故

$$\int_1^{+\infty}\frac{\mathrm{d}x}{x\sqrt{x^2-1}} = \int_1^{a}\frac{\mathrm{d}x}{x\sqrt{x^2-1}} + \int_a^{+\infty}\frac{\mathrm{d}x}{x\sqrt{x^2-1}} \quad (a \in (1,+\infty))$$

$$= \lim_{\varepsilon \to 0}\int_{1+\varepsilon}^{a}\frac{\mathrm{d}x}{x^2\sqrt{1-\frac{1}{x^2}}} + \lim_{b \to +\infty}\int_a^{b}\frac{\mathrm{d}x}{x^2\sqrt{1-\frac{1}{x^2}}}$$

$$= \lim_{\varepsilon \to 0}\arccos\frac{1}{x}\Big|_{1+\varepsilon}^{a} + \lim_{b \to +\infty}\arccos\frac{1}{x}\Big|_a^b$$

$$= \lim_{\varepsilon \to 0}\left(-\arccos\frac{1}{1+\varepsilon}\right) + \lim_{b \to +\infty}\left(\arccos\frac{1}{b}\right) = \frac{\pi}{2}.$$

可见该广义积分收敛.

5.9 定积分的应用

这节将讨论定积分在几何与物理中的简单应用. 我们将避免从定积分定义出发严格推导实际问题的定积分表达式,而是采用在工程中广泛应用的元素法来介绍一些定积分应用公式.

5.9.1 元素法

元素法是用来将实际问题转化为定积分的一种简单而常用的方法. 那么何谓元素法,元素法可将满足什么条件的实际问题归结为定积分呢?

通俗地讲,若一个实际问题的待求量 A 在变量 x 的某一区间 $[a,b]$ 上有定义,当将 $[a,b]$ 任意分成若干个小区间后,A 也被相应地分成若干个部分量 ΔA,即 $A = \sum \Delta A$;又若对任意一个小区间 $[x,x+\mathrm{d}x]$,其对应的部分量 ΔA 可用某一个连续函数 $f(x)$ 与小区间长度 $\mathrm{d}x$ 的乘积来近似,即 $\Delta A \approx f(x)\mathrm{d}x$,则该待求量一般可用定积分表示为

$$A = \int_a^b f(x)\mathrm{d}x.$$

其中 $f(x)\mathrm{d}x$ 称为待求量的元素. 这就是所谓元素法.

严格来说,这里的 $f(x)\mathrm{d}x$ 应为部分量 ΔA 的微分,即应为 ΔA 的线性主部.

下面就用元素法来介绍一些几何量与物理量的定积分计算公式.

5.9.2 平面图形的面积

1) 直角坐标

比较简单的情况是计算由 $y=f(x)$, $x=a$, $x=b(a<b)$ 及 x 轴所围图形的面积 A. 考虑定积分的几何意义,立即可得如下面积公式:

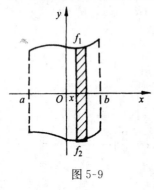

当 $f(x) \geqslant 0$,则 $S = \int_a^b f(x)\mathrm{d}x$;

当 $f(x) \leqslant 0$,则 $S = -\int_a^b f(x)\mathrm{d}x$;

当 $f(x)$ 有正、负,则 $S = \int_a^b |f(x)|\mathrm{d}x$.

进一步,若求由 $y=f_1(x)$, $y=f_2(x)$, $(f_1 \geqslant f_2)$, $x=a$, $x=b(a<b)$ 所围图形的面积(见图 5-9),利用元素法,可考虑以 x 为积分变量,在 $[a,b]$ 中任取一子区间 $[x,x+\mathrm{d}x]$,对应该子区间的面积元素取为 $\mathrm{d}S =$

图 5-9

$[f_1(x)-f_2(x)]\mathrm{d}x$,则面积 $S = \int_a^b [f_1(x)-f_2(x)]\mathrm{d}x$.

类似地,若求由 $x=q_1(y)$, $x=q_2(y)(q_1 \geqslant q_2)$, $y=c$, $y=d$ 所围图形的面积,可考虑以 y 为积分变量,由元素法得 $S = \int_c^d [q_1(y)-q_2(y)]\mathrm{d}y$.

例 5.76 求曲线 $y=\frac{1}{2}(x-1)^2$ 与直线 $y=x+3$ 所围图形的面积.

解 先根据题意作出草图(见图 5-10).联立方程 $\begin{cases} y=\frac{1}{2}(x-1)^2, \\ y=x+3, \end{cases}$ 求得交点为 $(-1,2)$ 和 $(5,8)$. 考虑以 x 为积分变量,在 $[-1,5]$ 区间上任取一子区间 $[x,x+\mathrm{d}x]$,其对应的面积元素 $\mathrm{d}S = \left[(x+3) - \frac{1}{2}(x-1)^2 \right]\mathrm{d}x$,故所求面积

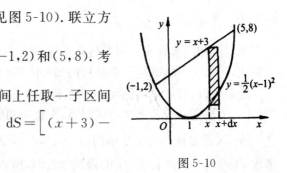

图 5-10

$$S=\int_{-1}^{5}\left[(x+3)-\frac{1}{2}(x-1)^2\right]dx$$

$$=\left[\frac{(x+3)^2}{2}-\frac{1}{6}(x-1)^3\right]\Big|_{-1}^{5}=18.$$

该题若以 y 为积分变量,则 y 的变化区间$[0,8]$应分成两个区间$[0,2]$和$[2,8]$,在$[0,2]$上面积元素 $dS=[(1+\sqrt{2y})-(1-\sqrt{2y})]dy$,在$[2,8]$上面积元素 $dS=[(1+\sqrt{2y})-(y-3)]dy$,故所求面积

$$S=\int_{0}^{2}\left[(1+\sqrt{2y})-(1-\sqrt{2y})\right]dy+\int_{2}^{8}\left[(1+\sqrt{2y})-(y-3)\right]dy.$$

显然该题选取 x 为积分变量较简单. 可见在具体计算中选取合适的积分变量是很重要的.

例 5.77 计算抛物线$\sqrt{y}=x$与直线$y=-x$及$y=1$所围图形的面积.

解 先根据题意作出草图(见图 5-11). 显然曲线交点为$(-1,1),(0,0)$及$(1,1)$. 从图形看,选取 y 为积分变量较合适. y 的变化范围为$[0,1]$,在任一子区间$[y,y+dy]$上,取面积元素 $dS=[\sqrt{y}-(-y)]dy$,故所求面积
$S=\int_{0}^{1}(\sqrt{y}-(-y))dy=\frac{7}{6}.$

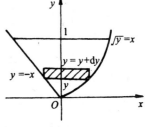

图 5-11

例 5.78 求星形线 $x=a\cos^3t,y=a\sin^3t$ 所围图形面积.

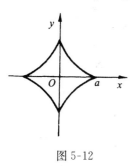

图 5-12

解 由图 5-12 所示图形的对称性得 $S=4S_1$,其中 S_1 为第一象限部分的面积. 现曲线由参数方程给出,则可利用前面介绍的面积公式,将 x,y 分别用参数方程代入,同时上、下限也变换为 t 的相应值. 则

$$S=4S_1=4\int_{0}^{a}ydx=4\int_{\frac{\pi}{2}}^{0}a\sin^3t\,d(a\cos^3t)$$

$$=12a^2\int_{0}^{\frac{\pi}{2}}\sin^4t\cos^2t\,dt$$

$$=12a^2\int_{0}^{\frac{\pi}{2}}(\sin^4t-\sin^6t)dt$$

$$=12a^2\left(\frac{3}{4}\cdot\frac{1}{2}\cdot\frac{\pi}{2}-\frac{5}{6}\cdot\frac{3}{4}\cdot\frac{1}{2}\cdot\frac{\pi}{2}\right)=\frac{3}{8}\pi a^2.$$

一般地,当曲边梯形的曲边由参数方程

$$\begin{cases}x=\varphi(t),\\y=\psi(t),\end{cases}y\geqslant 0,\quad t\in[t_1,t_2]$$

给出时,曲边梯形的面积

$$S = \int_a^b y \, \mathrm{d}x = \int_{t_1}^{t_2} \psi(t)\varphi'(t)\mathrm{d}t.$$

2) 极坐标

设极坐标表示的曲线 $r = r(\theta)$,其中 $r(\theta)$ 是 θ 的连续函数,现要计算由 $r = r(\theta), \theta = \alpha, \theta = \beta (\alpha < \beta)$ 所围的图形面积.

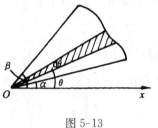

图 5-13

设 θ 为积分变量,由元素法,在 θ 的变化范围 $[\alpha, \beta]$ 上任取一子区间 $[\theta, \theta + \mathrm{d}\theta]$,取面积元素 $\mathrm{d}A = \dfrac{1}{2} r^2 \mathrm{d}\theta$,即以半径为 $r(\theta)$,中心角为 $\mathrm{d}\theta$ 的小扇形面积去近似 $[\theta, \theta + \mathrm{d}\theta]$ 对应的图形面积(见图 5-13),则所求面积

$$S = \int_\alpha^\beta \frac{1}{2} r^2(\theta) \mathrm{d}\theta.$$

为了较好运用极坐标下的面积计算公式,我们应该熟悉一些由极坐标表示的常用曲线方程及图形:

$r = a$ 表示以原点为中心,以 a 为半径的圆;

$r = a\cos\theta$ 及 $r = a\sin\theta$ 分别表示以 $\left(\dfrac{a}{2}, 0\right)$ 为中心及以 $\left(0, \dfrac{a}{2}\right)$ 为中心,以 $\dfrac{a}{2}$ 为半径的圆;

$r^2 = a^2\cos 2\theta, r^2 = a^2\sin 2\theta$ 表示双纽线(见图 5-14);

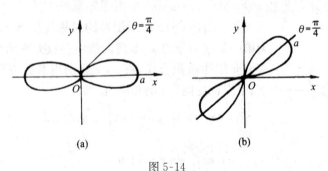

(a)   (b)

图 5-14

$r = a(1 \pm \cos\theta), r = a(1 \pm \sin\theta)$ 表示心脏线.

图 5-15(a),(b) 分别表示 $r = a(1 - \cos\theta)$ 和 $r = a(1 + \sin\theta)$,而 $r = a(1 + \cos\theta)$ 和 $r = a(1 - \sin\theta)$ 的图形正好分别反向.

例 5.79 求心脏线 $r = 1 + \sin\theta$ 所围成图形的面积.

解 所论心脏线所围图形如图 5-15(b).由于图形对称于 y 轴,记 $x > 0$ 部分的面积为 S_1,则所求面积为

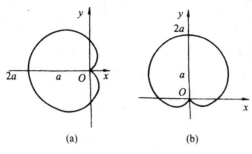

图 5-15

$$S = 2S_1 = 2\int_{-\frac{\pi}{2}}^{\frac{\pi}{2}} \frac{1}{2}(1+\sin\theta)^2 \, \mathrm{d}\theta$$

$$= \int_{-\frac{\pi}{2}}^{\frac{\pi}{2}} (1+2\sin\theta+\sin^2\theta) \, \mathrm{d}\theta$$

$$= \int_{-\frac{\pi}{2}}^{\frac{\pi}{2}} (1+\sin^2\theta) \, \mathrm{d}\theta = 2\int_{0}^{\frac{\pi}{2}} (1+\sin^2\theta) \, \mathrm{d}\theta$$

$$= 2\left(\frac{\pi}{2} + \frac{1}{2} \cdot \frac{\pi}{2}\right) = \frac{3\pi}{2}.$$

例 5.80 求由两曲线 $r=\sqrt{2}\cos\theta$ 和 $r^2=\sqrt{3}\sin 2\theta$ 所围的公共部分的面积.

解 画出草图(见图 5-16). 联立 $\begin{cases} r=\sqrt{2}\cos\theta, \\ r^2=\sqrt{3}\sin 2\theta, \end{cases}$ 得交

点 $A\left(\sqrt{\frac{3}{2}}, \frac{\pi}{6}\right)$ 及 $O(0,0)$,故

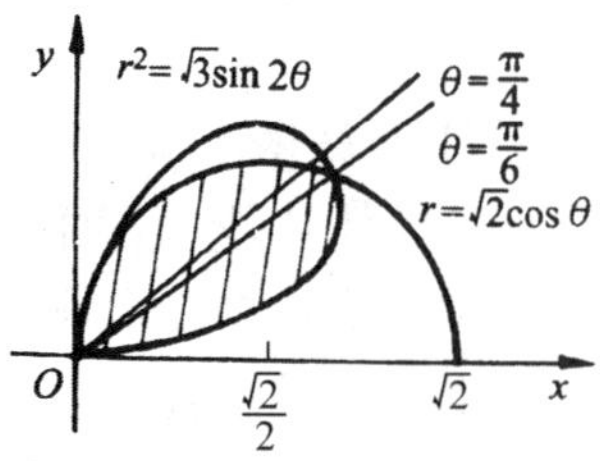

$$S = \int_{0}^{\frac{\pi}{6}} \frac{1}{2}(\sqrt{3}\sin 2\theta) \, \mathrm{d}\theta + \int_{\frac{\pi}{6}}^{\frac{\pi}{2}} \frac{1}{2}(2\cos^2\theta) \, \mathrm{d}\theta$$

$$= -\frac{\sqrt{3}}{4}\cos 2\theta \Big|_{0}^{\frac{\pi}{6}} + \frac{1}{2}\left(\theta + \frac{1}{2}\sin 2\theta\right) \Big|_{\frac{\pi}{6}}^{\frac{\pi}{2}}$$

$$= \frac{\pi}{6}.$$

图 5-16

5.9.3 立体的体积

利用定积分可计算两种比较特殊立体的体积,而较复杂的立体体积计算将在多元函数微积分中介绍.

1) 已知平行截面面积的立体体积

对于空间的一立体 Ω,若对该立体用垂直于 x 轴或 y 轴的平面去截所得的各个截面面积为已知,那么这个立体的体积可用定积分来计算.

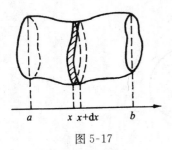

图 5-17

现设空间立体介于两个平面 $x=a$ 及 $x=b$ 之间（见图 5-17），且已知垂直于 x 轴的各截面面积 $S(x)$，则可取 x 为积分变量，对于 $[a,b]$ 中的任一子区间 $[x,x+dx]$，取其体积元素 $dV=S(x)dx$，即以底面积为 $S(x)$，高为 dx 的扁柱体体积去近似该子区间所对应的薄片体积，则整个立体体积

$$V = \int_a^b S(x)\,dx.$$

例 5.81 一立体以椭圆 $\dfrac{x^2}{100}+\dfrac{y^2}{25}=1$ 为底，垂直于长轴的截面都是等边三角形，求其体积.

解 对应任意 x，$-10 \leqslant x \leqslant 10$，$S(x)=\dfrac{1}{2}\cdot 2y \cdot h$，而 $\dfrac{h}{2y}=\sin 60°$，故 $h=\sqrt{3}\,y$，又 $y^2=25 \cdot \left(1-\dfrac{x^2}{100}\right)$，代入得 $S(x)=\sqrt{3}\,y^2=25\sqrt{3}\left(1-\dfrac{x^2}{100}\right)$，故所求体积

$$\int_{-10}^{10} S(x)\,dx = \int_{-10}^{10} 25\sqrt{3}\left(1-\frac{x^2}{100}\right)dx$$

$$= \frac{1000}{3}\sqrt{3}.$$

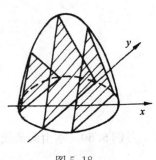

图 5-18

2）旋转体体积

旋转体就是一平面内图形绕平面内一条直线旋转一周而成的立体.

现设旋转体 Ω 由连续曲线 $y=f(x)$，直线 $x=a$ 及 $x=b(a<b)$ 及 x 轴所围曲边梯形绕 x 轴旋转一周而得. 则过 $[a,b]$ 内任一点 x，且垂直于 x 轴的截面面积为 $S(x)=\pi f^2(x)$，故整个旋转体体积

$$V = \int_a^b \pi f^2(x)\,dx.$$

同理，若 Ω 是由连续曲线 $x=\varphi(y)$ 及直线 $y=c$，$y=d$ 和 y 轴所围的曲边梯形绕 y 轴旋转一周而得，则 $V = \int_c^d \pi\varphi^2(y)\,dy.$

例 5.82 计算由 $y=x^2$ 和 $y=x$ 所围图形绕 x 轴旋转而成的旋转体体积（见图 5-19）.

解 该旋转体体积 V，可视为由直角三角形 OAB 绕 x 轴旋转而成的旋转体体积 V_1 减去由曲边三角形

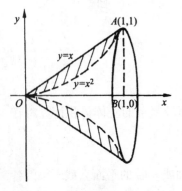

图 5-19

OAB 绕 x 轴旋转而成的旋转体体积 V_2，即

$$V = V_1 - V_2 = \int_0^1 \pi x^2 \mathrm{d}x - \int_0^1 \pi (x^2)^2 \mathrm{d}x$$

$$= \frac{1}{3}\pi - \frac{1}{5}\pi = \frac{2\pi}{15}.$$

例 5.83 设有一半径为 R 的球，求高为 H 的球冠体积(见图 5-20).

解 该球冠可视为由 xOy 平面上曲线 $x = \sqrt{R^2 - y^2}$，直线 $y = R - H$ 及 y 轴所围图形绕 y 轴旋转而成的旋转体，故

$$V = \int_{R-H}^R \pi (\sqrt{R^2 - y^2})^2 \mathrm{d}y$$

$$= \pi \left[R^2 y - \frac{y^3}{3} \right] \Big|_{R-H}^R$$

$$= \pi H^2 \left(R - \frac{H}{3} \right).$$

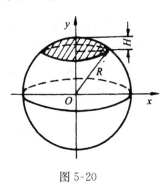

图 5-20

5.9.4 平面曲线的弧长

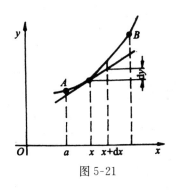

图 5-21

本节介绍用定积分计算光滑曲线弧(即有连续导数的曲线弧)的长度.

设光滑曲线弧 $\overset{\frown}{AB}$(见图 5-21)由 $y = f(x)$ $(a \leqslant x \leqslant b)$ 给出，其中 $f(x)$ 在 $[a,b]$ 上有一阶连续导数. 对 $[a,b]$ 中任一子区间 $[x, x+\mathrm{d}x]$ 对应的一段弧可用曲线在 x 点处的切线上相应一段直线的长度来近似代替，故得弧长元素

$$\mathrm{d}s = \sqrt{\mathrm{d}x^2 + \mathrm{d}y^2} = \sqrt{1 + y'^2} \, \mathrm{d}x,$$

可得直角坐标下的弧长公式：

$$s = \int_a^b \sqrt{1 + y'^2} \, \mathrm{d}x.$$

若曲线用参数方程 $\begin{cases} x = x(t), \\ y = y(t), \end{cases}$ $t_0 \leqslant t \leqslant t_1$ 表示，$x(t), y(t)$ 具有连续导数，则

$$\mathrm{d}s = \sqrt{\mathrm{d}x^2 + \mathrm{d}y^2} = \sqrt{x'(t)^2 + y'(t)^2} \, \mathrm{d}t,$$

故得参数方程下曲线的弧长公式：

$$s = \int_{t_0}^{t_1} \sqrt{x'(t)^2 + y'(t)^2} \, \mathrm{d}t.$$

若曲线用极坐标表示 $r = r(\theta)$，$\alpha \leqslant \theta \leqslant \beta$，则由直角坐标和极坐标的关系

$$\begin{cases} x = r(\theta)\cos\theta, \\ y = r(\theta)\sin\theta, \end{cases} \quad 及 \quad \begin{cases} \mathrm{d}x = r'(\theta)\cos\theta - r(\theta)\sin\theta, \\ \mathrm{d}y = r'(\theta)\sin\theta + r(\theta)\cos\theta, \end{cases}$$

得弧长元素 $\mathrm{d}s = \sqrt{\mathrm{d}x^2 + \mathrm{d}y^2} = \sqrt{r^2(\theta) + r'(\theta)^2}\,\mathrm{d}\theta$，故得极坐标方程下曲线的弧长公式：

$$s = \int_\alpha^\beta \sqrt{r^2(\theta) + r'(\theta)^2}\,\mathrm{d}\theta.$$

运用弧长计算公式时，要注意由于弧长总是正的，被积函数也是正的，故要求积分下限总比积分上限小.

例 5.84 求星形线 $x = a\cos^3 t, y = a\sin^3 t$ 的全长.

解 由对称性得

$$s = 4\int_0^{\frac{\pi}{2}} \sqrt{x'(t)^2 + y'(t)^2}\,\mathrm{d}t$$

$$= 4\int_0^{\frac{\pi}{2}} \sqrt{(-3a\cos^2 t\sin t)^2 + (3a\sin^2 t\cos t)^2}\,\mathrm{d}t$$

$$= 6a(\sin^2 t)\Big|_0^{\frac{\pi}{2}} = 6a.$$

例 5.85 求心脏线 $r = a(1 + \cos\theta)$ 的全长.

解 由对称性得

$$s = 2\int_0^\pi \sqrt{r(\theta)^2 + r'(\theta)^2}\,\mathrm{d}\theta$$

$$= 2\int_0^\pi \sqrt{a^2(1 + \cos\theta)^2 + a^2\sin^2\theta}\,\mathrm{d}\theta$$

$$= 4a\int_0^\pi \cos\frac{\theta}{2}\,\mathrm{d}\theta = 8a\sin\frac{\theta}{2}\Big|_0^\pi = 8a.$$

5.9.5 定积分在物理上的应用

1) 变力做功

我们已知，如果物体在与其位移方向一致的常力 F 作用下沿直线移动的距离为 s 时，该力对物体所做的功

$$W = F \cdot s.$$

现假设物体在沿直线运动过程中所受的力是变化的，不妨设物体沿 Ox 轴运动，而所受的力为 $F(x)$，求变力 $F(x)$ 将物体从 $x = a$ 移动到 $x = b$ 所做的功.

用元素法，取 x 为积分变量，其变化范围为 $a \leqslant x \leqslant b$，取 $[a, b]$ 中的任一子区间 $[x, x + \mathrm{d}x]$，设物体在这段位移中所受的力近似为 x 点所受的力 $F(x)$. 则得功元素 $\mathrm{d}W = F(x)\mathrm{d}x$，故所求功

$$W = \int_a^b F(x) \mathrm{d}x.$$

例 5.86　设底面积为 S 的圆柱形容器中盛有一定量的气体,在等温条件下,由于气体膨胀,把容器中的一个活塞(面积为 S)从点 a 处推到点 b 处,求气体压力所做的功.

解　取坐标轴 Ox,设 Ox 轴正向与活塞移动方向一致(见图 5-22).

气体作用在活塞上的力 $F = p \cdot S$,其中 p 为压强. 由物理学知,在等温条件下,压强与气体体积的乘积为定值,设为 k,即 $p \cdot V = k$. 又因为 $V = S \cdot x$,故

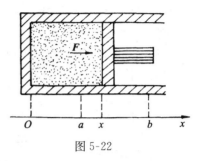

图 5-22

$p = \dfrac{k}{S \cdot x}$,所以 $F = p \cdot S = \dfrac{k}{x}$,故气体压力推动活塞移动所做的功

$$W = \int_a^b \frac{k}{x} \mathrm{d}x = k \ln \frac{b}{a}.$$

实际问题中还有许多其他形式的变力做功问题. 例如,拉长弹簧需做功,克服重力需做功等. 下面举例说明从容器中抽水的做功问题.

例 5.87　设半径为 $10\,\mathrm{m}$ 的半球形水池盛满了水,现欲将池水全部抽出,问需要做多少功?

解　这是一个克服重力做功问题. 可以这样考虑:将整个抽水过程看做是一层一层地往外抽,而抽出每一薄层水需用的力就是这薄层水的重量,位移是随着薄层水的深度不同而不同.

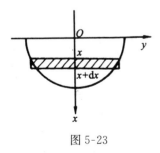

图 5-23

为讨论问题方便,先建立坐标系. 以球心为坐标原点,Oy 轴与容器顶部重合,Ox 轴向下(见图 5-23).

利用元素法,取水的深度 x 为积分变量,其变化范围为 $[0,10]$,任一点 x 处且垂直于 x 轴的一薄层水的截面面积 $S(x) = \pi y^2 = \pi(10^2 - x^2)$,故对应 $[0,10]$ 中任一子区间 $[x, x+\mathrm{d}x]$,这一薄层水的重量应近似为 $\rho g S(x) \mathrm{d}x$. 其中 ρ 为水的密度. g 为自由落体加速度. 因此,要将这层深度为 x 的水抽出,容器需做功

$$\begin{aligned}
\mathrm{d}W &= (\pi \rho g (10^2 - x^2) \mathrm{d}x) \cdot x \\
&= \pi \rho g (10^2 - x^2) \cdot x \, \mathrm{d}x.
\end{aligned}$$

故将容器中水全部抽出需做功

$$W = \int_0^{10} \pi \rho g (10^2 - x^2) x \mathrm{d}x = 2.45 \times 10^7 \pi (\mathrm{J}) \approx 7.69 \times 10^7 (\mathrm{J}).$$

2) 液体压力

假设液体的密度为 ρ,则物体在液体深 h 处的压强(即单位面积上所受压力) $p = \rho g h$,即压强与液体深度有关. 如果有一面积为 A 的平板水平地放在液体深 h 处,则平板所受的压力 $F = pA$.

若将平板垂直地放入液体中,因压强 p 随液体深度变化,则要计算平板侧面所受的压力就不能如上简单.

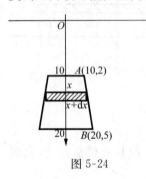

图 5-24

例 5.88 有一块等腰梯形形状的板,上底为 4 m,下底为 10 m,高 10 m,将它垂直地放在水中,设下底沉没于水面下 20 m,求水对该板的压力.

解 先建立坐标系(见图 5-24). 利用元素法,以深度 x 为积分变量,x 的变化范围是 $[10, 20]$. AB 直线方程为 $y = \frac{3}{10}x - 1$,取 $[10, 20]$ 中任一子区间 $[x, x + \mathrm{d}x]$,则对应的一窄条板的面积近似为 $2y\mathrm{d}x$,故该窄条板所受的压力

$$\begin{aligned} \mathrm{d}F &= \rho g x (2y\mathrm{d}x) \\ &= 2\rho g x \left(\frac{3}{10}x - 1 \right)\mathrm{d}x, \end{aligned}$$

故水对这块板的压力

$$\begin{aligned} F &= \int_{10}^{20} 2\rho g x \left(\frac{3}{10}x - 1 \right)\mathrm{d}x \\ &= 2\rho g \left[\frac{x^3}{10} - \frac{x^2}{2} \right] \Big|_{10}^{20} = 1\,100\rho g = 10.78 \times 10^6 (\mathrm{N}). \end{aligned}$$

5.9.6 函数的平均值

已知 n 个数 $y_1, y_2, \cdots, y_n$ 的算术平均值

$$\bar{y} = \frac{1}{n}(y_1 + y_2 + \cdots + y_n).$$

这节我们将用定积分去定义连续函数 $y = f(x)$ 在区间 $[a, b]$ 上的平均值.

先将区间 $[a, b]$ 作 n 等分,每个子区间的长度为 $\Delta x_i = \frac{b-a}{n}$,在每个子区间上任取一点 ξ_i,则对应这 n 个点的函数值的算术平均值为

$$\frac{1}{n}\big[f(\xi_1)+f(\xi_2)+\cdots+f(\xi_n)\big]$$

$$=\frac{1}{b-a}\big[f(\xi_1)\Delta x_1+f(\xi_2)\Delta x_2+\cdots+f(\xi_n)\Delta x_n\big]$$

$$=\frac{1}{b-a}\sum_{i=1}^{n}f(\xi_i)\Delta x_i.$$

当分点无限增多,各个子区间长度无限缩短时,上述平均值就愈来愈接近函数 $f(x)$在$[a,b]$取得一切值的平均值,故定义连续函数 $f(x)$在闭区间$[a,b]$上的平均值

$$\overline{y}=\lim_{n\to\infty}\frac{1}{b-a}\sum_{i=1}^{n}f(\xi_i)\Delta x_i=\frac{1}{b-a}\int_a^b f(x)\mathrm{d}x.$$

按平均值定义,积分中值定理中的 $f(\xi)$就是$f(x)$在积分区间上的平均值.

例 5.89 已知作变速直线运动的物体在$[0,t]$时间段上平均速度$\overline{v}(t)=t^2+2t(\mathrm{m/s})$.试求速度 $v(t)$及物体从开始运动到 3 s 后所经过的路程.

解 因为$\overline{v}(t)=\frac{1}{t}\int_0^t v(x)\mathrm{d}x,$所以

$$\int_0^t v(x)\mathrm{d}x=\overline{v}(t)\cdot t=t^3+2t^2.$$

两边对 t求导,得速度

$$v(t)=3t^2+4t\;(\mathrm{m/s});$$

且 $\quad s(3)=\int_0^3 v(t)\mathrm{d}t=t^3+2t^2\Big|_{t=3}=45(\mathrm{m}).$

例 5.90 据统计,某城市高速公路出口处在一个普通工作日下午 t时刻的车辆平均行驶速度$v(t)=2t^3-21t^2+60t+40(\mathrm{km/h})$.试求下午 1:00 至 6:00 内的车辆平均行驶速度.

解 即求$v(t)$在$[1,6]$内的平均值:

$$\overline{v}(t)=\frac{1}{6-1}\int_1^6(2t^3-21t^2+60t+40)\mathrm{d}t\approx78.5(\mathrm{km/h}).$$

习 题 5

1. 计算下列不定积分:

(1) $\int 2x\sqrt{x^3}\mathrm{d}x;$

(2) $\int\frac{(1-x)^2}{\sqrt{x}}\mathrm{d}x;$

(3) $\int\frac{x^3-27}{x-3}\mathrm{d}x;$

(4) $\int\mathrm{e}^x\Big(1-\frac{\mathrm{e}^{-x}}{x}\Big)\mathrm{d}x;$

(5) $\displaystyle\int \frac{\sqrt{x}+x2^x+3}{x}dx$;　　　　(6) $\displaystyle\int \frac{\sqrt{1+x^2}}{\sqrt{1-x^4}}dx$;

(7) $\displaystyle\int \frac{1-2x^2}{x^2(1+x^2)}dx$;　　　　(8) $\displaystyle\int \frac{x^4}{1+x^2}dx$;

(9) $\displaystyle\int \frac{3\cdot 2^x+4\cdot 3^x}{2^x}dx$;　　　　(10) $\displaystyle\int \left(3\sin x+\frac{1}{\sin^2 x}\right)dx$;

(11) $\displaystyle\int 3\cos^2\frac{x}{2}dx$;　　　　(12) $\displaystyle\int \cot^2 x\,dx$;

(13) $\displaystyle\int \sec x(\sec x-\tan x)dx$;　　　　(14) $\displaystyle\int \frac{\cos 2x}{\sin^2 x\cos^2 x}dx$;

(15) $\displaystyle\int \frac{\cos 2x}{\sin x+\cos x}dx$.

2. (1) 已知 $f'(x)=\sec^2 x+\sin x$，且 $f(0)=5$，求 $f(x)$;

　　(2) 已知 $f'(x)=2x+3$，且 $f(1)=2$，求 $f(x)$.

3. 某曲线在任一点处的切线斜率等于该点横坐标的倒数，且通过点 $(e^2,4)$，求曲线方程.

4. 一根 1 m 长的细棒放在 x 轴上，左端在原点处，其密度函数为 $\rho(x)=3x+2x^2-\dfrac{x^3}{2}$（kg/m），求该棒的质量.

5. 一质点作直线运动，已知其速度 $v=2\sin t$，开始时位移为 s_0，求位移函数 $s(t)$.

6. 求下列不定积分：

(1) $\displaystyle\int (5-3x)^2 dx$;　　　　(2) $\displaystyle\int \cos(3x-4)dx$;

(3) $\displaystyle\int \frac{dx}{\sqrt{5-2x}}$;　　　　(4) $\displaystyle\int e^{2x-3}dx$;

(5) $\displaystyle\int xe^{-x^2}dx$;　　　　(6) $\displaystyle\int \frac{dx}{1-3x}$;

(7) $\displaystyle\int \frac{3x}{1+x^2}dx$;　　　　(8) $\displaystyle\int \frac{\ln x}{x}dx$;

(9) $\displaystyle\int \frac{dx}{\sqrt{5-3x^2}}$;　　　　(10) $\displaystyle\int \frac{dx}{4+9x^2}$;

(11) $\displaystyle\int \frac{1}{x}\sin(\ln x)dx$;　　　　(12) $\displaystyle\int \frac{e^{\arcsin x}}{\sqrt{1-x^2}}dx$;

(13) $\displaystyle\int \frac{e^{\sqrt{x}}}{\sqrt{x}}dx$;　　　　(14) $\displaystyle\int \frac{dx}{x^2+6x+12}$;

(15) $\displaystyle\int \frac{dx}{x^2-4x+2}$;　　　　(16) $\displaystyle\int \frac{\arctan x}{1+x^2}dx$;

(17) $\int \dfrac{3x-1}{3x^2-2x+1}\mathrm{d}x$;   (18) $\int \dfrac{\mathrm{d}x}{\sqrt{x}(1+x)}$;

(19) $\int \dfrac{\mathrm{d}x}{x\ln x}$;   (20) $\int \dfrac{1}{x^2}\sin\dfrac{1}{x}\mathrm{d}x$;

(21) $\int \dfrac{\cos x}{1+4\sin^2 x}\mathrm{d}x$;   (22) $\int \dfrac{\mathrm{d}x}{\mathrm{e}^x+\mathrm{e}^{-x}}$;

(23) $\int \dfrac{\mathrm{e}^x-1}{\mathrm{e}^x+1}\mathrm{d}x$;   (24) $\int \dfrac{\mathrm{d}x}{\cos^2 x\sqrt{\tan x-1}}$;

(25) $\int \dfrac{\mathrm{e}^{2x}}{\mathrm{e}^{2x}+4}\mathrm{d}x$;   (26) $\int \dfrac{x\ln(1+x^2)}{1+x^2}\mathrm{d}x$;

(27) $\int \dfrac{x}{1+x^4}\mathrm{d}x$;   (28) $\int \dfrac{\sin x\cos x}{\sqrt{1+\sin^2 x}}\mathrm{d}x$;

(29) $\int (x\sec x^3)^2\mathrm{d}x$;   (30) $\int \dfrac{\arctan\sqrt{x}}{\sqrt{x}(1+x)}\mathrm{d}x$;

(31) $\int \dfrac{1+\tan x}{\sin 2x}\mathrm{d}x$;   (32) $\int \dfrac{\sin x+\cos x}{(\sin x-\cos x)^{\frac{1}{2}}}\mathrm{d}x$.

7. (1) 已知 $f'(x)=1+x$，且 $f(1)=2$，求 $f(x)$；

    (2) 已知当 $x>0$ 时，$f'(x^2)=\dfrac{1}{x}$，且 $f(1)=1$，求 $f(x)$.

8. 求下列各积分：

(1) $\int \dfrac{\mathrm{d}x}{\sqrt{(1-x^2)^3}}$;   (2) $\int \dfrac{\mathrm{d}x}{x^2\sqrt{x^2-4}}$;

(3) $\int \dfrac{\mathrm{d}x}{x^2\sqrt{1+x^2}}$;   (4) $\int \dfrac{\mathrm{d}x}{\sqrt{(x^2-2x+4)^3}}$;

(5) $\int 2\mathrm{e}^x\sqrt{1-\mathrm{e}^{2x}}\mathrm{d}x$;   (6) $\int \dfrac{\sqrt{x^2-9}}{x}\mathrm{d}x$;

(7) $\int \dfrac{\mathrm{d}x}{\sqrt{1+\mathrm{e}^x}}$.

9. 求下列各积分：

(1) $\int x\sin x\,\mathrm{d}x$;   (2) $\int x\cos\dfrac{x}{2}\mathrm{d}x$;

(3) $\int x\arcsin x\,\mathrm{d}x$;   (4) $\int x\ln 3x\,\mathrm{d}x$;

(5) $\int x\mathrm{e}^{2x}\mathrm{d}x$;   (6) $\int x^2\ln x\,\mathrm{d}x$;

(7) $\int \ln\dfrac{x}{2}\mathrm{d}x$;   (8) $\int x\sin x\cos x\,\mathrm{d}x$;

(9) $\displaystyle\int \frac{\arcsin \sqrt{x}}{\sqrt{1-x}} dx$;

(10) $\displaystyle\int x^2 \cos 3x\, dx$;

(11) $\displaystyle\int x \arctan x\, dx$;

(12) $\displaystyle\int \frac{\ln x}{x^2} dx$;

(13) $\displaystyle\int \cos(\ln x)\, dx$;

(14) $\displaystyle\int \sin \sqrt{x}\, dx$;

(15) $\displaystyle\int e^{\sqrt{x}}\, dx$;

(16) $\displaystyle\int x \tan^2 x\, dx$;

(17) $\displaystyle\int \frac{\arctan x}{x^2} dx$;

(18) $\displaystyle\int e^{-x} \cos x\, dx$.

10. 计算下列各积分：

(1) $\displaystyle\int \frac{2x+3}{(x-2)(x-5)} dx$;

(2) $\displaystyle\int \frac{x^2+1}{x^3-2x^2+x} dx$;

(3) $\displaystyle\int \frac{dx}{x^2(x+2)}$;

(4) $\displaystyle\int \frac{x}{(x+1)(x+2)(x+3)} dx$;

(5) $\displaystyle\int \frac{x+1}{x^2-3x+2} dx$;

(6) $\displaystyle\int \frac{2x+2}{(x-1)(x^2+1)^2} dx$;

(7) $\displaystyle\int \frac{x^5+x^4-8}{x^3-x} dx$;

(8) $\displaystyle\int \frac{x^2}{(x+1)^{100}} dx$;

(9) $\displaystyle\int \sin 2x \cos 3x\, dx$;

(10) $\displaystyle\int \cos x \cos \frac{x}{2} dx$;

(11) $\displaystyle\int \sin^5 x \cos^6 x\, dx$;

(12) $\displaystyle\int \tan^3 x \sec x\, dx$;

(13) $\displaystyle\int \sec^4 x\, dx$;

(14) $\displaystyle\int \frac{dx}{2-\sin^2 x}$;

(15) $\displaystyle\int \frac{1+\tan x}{\sin 2x} dx$;

(16) $\displaystyle\int \frac{\tan x}{4\sin^2 x + 9\cos^2 x} dx$;

(17) $\displaystyle\int \frac{\cot x}{1+\sin x} dx$;

(18) $\displaystyle\int \frac{\sin^3 x}{\sqrt{\cos x}} dx$;

(19) $\displaystyle\int \frac{dx}{3+5\cos x}$;

(20) $\displaystyle\int \frac{\sin x}{1+\sin x} dx$;

(21) $\displaystyle\int \frac{dx}{5+4\sin x}$;

(22) $\displaystyle\int \frac{\sin x}{\sin x + \cos x} dx$;

(23) $\displaystyle\int \frac{\sqrt{x}}{1+\sqrt[4]{x^3}} dx$;

(24) $\displaystyle\int \frac{\sqrt{x+1}-1}{\sqrt{x+1}+1} dx$;

(25) $\displaystyle\int \frac{\sqrt{3+2x}}{x} dx$;

(26) $\displaystyle\int \sqrt{1-e^x}\, dx$;

(27) $\int \dfrac{\mathrm{d}x}{\sqrt{x+1}+\sqrt{x}}$;

(28) $\int \sqrt{\dfrac{1-x}{x}}\,\mathrm{d}x$.

11. 用适当方法求下列各积分：

(1) $\int \dfrac{\mathrm{d}x}{\sqrt{x(1+x)}}$;

(2) $\int x\ln\dfrac{x-1}{x+1}\,\mathrm{d}x$;

(3) $\int \dfrac{x^3}{(1+x^8)^2}\,\mathrm{d}x$;

(4) $\int \dfrac{1+\cos x}{x+\sin x}\,\mathrm{d}x$;

(5) $\int \sqrt{x}\sin\sqrt{x}\,\mathrm{d}x$;

(6) $\int \dfrac{\mathrm{d}x}{x^4\sqrt{1+x^2}}$;

(7) $\int \ln(\sqrt{x}+\sqrt{1+x})\,\mathrm{d}x$;

(8) $\int \dfrac{x\mathrm{e}^x}{(\mathrm{e}^x+1)^2}\,\mathrm{d}x$.

12. 利用定积分定义计算下列定积分：

(1) $\displaystyle\int_1^2 x\,\mathrm{d}x$;

(2) $\displaystyle\int_0^2 x^2\,\mathrm{d}x$.

13. 把下列极限表示为定积分：

(1) $\displaystyle\lim_{n\to\infty}\sum_{i=1}^n \dfrac{i^4}{n^5}$;

(2) $\displaystyle\lim_{n\to\infty}\sum_{i=1}^n \dfrac{1}{n+i}$.

14. 利用定积分性质比较下列积分的大小：

(1) $\displaystyle\int_0^1 x^2\,\mathrm{d}x$ 与 $\displaystyle\int_0^1 x^3\,\mathrm{d}x$;

(2) $\displaystyle\int_0^{\frac{\pi}{2}} x\,\mathrm{d}x$ 与 $\displaystyle\int_0^{\frac{\pi}{2}}\sin x\,\mathrm{d}x$;

(3) $\displaystyle\int_1^2 \ln x\,\mathrm{d}x$ 与 $\displaystyle\int_1^2 \ln^2 x\,\mathrm{d}x$;

(4) $\displaystyle\int_0^1 x\,\mathrm{d}x$ 与 $\displaystyle\int_0^1 \ln(1+x)\,\mathrm{d}x$.

15. 估计下列定积分的值：

(1) $\displaystyle\int_0^1 \mathrm{e}^{x^2}\,\mathrm{d}x$;

(2) $\displaystyle\int_{\frac{\pi}{4}}^{\frac{5\pi}{4}}(1+\sin^2 x)\,\mathrm{d}x$;

(3) $\displaystyle\int_1^4 (1+x^2)\,\mathrm{d}x$;

(4) $\displaystyle\int_{\frac{1}{\sqrt{3}}}^{\sqrt{3}} x\arctan x\,\mathrm{d}x$.

16. 证明下列不等式：

(1) $\dfrac{\pi}{2}\leqslant\displaystyle\int_0^{\frac{\pi}{2}}\mathrm{e}^{\sin x}\,\mathrm{d}x\leqslant\dfrac{\pi}{2}\mathrm{e}$;

(2) $\dfrac{2}{5}\leqslant\displaystyle\int_1^2 \dfrac{x}{1+x^2}\,\mathrm{d}x\leqslant\dfrac{1}{2}$.

17. 利用积分中值定理计算下列极限：

(1) $\displaystyle\lim_{n\to\infty}\int_0^{\frac{1}{2}}\dfrac{x^n}{1+x}\,\mathrm{d}x$;

(2) $\displaystyle\lim_{n\to\infty}\int_n^{n+1} x^2\mathrm{e}^{-x^2}\,\mathrm{d}x$.

18. 求下列函数的导数：

(1) $\dfrac{\mathrm{d}}{\mathrm{d}x}\displaystyle\int_0^x \sin t^2\,\mathrm{d}t$;

(2) $\dfrac{\mathrm{d}}{\mathrm{d}x}\displaystyle\int_{x^3}^5 \sqrt{1+t^2}\,\mathrm{d}t$;

(3) $\dfrac{\mathrm{d}}{\mathrm{d}x}\displaystyle\int_x^{x^2} t^2 \mathrm{e}^{-t}\,\mathrm{d}t$;

(4) $\dfrac{\mathrm{d}}{\mathrm{d}x}\left(\displaystyle\int_0^x \arctan t\,\mathrm{d}t\right)^2$;

(5) $\dfrac{\mathrm{d}}{\mathrm{d}x}\displaystyle\int_a^{\mathrm{e}^x} \dfrac{\ln t}{t}\,\mathrm{d}t\ (a>0)$.

19. 设 $y = x^2\displaystyle\int_0^{2x}\cos t^2\,\mathrm{d}t$,求 $\dfrac{\mathrm{d}y}{\mathrm{d}x}$.

20. 设 $\displaystyle\int_0^y \dfrac{\sin t}{t}\,\mathrm{d}t + \int_x^0 \mathrm{e}^{-t^2}\,\mathrm{d}t = 0$,求 $\dfrac{\mathrm{d}y}{\mathrm{d}x}$.

21. 设 $x + y^2 = \displaystyle\int_0^{y-x}\cos^2 t\,\mathrm{d}t$,求 $\dfrac{\mathrm{d}y}{\mathrm{d}x}$.

22. 求由参数方程 $\begin{cases} x = t^2 \\ y = \displaystyle\int_0^{t^2}\cos u\,\mathrm{d}u \end{cases}$ 确定的函数 y 对 x 的二阶导数.

23. 求下列极限:

(1) $\displaystyle\lim_{x\to 0}\dfrac{\displaystyle\int_{2x}^0 \ln(1+t)\,\mathrm{d}t}{x^2}$;

(2) $\displaystyle\lim_{x\to\infty}\dfrac{\left(\displaystyle\int_0^x \mathrm{e}^{t^2}\,\mathrm{d}t\right)^2}{\displaystyle\int_0^x \mathrm{e}^{2t^2}\,\mathrm{d}t}$;

(3) $\displaystyle\lim_{x\to 0}\dfrac{\displaystyle\int_0^x (a^t - b^t)\,\mathrm{d}t}{\displaystyle\int_0^{2x} t\,\mathrm{d}t}$;

(4) $\displaystyle\lim_{x\to 0^+}\dfrac{\displaystyle\int_0^{\sin x}\sqrt{\tan t}\,\mathrm{d}t}{\displaystyle\int_0^{\tan x}\sqrt{\sin t}\,\mathrm{d}t}$.

24. 求 $f(x) = \displaystyle\int_0^x (1+t)\arctan t\,\mathrm{d}t$ 的极小值.

25. 计算下列定积分:

(1) $\displaystyle\int_1^2 \left(x + \dfrac{1}{x}\right)^2 \mathrm{d}x$;

(2) $\displaystyle\int_1^{\sqrt{3}} \dfrac{1+2x^2}{x^2(1+x^2)}\,\mathrm{d}x$;

(3) $\displaystyle\int_{-\frac{1}{2}}^{\frac{1}{2}} \dfrac{\mathrm{d}x}{\sqrt{1-x^2}}$;

(4) $\displaystyle\int_0^1 \dfrac{x^2}{1+x^2}\,\mathrm{d}x$;

(5) $\displaystyle\int_0^{\frac{\pi}{4}} 5\tan^2 x\,\mathrm{d}x$;

(6) $\displaystyle\int_0^{\pi} \sqrt{\cos^2 x}\,\mathrm{d}x$;

(7) $\displaystyle\int_0^3 \sqrt{(2-x)^2}\,\mathrm{d}x$;

(8) $\displaystyle\int_0^{\frac{\pi}{2}} |\sin x - \cos x|\,\mathrm{d}x$;

(9) $\displaystyle\int_{-1}^2 |x|\,\mathrm{d}x$;

(10) $\displaystyle\int_{-\frac{\pi}{2}}^{\frac{\pi}{2}} \sqrt{1-\cos 2x}\,\mathrm{d}x$.

26. 设 $f(x) = \begin{cases} \mathrm{e}^x + 1, & x \leqslant 2 \\ \sin x, & x > 2 \end{cases}$,求 $\displaystyle\int_0^4 f(x)\,\mathrm{d}x$.

27. 设 $f(x)$ 在 $[a,b]$ 上连续,且 $f(x) > 0$,

$$F(x) = \int_a^x f(t)\,\mathrm{d}t + \int_b^x \frac{\mathrm{d}t}{f(t)}.$$

证明方程 $F(x)=0$ 在 (a,b) 内有且仅有一个根.

28. 设 $f(x) = \begin{cases} \dfrac{A(1-\cos x)}{x^2}, & x < 0, \\[3mm] 4, & x = 0, \\[3mm] \dfrac{B\sin x + \displaystyle\int_0^x \cos t^2\,\mathrm{d}t}{x}, & x > 0. \end{cases}$

问:A,B 为何值时,$f(x)$ 在 $x=0$ 处连续.

29. 求下列定积分:

(1) $\displaystyle\int_0^1 (\mathrm{e}^x - 1)^4 \mathrm{e}^x\,\mathrm{d}x$;

(2) $\displaystyle\int_0^{\frac{\pi}{4}} \frac{\sin x}{1 + \sin x}\,\mathrm{d}x$;

(3) $\displaystyle\int_1^{\mathrm{e}} \frac{1 + \ln x}{x}\,\mathrm{d}x$;

(4) $\displaystyle\int_1^{\mathrm{e}^2} \frac{\mathrm{d}x}{x\sqrt{1 + \ln x}}$;

(5) $\displaystyle\int_{-\frac{\pi}{3}}^{\frac{\pi}{2}} \frac{\mathrm{d}x}{1 + \cos x}$;

(6) $\displaystyle\int_{-\frac{\pi}{2}}^{\frac{\pi}{2}} \sqrt{\cos x - \cos^3 x}\,\mathrm{d}x$;

(7) $\displaystyle\int_{-1}^0 \frac{\mathrm{d}x}{x^2 + 2x + 2}$;

(8) $\displaystyle\int_0^1 \frac{\mathrm{d}x}{1 + \mathrm{e}^x}$;

(9) $\displaystyle\int_0^3 \frac{x\,\mathrm{d}x}{\sqrt{x + 1}}$;

(10) $\displaystyle\int_0^{\frac{\pi}{2}} \frac{\sin x}{1 + 3\cos x}\,\mathrm{d}x$.

30. 求下列各积分:

(1) $\displaystyle\int_{-1}^1 \frac{\mathrm{d}x}{(1 + x^2)^2}$;

(2) $\displaystyle\int_{\sqrt{2}}^2 \frac{\mathrm{d}x}{x\sqrt{x^2 - 1}}$;

(3) $\displaystyle\int_0^1 \sqrt{(1 - x^2)^3}\,\mathrm{d}x$;

(4) $\displaystyle\int_{\frac{1}{2}}^1 \frac{\sqrt{1 - x^2}}{x^2}\,\mathrm{d}x$;

(5) $\displaystyle\int_0^a x^2 \sqrt{a^2 - x^2}\,\mathrm{d}x$;

(6) $\displaystyle\int_1^{\sqrt{3}} \frac{\mathrm{d}x}{x^2\sqrt{1 + x^2}}$;

(7) $\displaystyle\int_{-\frac{1}{2}}^{\frac{1}{2}} \frac{(\arcsin x)^2}{\sqrt{1 - x^2}}\,\mathrm{d}x$;

(8) $\displaystyle\int_{-5}^5 \frac{x^3 \sin^2 x}{x^4 + 2x^2 + 1}\,\mathrm{d}x$;

(9) $\displaystyle\int_{-1}^1 \frac{2 + \sin x}{1 + x^2}\,\mathrm{d}x$;

(10) $\displaystyle\int_{-\frac{\pi}{2}}^{\frac{\pi}{2}} (\cos^2 x + \sin^3 x)\,\mathrm{d}x$.

31. 求下列各积分:

(1) $\displaystyle\int_0^1 x\mathrm{e}^{-x}\,\mathrm{d}x$;

(2) $\displaystyle\int_1^{\mathrm{e}} x\ln x\,\mathrm{d}x$;

(3) $\displaystyle\int_1^4 \frac{\ln x}{\sqrt{x}}\,\mathrm{d}x$;

(4) $\displaystyle\int_1^{\mathrm{e}} (\ln x)^2\,\mathrm{d}x$;

(5) $\int_0^{\frac{1}{2}} \arcsin x \, dx$;

(6) $\int_0^1 \ln(1+x^2) \, dx$;

(7) $\int_{\frac{1}{2}}^{\frac{\sqrt{3}}{2}} \dfrac{\arcsin x}{x^2} \, dx$;

(8) $\int_{\frac{\pi}{4}}^{\frac{\pi}{3}} \dfrac{x}{\sin^2 x} \, dx$;

(9) $\int_0^{\pi} \sin^8 \dfrac{x}{2} \, dx$;

(10) $\int_0^2 x^4 \sqrt{4-x^2} \, dx$.

(11) $\int_{-\frac{\pi}{2}}^{\frac{\pi}{2}} (1+\sin x)\cos^4 x \, dx$;

(12) $\int_0^{\frac{\pi}{2}} \sin^4 x \cos^2 x \, dx$.

32. 试求出 $I_n = \int_1^e (\ln x)^n \, dx$ 的递推公式,其中 n 为自然数,并计算积分 $\int_1^e (\ln x)^3 \, dx$.

33. 已知 $f(x)$ 在 $[0,2]$ 上二阶可导,且 $f(2)=1, f'(2)=0$ 及 $\int_0^2 f(x) \, dx = 4$,求 $\int_0^1 x^2 f''(2x) \, dx$.

34. 用适当方法计算下列各积分:

(1) $\int_0^4 \dfrac{x+2}{\sqrt{1+2x}} \, dx$;

(2) $\int_0^{\frac{\pi}{4}} \dfrac{x\sin x}{\cos^3 x} \, dx$;

(3) $\int_0^3 e^{\sqrt{x+1}} \, dx$;

(4) $\int_0^1 \dfrac{x e^x}{(1+x)^2} \, dx$;

(5) $\int_0^{-\ln 2} \sqrt{1-e^{2x}} \, dx$;

(6) $\int_0^{\frac{1}{\sqrt{3}}} \dfrac{dx}{(2x^2+1)\sqrt{1+x^2}}$.

35. 计算并讨论下列广义积分的敛散性:

(1) $\int_1^{+\infty} \dfrac{dx}{x^2}$;

(2) $\int_1^{+\infty} \dfrac{dx}{\sqrt{x}}$;

(3) $\int_e^{+\infty} \dfrac{dx}{x\ln x}$;

(4) $\int_0^{+\infty} x e^{-x^2} \, dx$;

(5) $\int_0^{+\infty} x e^{-x} \, dx$;

(6) $\int_2^{+\infty} \dfrac{dx}{x\sqrt{x-1}}$;

(7) $\int_{-\infty}^{+\infty} \dfrac{dx}{x^2+2x+3}$;

(8) $\int_{-\infty}^{+\infty} \dfrac{dx}{(1+x^2)^2}$;

(9) $\int_1^{+\infty} \dfrac{dx}{x^2(x+1)}$;

(10) $\int_0^{+\infty} e^{-\sqrt{x}} \, dx$.

36. 计算并讨论下列广义积分的敛散性:

(1) $\int_0^1 \dfrac{x}{\sqrt{1-x^2}} \, dx$;

(2) $\int_0^2 \dfrac{dx}{(1-x)^2}$;

(3) $\int_1^e \dfrac{\mathrm{d}x}{x\sqrt{1-\ln^2 x}}$;   (4) $\int_0^1 \dfrac{\arcsin x}{\sqrt{1-x^2}}\mathrm{d}x$;

(5) $\int_{-1}^0 \dfrac{x}{\sqrt{1+x}}\mathrm{d}x$;   (6) $\int_0^2 \dfrac{\mathrm{d}x}{x^2-4x+3}$.

37. 讨论 k 的取值与广义积分

$$\int_2^{+\infty} \frac{\mathrm{d}x}{x(\ln x)^k}$$

敛散性的关系.

38. 试判断广义积分 $\displaystyle\int_0^{+\infty} \frac{\mathrm{d}x}{\sqrt{x}(4+x)}$ 的敛散性,并说明理由.

39. 求下列曲线所围成图形的面积:

(1) $y^2=2-x$ 与 $x=0$;

(2) $y=\sqrt{x}$ 与 $y=x$;

(3) $y=\mathrm{e}^x,y=\mathrm{e}^{-x}$ 与 $x=1$;

(4) $y=\dfrac{1}{x},y=x$ 与 $x=2$;

(5) $y=2x$ 与 $y=3-x^2$.

40. 求下列各曲线所围成图形的面积:

(1) $x=a\cos t,y=a\sin t$;

(2) 摆线 $\begin{cases} x=a(t-\sin t) \\ y=a(1-\cos t) \end{cases}$ 的一拱与 x 轴($0\leqslant t\leqslant 2\pi$);

(3) $r=3(1-\sin\theta)$;

(4) $r=1+\sin\theta,r=1$(公共部分);

(5) $r=\sqrt{2}\sin\theta,r^2=\cos 2\theta$(公共部分).

41. 过抛物线 $y=x^2$ 上一点 $(2,4)$ 作切线 l,求 l 与抛物线及 x 轴所围图形的面积.

42. 求抛物线 $y=-x^2+4x-3$ 及其在点 $(0,-3)$ 和 $(3,0)$ 处的切线所围成的图形的面积.

43. 已知 $y=ax^2$ 与 $y=x^3$ 所围成面积为 8,求 a 值($a>0$).

44. 求以抛物线 $y=4-x^2$ 及 $y=0$ 所围成的图形为底面,而垂直于 y 轴的所有截面都是高为 2 的矩形的立体体积.

45. 一平面经过半径为 R 的圆柱体的底圆中心,且与底面相交的角度为 α. 计算这平面截圆柱体所得立体的体积.

46. 求下列曲线所围图形绕指定轴旋转所得旋转体的体积:

(1) $y=x^2$, $y=0$, $x=1$ 绕 x 轴及绕 y 轴;

(2) $y=x^2$, $y^2=8x$ 绕 x 轴及绕 y 轴;

(3) $y^2=x-1$, $y=2$, $x=0$, $y=0$ 绕 x 轴及绕 y 轴.

47. 证明:将图形 $a\leqslant x\leqslant b$, $0\leqslant y\leqslant y(x)$ 绕 y 轴旋转所成的旋转体体积 $V_y=2\pi\int_a^b xy(x)\mathrm{d}x$.

48. 试求曲线 $y=2x-x^2$ 及直线 $y=0$, $y=x$ 所围成的图形的面积,并求该图形绕 y 轴旋转所得旋转体的体积.

49. 求抛物线 $y=\sqrt{8x}$ 及在点 $(2,4)$ 处的法线和 x 轴所围成的图形绕 x 轴旋转所成的旋转体体积.

50. 求下列各曲线段的弧长:

(1) $y=\ln x$ 上相应于 $x=\sqrt{3}$ 到 $x=\sqrt{8}$ 一段弧的长;

(2) $y=\dfrac{\sqrt{x}}{3}(3-x)$ 上相应于 $1\leqslant x\leqslant 3$ 的一段弧长;

(3) $y=\ln(\cos x)$ 上相应于 $0\leqslant x\leqslant\dfrac{\pi}{4}$ 的一段弧长;

(4) $\begin{cases}x=\mathrm{e}^t\sin t\\ y=\mathrm{e}^t\cos t\end{cases}$ 上由 $t=0$ 到 $t=\dfrac{\pi}{2}$ 的一段弧长;

(5) $\begin{cases}x=\arctan t\\ y=\dfrac{1}{2}\ln(1+t^2)\end{cases}$ 上由 $t=0$ 到 $t=1$ 的一段弧长;

(6) $r=a\sin^3\dfrac{\theta}{3}$ 的全长 $(0\leqslant\theta\leqslant 3\pi)$;

(7) 对数螺线 $r=\mathrm{e}^{a\theta}$ 上由 $\theta=0$ 到 $\theta=\varphi$ 的一段弧长.

51. 由虎克定律可知,弹簧在弹性限度内在外力作用下伸长时,其弹性力的大小与伸长量成正比,且方向指向平衡位置,与位移方向相反. 现有一弹簧,已知每拉长 1 cm 要 1 N 的力,试求将此弹簧由平衡位置拉长 10 cm 时,需克服弹性力做多少功?

52. 一物体按规律 $x=t^3$ 作直线运动,媒质阻力与速度的平方成正比. 计算物体从 $x=0$ 沿 x 轴移至 $x=a$ 时,克服媒质阻力所做的功.

53. 一弹簧长 20 cm,它受 25 N 的力使弹簧伸长到 30 cm. 问需做多少功才能使弹簧从 20 cm 伸长到 25 cm?

54. 一升降机从地面下 200 m 深的矿井运煤,缆绳线密度为 3 kg/m,问将 400 kg 煤吊出地面需做多少功?

55. 一个水缸长 2 m,宽 1 m 和深 1 m,充满着水,求抽去水缸中一半水需做多少功?

56. 圆形的游泳池的直径为 10 m, 水池高为 3 m, 水深为 2.5 m, 问: 把游泳池的水全部抽干需做多少功?

57. 洒水车上的水箱是一个横放的椭圆柱体, 端面椭圆长轴为 2 m, 短轴为 $\frac{3}{2}$ m. 试计算水箱端面所受的力.

58. 有一灌溉用的沟渠的闸门, 形状为梯形, 其底为 3 m, 顶为 5 m, 高为 2 m, 闸门垂直置于沟渠中, 顶部正好没入水中. 求闸门的一侧所受的压力.

59. 根据万有引力定律: $F = k \dfrac{m_1 m_2}{r^2}$, 表示质量为 m_1 和 m_2 且相距为 r 的两质点之间的引力, k 为引力常数. 试用元素法证明一根长为 l, 质量为 M 的均匀细杆, 对位于细杆同一直线上一质量为 m 且距细杆近端距离为 a 的质点的引力.

60. 试用元素法证明: 把质量为 m 的物体从地球表面升高到 h 处所做的功
$W = k \cdot \dfrac{mMh}{R(R+h)}$ (R 为地球半径, M 为地球质量).

61. 求下列函数在指定区间上的平均值:
(1) $y = x\cos^2 x$, 在 $[0, 2\pi]$;
(2) $y = 2xe^{-x}$, 在 $[0, 2]$.

62. 求从 0 秒到 t 秒这段时间内自由落体的平均速度.

63. 一根长 8 m 的杆, 它的线密度是 $\dfrac{12}{\sqrt{x+1}}$ kg/m, 其中 x 表示离杆的一端的距离. 求杆的平均密度.

6 微 分 方 程

微分方程不同于代数方程、三角方程,它是表示未知函数、未知函数导数与自变量之间关系的方程.而含未知函数的导数是微分方程的主要特征.许多实际问题常可归结为微分方程这样一种数学模型,因此对微分方程的研究具有很重要的理论与实用价值.若微分方程中的未知函数是一元函数,则称为常微分方程;若微分方程中未知函数是多元函数,则称为偏微分方程.这一章我们将利用一元微积分知识讨论一些不同类型的简单常微分方程的求解.

6.1 微分方程的基本概念

微分方程的阶 方程中出现的未知函数导数的最高阶数称为微分方程的阶.例如:

$$\frac{\mathrm{d}^2 y}{\mathrm{d}x^2} = -a^2 y, \qquad 二阶;$$

$$3y^2 \frac{\mathrm{d}y}{\mathrm{d}x} = 2x, \qquad 一阶;$$

$$x(y')^2 - 2yy' + x = 0, \quad 一阶.$$

微分方程的解 若将某一函数及其各阶导数代入微分方程后能使方程成为恒等式,则此函数称为微分方程的解.

积分曲线 微分方程的解 $y = y(x)$ 在几何上代表平面上一条曲线,称为方程的积分曲线.

下面将通过两个简单例子再介绍一些有关概念.

例 6.1 求曲线 $y = y(x)$,它们在点 (x, y) 处的切线斜率等于某已知函数 x^2.

解 根据题意,所要求的曲线 $y = y(x)$ 应满足方程 $y' = x^2$,这是一阶微分方程.由于函数 $y = \frac{x^3}{3} + C$(其中 C 为任意常数)的导数都是 x^2,故 $y = \frac{x^3}{3} + C$ 就是所求的所有曲线.

例 6.2 质量为 m 的物体受重力作用而自由降落,试建立它的微分方程并求解.

解 建立 Ox 轴并垂直向下,t 为时间参数.设物体在 t 时刻的位置为 $x(t)$,物

体受重力作用产生向下的加速度,故由牛顿第二运动定律 $F=ma$ 可有

$$m\frac{\mathrm{d}^2 x}{\mathrm{d}t^2} = mg,$$

即得二阶微分方程

$$\frac{\mathrm{d}^2 x}{\mathrm{d}t^2} = g.$$

两边对 t 积分一次,得

$$\frac{\mathrm{d}x}{\mathrm{d}t} = gt + C_1.$$

两边再对 t 积分一次,得

$$x = \frac{1}{2}gt^2 + C_1 t + C_2,$$

其中 C_1, C_2 为任意常数. 这就是满足微分方程的所有解.

以上的例 6.1 中一阶微分方程的解含一个任意常数,例 6.2 中二阶微分方程的解含两个任意常数. 这种含任意常数且任意常数的个数与微分方程阶数相同的解,称为方程的**通解**. 方程的通解在几何上表示一簇积分曲线. 若从通解中定出任意常数而得到的解称为方程的**特解**,而用来确定特解的条件称为**定解条件**. 若定解条件都是由自变量的某一值给出的,则称为**初始条件**. 初始条件的个数应与方程的阶一致. 例如求 n 阶微分方程的特解,应有 n 个初始条件:$y|_{x=x_0}=y_0, y'|_{x=x_0}=y'_0, \cdots, y^{(n-1)}|_{x=x_0}=y_0^{(n-1)}$. 如例 6.1 中若要求满足题意而过某一点 $(0,1)$ 的那条曲线,只需将初始条件 $y|_{x=0}=1$ 代入到通解 $y=\frac{x^3}{3}+C$ 中,就可定出任意常数 $C=1$,故 $y=\frac{x^3}{3}+1$ 便是满足初始条件 $y|_{x=0}=1$ 的特解. 又如例 6.2 中,若将某初始条件 $x|_{t=0}=x_0, \frac{\mathrm{d}x}{\mathrm{d}t}\Big|_{t=0}=v_0$ 代入 $x=\frac{1}{2}gt^2+C_1 t+C_2$ 及 $\frac{\mathrm{d}x}{\mathrm{d}t}=gt+C_1$,便可定出 $C_1=v_0, C_2=x_0$. 故得方程的特解

$$x = \frac{1}{2}gt^2 + v_0 t + x_0.$$

6.2　一阶微分方程

一阶微分方程的一般表示形式为

$$F(x, y, y') = 0,$$

也常表示为

$$\frac{\mathrm{d}y}{\mathrm{d}x} = f(x, y),$$

或表示为
$$P(x, y)\mathrm{d}x = Q(x, y)\mathrm{d}y.$$

这一节我们将介绍几种不同类型的一阶微分方程的求解.

6.2.1　变量可分离方程

若一阶微分方程可表示为形如
$$\varphi(x)\mathrm{d}x = \psi(y)\mathrm{d}y \tag{6-1}$$
的形式,则称为变量可分离方程,即未知函数与自变量可分离开来.

对于变量可分离方程,只要两边同时积分就得方程的通解. 事实上,假设 $y = y(x)$ 是方程的解,代入式(6-1)得
$$\varphi(x)\mathrm{d}x = \psi(y(x))\mathrm{d}y(x),$$
两边对 x 积分,得
$$\int \varphi(x)\mathrm{d}x = \int \psi(y(x))\mathrm{d}y(x),$$
即
$$\int \varphi(x)\mathrm{d}x = \int \psi(y)\mathrm{d}y. \tag{6-2}$$

当 $\varphi(x)$ 与 $\psi(y)$ 均可积出时,就得到了方程(6-1)的通解 $y = f(x) + C$ 或 $F(x, y) = C$,即得到显式或隐式通解.

例 6.3　求微分方程 $\dfrac{\mathrm{d}y}{\mathrm{d}x} = \dfrac{xy}{1+x^2}$ 的通解.

解　方程可改写为
$$\frac{\mathrm{d}y}{y} = \frac{x}{1+x^2}\mathrm{d}x,$$
故这是变量可分离方程. 两边积分,得
$$\ln|y| = \frac{1}{2}\ln(1+x^2) + C_1.$$

令 $C = \pm \mathrm{e}^{C_1}$,并去掉对数,便得显式通解
$$y = C\sqrt{1+x^2}.$$

例 6.4　求微分方程 $y^2 \cot x + y' = 0$ 满足初始条件 $y\left(\dfrac{\pi}{2}\right) = \dfrac{1}{2}$ 的特解.

解　将其分离变量,得
$$\cot x\, \mathrm{d}x = -\frac{1}{y^2}\mathrm{d}y,$$
两边积分得原方程的通解:

$$\ln|\sin x| - \frac{1}{y} = C.$$

代入初始条件,解得 $C=-2$.故所求特解

$$y = \frac{1}{2 + \ln|\sin x|}.$$

有些微分方程,虽不是变量可分离的,但可利用适当的变量代换化成变量可分离的. 对形如

$$\frac{\mathrm{d}y}{\mathrm{d}x} = f(ax + by + c), \quad (a,b \neq 0),$$

可令

$$ax + by + c = u,$$

则

$$\frac{\mathrm{d}u}{\mathrm{d}x} = a + b \frac{\mathrm{d}y}{\mathrm{d}x},$$

故

$$\frac{\mathrm{d}y}{\mathrm{d}x} = \frac{1}{b}\left(\frac{\mathrm{d}u}{\mathrm{d}x} - a\right),$$

代入原方程得

$$\frac{1}{b}\left(\frac{\mathrm{d}u}{\mathrm{d}x} - a\right) = f(u),$$

即得变量可分离方程

$$\frac{\mathrm{d}u}{bf(u) + a} = \mathrm{d}x.$$

例 6.5 求方程 $\dfrac{\mathrm{d}y}{\mathrm{d}x} = (x+4y+1)^2$ 的通解.

解 令 $x+4y+1=u$,则所求方程变为

$$\frac{\mathrm{d}u}{\mathrm{d}x} = 1 + 4 \frac{\mathrm{d}y}{\mathrm{d}x},$$

代入原方程,得变量可分离方程

$$\frac{\mathrm{d}u}{4u^2 + 1} = \mathrm{d}x,$$

两边积分,得

$$\frac{1}{2}\arctan 2u = x + C,$$

故原方程通解为

$$\frac{1}{2}\arctan 2(x+4y+1) = x + C.$$

6.2.2　齐次微分方程

若一阶微分方程可写为

$$\frac{\mathrm{d}y}{\mathrm{d}x} = \varphi\left(\frac{y}{x}\right) \quad \text{或} \quad \frac{\mathrm{d}x}{\mathrm{d}y} = \psi\left(\frac{x}{y}\right),$$

则称为**齐次微分方程**.

　　求解齐次微分方程可通过作特殊的变量代换将其化为变量可分离的方程. 对于 $\frac{\mathrm{d}y}{\mathrm{d}x} = \varphi\left(\frac{y}{x}\right)$, 可令 $\frac{y}{x} = u$, 则 $y = xu$. 故

$$\frac{\mathrm{d}y}{\mathrm{d}x} = u + x\frac{\mathrm{d}u}{\mathrm{d}x},$$

则原方程化为

$$u + x\frac{\mathrm{d}u}{\mathrm{d}x} = \varphi(u),$$

分离变量, 得

$$\frac{\mathrm{d}u}{\varphi(u) - u} = \frac{1}{x}\mathrm{d}x,$$

求出通解后再将 $u = \frac{y}{x}$ 代入便得原方程的通解.

　　同样对 $\frac{\mathrm{d}x}{\mathrm{d}y} = \psi\left(\frac{x}{y}\right)$, 只要令 $\frac{x}{y} = u$ 即可.

　　例 6.6　求 $x^3 y' = y(y^2 + x^2)$ 的通解.

　　解　将方程改写为

$$y' = \frac{y}{x}\left[\left(\frac{y}{x}\right)^2 + 1\right].$$

　　令　$\frac{y}{x} = u$, 则

$$\frac{\mathrm{d}y}{\mathrm{d}x} = u + x\frac{\mathrm{d}u}{\mathrm{d}x},$$

代入得

$$u + x\frac{\mathrm{d}u}{\mathrm{d}x} = u(u^2 + 1),$$

即

$$\frac{1}{u^3}\mathrm{d}u = \frac{1}{x}\mathrm{d}x,$$

两边积分, 得

$$-\frac{1}{2u^2} = \ln|x| + C,$$

故原方程通解为

$$-\frac{x^2}{2y^2} = \ln|x| + C.$$

例 6.7 求 $x(\ln x - \ln y)dy - ydx = 0$ 的通解.

解 将方程改写为

$$\frac{dx}{dy} = \frac{x}{y}\ln\frac{x}{y}.$$

令 $\frac{x}{y} = u$, 则

$$\frac{dx}{dy} = u + y\frac{du}{dy},$$

代入得

$$u + y\frac{du}{dy} = u\ln u,$$

分离变量, 得

$$\frac{1}{u(\ln u - 1)}du = \frac{1}{y}dy,$$

两边积分得

$$\ln|\ln u - 1| = \ln|y| + C_1,$$

即

$$\ln u - 1 = Cy,$$

其中 $C = \pm e^{C_1}$. 故得原方程的通解

$$\ln\frac{x}{y} - 1 = Cy.$$

6.2.3 一阶线性方程

所谓线性微分方程是指方程中出现的未知函数及其各阶导数均为一次的.

一阶线性方程的标准形式为

$$\frac{dy}{dx} + P(x)y = Q(x), \tag{6-3}$$

其中 $P(x), Q(x)$ 是连续函数.

当方程(6-3)中 $Q(x) \equiv 0$

时, 即

$$\frac{dy}{dx} + P(x)y = 0 \tag{6-4}$$

称为方程(6-3)对应的**齐次方程**,而方程(6-3)称为**非齐次方程**.

为了求方程(6-3)的通解,先讨论对应齐次方程(6-4)的通解.将式(6-4)变量分离,得

$$\frac{\mathrm{d}y}{y} = -P(x)\mathrm{d}x,$$

两边积分得方程(6-4)的通解,记为 $\overline{Y}$,则

$$\overline{Y} = C\mathrm{e}^{-\int P(x)\mathrm{d}x}.$$

现在求非齐次方程(6-3)的通解.将式(6-4)的通解中任意常数 C 换成 x 的函数 $C(x)$,并设式(6-3)的通解为 $y=C(x)\mathrm{e}^{-\int P(x)\mathrm{d}x}$,若将它代入式(6-3)能把 $C(x)$ 定出来,便可得式(6-3)的通解.由

$$y = C(x)\mathrm{e}^{-\int P(x)\mathrm{d}x}$$

得

$$y' = C'(x)\mathrm{e}^{-\int P(x)\mathrm{d}x} - P(x)C(x)\mathrm{e}^{-\int P(x)\mathrm{d}x}.$$

将 y 及 y' 代入式(6-3)并整理,得

$$C'(x) = Q(x)\mathrm{e}^{\int P(x)\mathrm{d}x},$$

积分便得

$$C(x) = \int Q(x)\mathrm{e}^{\int P(x)\mathrm{d}x}\mathrm{d}x + C,$$

故得式(6-3)的通解

$$y = \mathrm{e}^{-\int P(x)\mathrm{d}x}\left[\int Q(x)\mathrm{e}^{\int P(x)\mathrm{d}x}\mathrm{d}x + C\right]. \tag{6-5}$$

上面这种将对应齐次方程通解中任意常数变换为函数 $C(x)$,再通过原方程确定 $C(x)$ 的方法称为**常数变易法**.

若取一阶线性方程通解公式中 C 为零,便得式(6-3)的一个特解

$$y^* = \mathrm{e}^{-\int P(x)\mathrm{d}x}\int Q(x)\mathrm{e}^{\int P(x)\mathrm{d}x}\mathrm{d}x,$$

这样式(6-3)的通解可写为

$$y = C\mathrm{e}^{-\int P(x)\mathrm{d}x} + \mathrm{e}^{-\int P(x)\mathrm{d}x}\int Q(x)\mathrm{e}^{\int P(x)\mathrm{d}x}\mathrm{d}x = \overline{Y} + y^*,$$

即式(6-3)的通解可视为对应齐次方程的通解与它本身一个特解之和.

例 6.8　求微分方程 $x^2\mathrm{d}y+(3-2xy)\mathrm{d}x=0$ 的通解.

解　方程为一阶线性,化成标准形式为

$$\frac{\mathrm{d}y}{\mathrm{d}x} - \frac{2}{x}y = -\frac{3}{x^2},$$

$$P(x) = -\frac{2}{x},\quad Q(x) = -\frac{3}{x^2}.$$

由式(6-5)得方程的通解

$$y = e^{-\int -\frac{2}{x}dx}\left[\int\left(-\frac{3}{x^2}\right)e^{\int -\frac{2}{x}dx}dx + C\right]$$

$$= x^2\left[-\int\frac{3}{x^2}\cdot\frac{1}{x^2}dx + C\right]$$

$$= x^2\left(\frac{1}{x^3} + C\right) = Cx^2 + \frac{1}{x}.$$

例 6.9 求微分方程 $ydx - (x - y^2\cos y)dy = 0$ 通解.

解 方程可改写为

$$\frac{dx}{dy} - \frac{1}{y}x = -y\cos y,$$

这是 x 关于 y 的一阶线性方程,故同样可利用通解公式得

$$x = e^{-\int P(y)dy}\left[\int Q(y)e^{\int P(y)dy}dy + C\right]$$

$$= e^{-\int -\frac{1}{y}dy}\left[-\int y\cos y \cdot e^{\int -\frac{1}{y}dy}dy + C\right]$$

$$= y[-\sin y + C] = Cy - y\sin y.$$

有些方程虽然不是一阶线性,但可通过变量代换化成一阶线性,最典型的就是 n 阶伯努利方程

$$\frac{dy}{dx} + P(x)y = Q(x)y^n, \quad (n \neq 0, 1).$$

在方程两边同时除以 y^n,得

$$\frac{1}{y^n}\frac{dy}{dx} + P(x)y^{1-n} = Q(x).$$

注意到

$$\frac{d(y^{1-n})}{dx} = (1-n)\frac{1}{y^n}\frac{dy}{dx},$$

故

$$\frac{1}{y^n}\frac{dy}{dx} = \frac{1}{1-n}\frac{d(y^{1-n})}{dx},$$

只要令 $y^{1-n} = z$,原方程就化为

$$\frac{1}{1-n}\frac{dz}{dx} + P(x)z = Q(x),$$

即

$$\frac{dz}{dx} + (1-n)P(x)z = (1-n)Q(x).$$

这是 z 关于 x 的一阶线性微分方程,求出其通解后再用 $z = y^{1-n}$ 回代就得原方程的

通解.

例 6.10 求 $x\dfrac{\mathrm{d}y}{\mathrm{d}x}+y=2\sqrt{xy}$ 的通解.

解 先改写方程为

$$\frac{\mathrm{d}y}{\mathrm{d}x}+\frac{1}{x}y=\frac{2}{\sqrt{x}}\sqrt{y},$$

这是 $\dfrac{1}{2}$ 阶伯努利方程. 令 $y^{1-\frac{1}{2}}=z$，方程就变换为

$$\frac{\mathrm{d}z}{\mathrm{d}x}+\left(1-\frac{1}{2}\right)\frac{1}{x}z=\left(1-\frac{1}{2}\right)\frac{2}{\sqrt{x}},$$

即

$$\frac{\mathrm{d}z}{\mathrm{d}x}+\frac{1}{2x}z=\frac{1}{\sqrt{x}},$$

故

$$z=\mathrm{e}^{-\int\frac{1}{2x}\mathrm{d}x}\left[\int\frac{1}{\sqrt{x}}\mathrm{e}^{\int\frac{1}{2x}\mathrm{d}x}\mathrm{d}x+C\right]$$

$$=\frac{1}{\sqrt{x}}(x+C).$$

最后将 $z=y^{\frac{1}{2}}$ 代入便得原方程的通解

$$y=\frac{1}{x}(x+C)^2.$$

6.3 特殊高阶微分方程

高阶微分方程是指二阶或二阶以上的微分方程. 本节将以二阶方程为基础给出几种特殊类型高阶微分方程的解法，其主要方法是通过变量代换将微分方程降低阶数从而求解，这种方法称为**降阶法**.

下面我们就用降阶法来讨论二阶微分方程

$$y''=f(x,y,y')$$

的三种特殊类型：

$$y''=f(x),y''=f(x,y'),y''=f(y,y').$$

6.3.1 $y''=f(x)$ 型

$y''=f(x)$ 是最简单的一种二阶微分方程，只要作变换 $y'=p,y''=p'$，方程就降为一阶微分方程

$$p' = f(x),$$

积分一次,得

$$p = \int f(x)\mathrm{d}x + C_1,$$

即

$$y' = \int f(x)\mathrm{d}x + C_1,$$

再积分一次得

$$y = \int\left[\int f(x)\mathrm{d}x\right]\mathrm{d}x + C_1 x + C_2,$$

即只要连续作二次积分就可得方程的通解.

同理,对于 n 阶方程 $y^{(n)} = f(x)$,只要连续作 n 次积分就可得方程的通解.

例 6.11 求方程 $y'' = \dfrac{1}{1+x^2}$ 的通解.

解 积分一次得

$$y' = \int \frac{\mathrm{d}x}{1+x^2} = \arctan x + C_1,$$

再积分一次得方程通解

$$y = \int (\arctan x + C_1)\mathrm{d}x$$

$$= x\arctan x - \frac{1}{2}\ln(1+x^2) + C_1 x + C_2.$$

6.3.2 $y'' = f(x, y')$ 型

方程 $y'' = f(x, y')$ 不含未知函数 y,作变换 $y' = p, y'' = p'$,便可将方程降为一阶方程

$$p' = f(x, p),$$

若能求得该一阶方程的通解 $p = \varphi(x, C_1)$,即

$$y' = \varphi(x, C_1)$$

两边再积分一次便得原方程的通解

$$y = \int \varphi(x, C_1)\mathrm{d}x + C_2.$$

例 6.12 求方程 $y'' = \dfrac{2xy'}{x^2+1}$ 的通解.

解 令 $y' = p, y'' = p'$,则方程降为

$$p' = \frac{2xp}{x^2+1},$$

分离变量后得

$$\frac{\mathrm{d}p}{p} = \frac{2x}{x^2+1}\mathrm{d}x,$$

两边积分,得

$$\ln|p| = \ln(1+x^2) + \widetilde{C_1},$$

即

$$y' = C_1(1+x^2),$$

其中 $C_1 = \pm e^{\widetilde{C_1}}$. 两边积分一次,便得方程的通解

$$y = C_1\left(x + \frac{x^3}{3}\right) + C_2.$$

6.3.3 $y'' = f(y, y')$ 型

方程 $y'' = f(y, y')$ 中不含自变量 x,对于这类方程,令 $y' = p$,但注意不能简单设 $y'' = p'$,而是插入中间变量 y,使 $y'' = \frac{\mathrm{d}p}{\mathrm{d}x} = \frac{\mathrm{d}p}{\mathrm{d}y} \cdot \frac{\mathrm{d}y}{\mathrm{d}x} = p \cdot \frac{\mathrm{d}p}{\mathrm{d}y}$,从而将方程降阶为关于变量 y 和 p 的一阶方程

$$p\frac{\mathrm{d}p}{\mathrm{d}y} = f(y, p),$$

若能求出它的通解 $p = \varphi(y, C_1)$,即

$$y' = \varphi(y, C_1),$$

分离变量后得

$$\frac{\mathrm{d}y}{\varphi(y, C_1)} = \mathrm{d}x,$$

两边积分可得原方程的通解

$$\int \frac{\mathrm{d}y}{\varphi(y, C_1)} = x + C_2.$$

例 6.13 求二阶方程 $y'' = 2yy'$ 满足初始条件 $y(0) = -1, y'(0) = 1$ 的特解.

解 令 $y' = p, y'' = p\frac{\mathrm{d}p}{\mathrm{d}y}$,则原方程化成

$$p\frac{\mathrm{d}p}{\mathrm{d}y} = 2yp,$$

即

$$\mathrm{d}p = 2y\mathrm{d}y \quad 及 \quad p = 0.$$

由于 $p = 0$ 与 $y'(0) = 1$ 不符,故弃之.

由 $\mathrm{d}p = 2y\mathrm{d}y$ 得

$$p = y^2 + C_1.$$

为以后求解方便,可在此步就将常数 C_1 定出.由初始条件得 $C_1=0$,故有

$$y' = y^2,$$

分离变量再积分,得

$$y = -\frac{1}{x+C_2},$$

再由 $y(0) = -1$ 得 $C_2 = 1$,所以满足初始条件的特解

$$y = -\frac{1}{x+1}.$$

6.4 线性微分方程解的结构

从上节讨论知,对于高阶微分方程,只能对其中一些特殊类型作降阶处理然后求解.但对于线性微分方程,由于已有较深入、完善的理论,能够从其解的结构入手讨论它的求解方法.下面我们以二阶线性微分方程为主线,讨论线性微分方程解的结构.方程

$$y'' + p(x)y' + q(x)y = f(x)$$

称为**二阶线性微分方程**,其中 $p(x)$,$q(x)$ 均是某区间上的连续函数.

6.4.1 二阶线性齐次方程解的结构

$$\text{形如} \quad y'' + p(x)y' + q(x)y = 0 \tag{6-6}$$

的方程称为**二阶线性齐次方程**.

方程(6-6)的解具有以下性质:

定理 6.1 若 y_1 和 y_2 是式(6-6)的两个解,则 $C_1 y_1 + C_2 y_2$ 也是式(6-6)的解,其中 C_1,C_2 为任意常数.

定理的证明只要将 $C_1 y_1 + C_2 y_2$ 代入式(6-6)即可得证.从定理 6.1 知,方程(6-6)的解具有叠加性.

定义 6.1 (函数的线性相关与线性无关)若在某区间 I 上,$y_1(x)$ 和 $y_2(x)$ 满足 $\dfrac{y_1(x)}{y_2(x)} = k$($k$ 为常数),则称 $y_1(x)$ 与 $y_2(x)$ **线性相关**,否则称**线性无关**.

例如

$$y_1 = \ln x \quad \text{与} \quad y_2 = \ln x^2 \quad \text{线性相关},$$

$$y_1 = \mathrm{e}^x \quad \text{与} \quad y_2 = \sin x \quad \text{线性无关}.$$

定理 6.2 若 y_1 和 y_2 是式(6-6)的两个线性无关的解,则 $y = C_1 y_1 + C_2 y_2$,便是式(6-6)的通解.其中 C_1,C_2 为任意常数.

证 因为二阶微分方程的通解应含两个完全独立的任意常数,若 y_1 与 y_2 线性相关,则存在常数 k 使 $y_1=ky_2$,故 $y=C_1y_1+C_2y_2=(C_1k+C_2)y_2$,即实际只含一个任意常数. 故只有当 y_1 与 y_2 线性无关时,$y=C_1y_1+C_2y_2$ 才是式 6-6 的通解.

定理 6.2 给出了二阶齐次线性方程通解的结构,其关键是要求出它的两个线性无关的特解. 其结论可推广至 n 阶线性齐次微分方程,即只要找到 n 阶线性齐次方程的 n 个线性独立的解 $y_1,y_2,\cdots,y_n$,它的通解即为 $y=C_1y_1+C_2y_2+\cdots+C_ny_n$,其中 $C_1,C_2,\cdots,C_n$ 为任意常数.

6.4.2 二阶线性非齐次方程解的结构

二阶线性非齐次方程

$$y''+p(x)y'+q(x)y=f(x). \tag{6-7}$$

的解具有以下性质:

定理 6.3 若 y_1 和 y_2 是方程(6-7)的两个特解,则 y_1-y_2 是方程(6-7)所对应的齐次微分方程(6-6)的一个解.

证 因为 y_1 与 y_2 均满足 $y''+p(x)y'+q(x)=f(x)$,令 $y=y_1-y_2$,代入式(6-6)便有

$$(y''_1-y''_2)+p(x)(y'_1-y'_2)+q(x)(y_1-y_2)$$
$$=(y''_1+p(x)y'_1+q(x)y_1)-(y''_2+p(x)y'_2+q(x)y_2)=0,$$

故 y_1-y_2 是式(6-6)的解.

定理 6.4 如果 $\bar{Y}$ 是方程(6-7)的对应齐次方程(6-6)的通解,y^* 是方程(6-7)的一个特解,则

$$y=\bar{Y}+y^*$$

是方程(6-7)的通解.

证 因为 $\bar{Y}$ 满足 $y''+p(x)y'+q(x)y=0$,y^* 满足 $y''+p(x)y'+q(x)y=f(x)$,故将 $y=\bar{Y}+y^*$ 代入式(6-7)得

$$(\bar{Y}''+y^{*''})+p(x)(\bar{Y}'+y^{*'})+q(x)(\bar{Y}+y^*)$$
$$=(\bar{Y}''+p(x)\bar{Y}'+q(x)\bar{Y})+(y^{*''}+p(x)y^{*'}+q(x)y^*)=f(x),$$

故 $y=\bar{Y}+y^*$ 是式(6-7)的解,而 $\bar{Y}=C_1y_1+C_2y_2$ 是式(6-6)的通解,C_1,C_2 为两个任意常数,故

$$y=\bar{Y}+y^*$$

是方程(6-7)的通解.

定理 6.4 给出了二阶线性非齐次方程解的结构,其关键是求对应齐次方程的通解及它本身的一个特解. 这个结论也可推广到 n 阶线性非齐次方程,即

$$y^{(n)}+p_1(x)y^{(n-1)}+p_2(x)y^{(n-2)}+\cdots+p_n(x)y=f(x)$$

其通解为 $y = \overline{Y} + y^*$，其中 $\overline{Y}$ 是它对应齐次方程的通解，y^* 是它本身的一个特解.

例 6.14　已知二阶线性非齐次微分方程

$$y'' + p(x)y' + q(x)y = f(x)$$

的三个特解 $y_1 = x, y_2 = e^x, y_3 = e^{2x}$，试求此方程满足 $y(0) = 1, y'(0) = 3$ 的特解.

解　由定理 6.3 知，$y_2 - y_1 = e^x - x$ 及 $y_3 - y_1 = e^{2x} - x$ 为其对应齐次方程的两个特解，且显然线性无关，故对应齐次方程的通解

$$\overline{Y} = C_1(e^x - x) + C_2(e^{2x} - x).$$

又取方程本身的一个特解 $y^* = y_1 = x$，则该方程的通解

$$y = \overline{Y} + y^* = C_1(e^x - x) + C_2(e^{2x} - x) + x.$$

又

$$y' = C_1(e^x - 1) + C_2(2e^{2x} - 1) + 1,$$

将初始条件 $y(0) = 1$ 及 $y'(0) = 3$ 代入上面两式，得

$$\begin{cases} C_1 + C_2 = 1, \\ C_2 + 1 = 3, \end{cases} \quad 故 \ C_1 = -1, C_2 = 2,$$

所以原方程满足初始条件的特解

$$y = -(e^x - x) + 2(e^{2x} - x) + x = 2e^{2x} - e^x.$$

在弄清了线性方程解的结构后，我们将介绍常系数线性微分方程的求解方法.

6.5　常系数线性微分方程的解法

我们将从线性微分方程解的结构出发，介绍用代数的方法求解常系数线性微分方程.

6.5.1　二阶常系数线性齐次方程的解法

二阶常系数线性齐次方程

$$y'' + py' + qy = 0, \tag{6-8}$$

其中 p, q 均为常数.

根据解的结构，要求方程通解关键是求出两个线性独立解. 注意到方程中 y''，y' 及 y 的系数均为常数，它提示我们：满足方程的解应该在求导前后最多相差一个常数. 而函数 $y = e^{rx}$ 显然具有这样的性质. 那么其中的 r 又应满足什么条件呢？ 为此我们将 $y = e^{rx}$，$y' = re^{rx}$ 及 $y'' = r^2 e^{rx}$ 代入方程左边，得 $(r^2 + pr + q)e^{rx}$. 由此可知，只有当 r 是代数方程 $r^2 + pr + q = 0$ 的根时，$y = e^{rx}$ 便是方程(6-8)的一个特解. 方程 $r^2 + pr + q = 0$ 称为式(6-8)的**特征方程**，特征方程的根称为**特征根**.

下面根据特征方程根的三种可能情况，来讨论方程(6-8)的通解求法.

(1) 相异实根 $r_1 \neq r_2$. 根据上面的讨论知,$y_1 = e^{r_1 x}$ 和 $y_2 = e^{r_2 x}$ 均为式(6-8)的解,且线性无关,故方程(6-8)的通解 $y = C_1 e^{r_1 x} + C_2 e^{r_2 x}$.

(2) 重根 $r_1 = r_2$. 此时 $y_1 = e^{r_1 x}$ 为方程的一个解,另外可以验证 $y_2 = x e^{r_1 x}$ 是方程的另一个线性无关解,故方程(6-8)的通解 $y = C_1 e^{r_1 x} + C_2 x e^{r_1 x}$.

(3) 一对共轭复根 $r_{1,2} = \alpha \pm i\beta$. 此时 $y_1 = e^{(\alpha + i\beta)x}$ 和 $y_2 = e^{(\alpha - i\beta)x}$ 为式(6-8)的两个线性无关解,且是复数形式的解. 为进一步求实数解,根据欧拉公式

$$e^{i\beta x} = \cos\beta x + i\sin\beta x$$

得

$$\frac{y_1 + y_2}{2} = e^{\alpha x} \frac{e^{i\beta x} + e^{-i\beta x}}{2} = e^{\alpha x} \cos\beta x,$$

$$\frac{y_1 - y_2}{2i} = e^{\alpha x} \frac{e^{i\beta x} - e^{-i\beta x}}{2i} = e^{\alpha x} \sin\beta x.$$

由此可知 $e^{\alpha x} \cos\beta x$ 与 $e^{\alpha x} \sin\beta x$ 是 y_1 与 y_2 的线性组合,根据齐次方程解的叠加性知,它们仍为式(6-8)的两个解,且线性无关. 故得通解

$$y = C_1 e^{\alpha x} \cos\beta x + C_2 e^{\alpha x} \sin\beta x.$$

从以上讨论可知,二阶常系数线性齐次方程的通解只要通过求一个二次特征方程的根就能得到,而且这一代数方法完全可类似地推广到 n 阶常系数线性齐次方程.

例 6.15 求方程 $y'' + 2y' - 3y = 0$ 的通解.

解 特征方程为 $r^2 + 2r - 3 = 0$,解得的特征根为 $r_1 = -3$,$r_2 = 1$,故方程的通解

$$y = C_1 e^{-3x} + C_2 e^x.$$

例 6.16 求方程 $4y'' + 4y' + y = 0$ 满足初始条件 $y|_{x=0} = 6$ 及 $y'|_{x=0} = 10$ 的特解.

解 特征方程为

$$4r^2 + 4r + 1 = 0,$$

解得二重根 $r_{1,2} = -\dfrac{1}{2}$,故得方程的通解

$$y = C_1 e^{-\frac{x}{2}} + C_2 x e^{-\frac{x}{2}} = (C_1 + C_2 x) e^{-\frac{x}{2}},$$

又

$$y' = -\frac{1}{2}(C_1 + C_2 x) e^{-\frac{x}{2}} + C_2 e^{-\frac{x}{2}},$$

故将 $y(0) = 6$,$y'(0) = 10$ 代入,得

$$\begin{cases} C_1 = 6, \\ -\dfrac{1}{2} C_1 + C_2 = 10. \end{cases}$$

解得 $C_1 = 6, C_2 = 13$. 所以方程满足初始条件的特解

$$y = (6 + 13x)e^{-\frac{x}{2}}.$$

例 6.17　求 $y'' - 2y' + 3y = 0$ 的通解.

解　特征方程

$$r^2 - 2r + 3 = 0,$$

解得一对共轭复根 $r_{1,2} = 1 \pm \sqrt{2}i$, 故方程通解

$$y = C_1 e^x \cos \sqrt{2}x + C_2 e^x \sin \sqrt{2}x$$
$$= e^x (C_1 \cos \sqrt{2}x + C_2 \sin \sqrt{2}x).$$

例 6.18　求 $y''' - y'' - y' + y = 0$.

解　这是一个三阶常系数齐次线性方程, 其特征方程为 $r^3 - r^2 - r + 1 = 0$, 即

$$(r-1)^2 (r+1) = 0,$$

解得 $r_1 = -1, r_{2,3} = 1$. 所以方程的三个线性无关解为 $y_1 = e^{-x}, y_2 = e^x, y_3 = x e^x$, 故方程通解

$$y = C_1 e^{-x} + (C_2 + C_3 x)e^x.$$

6.5.2　二阶常系数线性非齐次方程的解法

二阶常系数线性非齐次方程

$$y'' + py' + qy = f(x), \tag{6-9}$$

其中 p, q 为常数, $f(x)$ 是连续函数.

根据线性微分方程解的结构, 方程 (6-9) 的通解为其对应齐次方程 (6-8) 的通解与它自身一个特解之和, 而式 (6-8) 的通解求法由上面讨论已完全解决, 故求式 (6-9) 的通解关键是求它的一个特解.

在某些情况下, 可用待定系数法求出方程的特解. 先看两个例子.

例 6.19　求 $y'' + 2y' - 3y = 4x$ 的通解.

解　由例 6.15 可知其对应齐次方程的通解为

$$\overline{Y} = C_1 e^{-3x} + C_2 e^x.$$

由于方程右边是 x 的一次多项式, 可猜测方程特解也为一次多项式, 故设特解 $y^* = ax + b$, 则 $y^{*\prime} = a, y^{*\prime\prime} = 0$. 将其代入方程, 得

$$2a - 3(ax + b) = 4x.$$

方程两边同为 x 的一次多项式, 比较两端 x 的同次幂的系数, 得

$$\begin{cases} -3a = 4, \\ 2a - 3b = 0. \end{cases}$$

解得 $a = -\dfrac{4}{3}, b = -\dfrac{8}{9}$, 故 $y^* = -\dfrac{4}{3}x - \dfrac{8}{9}$. 所以方程通解

$$y = C_1 e^x + C_2 e^{-3x} - \frac{4}{3}x - \frac{8}{9}.$$

例 6.20 求 $y'' + 2y' = 3x + 1$ 的通解.

解 特征方程为 $r^2 + 2r = 0$,故特征根 $r_1 = 0, r_2 = -2$,故齐次方程通解

$$\overline{Y} = C_1 + C_2 e^{-2x}.$$

虽然方程右边是 x 的一次式,但由于方程左边缺 y,只含 y' 及 y'',若如同上例也设 $y^* = ax + b$,则代入方程后,方程左端为 x 的零次多项式. 由于方程两端 x 多项式次数不一致,不可能将 a, b 待定出来,故应将 y^* 的次数增加一次. 设 $y^* = x(ax + b)$,则 $y^{*\prime} = 2ax + b, y^{*\prime\prime} = 2a$,代入方程后有

$$2a + 4ax + 2b = 3x + 1.$$

比较系数得

$$\begin{cases} 4a = 3, \\ 2a + 2b = 1, \end{cases}$$

故 $a = \frac{3}{4}, b = -\frac{1}{4}$,从而得到方程的通解

$$y = C_1 + C_2 e^{-2x} + \frac{3}{4}x^2 - \frac{1}{4}x.$$

从以上两个例子可见,要用待定系数法求方程的特解,关键是所设特解代入方程后必须满足方程两端为 x 的同次多项式. 那么如何根据方程特点正确设定特解形式呢? 下面我们讨论当 $f(x)$ 为两种特殊类型时,怎样设定特解的形式.

1) $f(x) = P_n(x)e^{\alpha x}$

设 $f(x) = P_n(x)e^{\alpha x}$,其中 $P_n(x) = a_0 x^n + a_1 x^{n-1} + \cdots + a_n$ 是一个 n 次实系数多项式. 以上两例中 $f(x)$ 为一次多项式,正是此种类型中 $\alpha = 0, n = 1$ 的情况. 由于 $f(x)$ 是多项式与指数函数的乘积,而多项式与指数函数乘积的导数也仍然是同一类型,故推测方程(6-9)具有形如 $y^* = x^k Q_n(x)e^{\alpha x}$ 的特解. 其中 $Q_n(x) = b_0 x^n + b_1 x^{n-1} + \cdots + b_n$ 是 n 次多项式,$b_0, b_1, \cdots, b_n$ 是待定系数,而 x^k 是一个调节因子. 调节 k 的值,能使将 y^* 代入式(6-9)后方程两边均为 n 次多项式,从而将 $Q_n(x)$ 中各系数待定出来. 设

$$y^* = x^k Q_n(x)e^{\alpha x} = Q(x)e^{\alpha x},$$

其中

$$Q(x) = x^k Q_n(x).$$

将

$$y^* = Q(x)e^{\alpha x}, y^{*\prime} = [\alpha Q(x) + Q'(x)]e^{\alpha x},$$
$$y^{*\prime\prime} = [\alpha^2 Q(x) + 2\alpha Q'(x) + Q''(x)]e^{\alpha x}$$

代入式(6-9)并消去 $e^{\alpha x}$,整理后可得

$$Q''(x) + (2\alpha + p)Q'(x) + (\alpha^2 + p\alpha + q)Q(x) = P_n(x),$$

即

$$(x^k Q_n(x))'' + (2\alpha + p)(x^k Q_n(x))'$$
$$+ (\alpha^2 + p\alpha + q)(x^k Q_n(x)) = P_n(x).$$

(1) 当 α 不是特征方程的根,即 $\alpha^2 + p\alpha + q \neq 0$ 时,取 $k = 0$,则方程两端同为 n 次多项式,比较系数可将 $Q_n(x)$ 的各系数 $b_0, b_1, \cdots, b_n$ 定出.

(2) 当 α 是特征方程的单根,即 $\alpha^2 + p\alpha + q = 0$ 但 $2\alpha + p \neq 0$ 时,取 $k = 1$,可将 $Q_n(x)$ 中各系数定出.

(3) 当 α 是特征方程的重根,即 $\alpha^2 + p\alpha + q = 0$,且 $2\alpha + p = 0$ 时,取 $k = 2$,可将 $Q_n(x)$ 中各系数定出.

归纳以上讨论,可得如下结论:

当 $y'' + py' + qy = f(x)$ 中 $f(x) = P_n(x)e^{\alpha x}$ 时,方程具有形如

$$y^* = x^k Q_n(x) e^{\alpha x}$$

的特解,其中 $Q_n(x)$ 与 $P_n(x)$ 同是 n 次多项式;而 k 则可根据 $e^{\alpha x}$ 中的 α 分别不是特征方程的根、是单根及是重根,而依次取 $k = 0, 1, 2$.

例 6.21 设 $y'' + 3y' = f(x)$,其中 $f(x)$ 分别为

(1) $3x^2 + 1$;(2) $(x+1)e^{-x}$;(3) $2e^{-3x}$.

试分别写出方程的特解形式(不必求出).

解 对应特征方程为

$$r^2 + 3r = 0,$$

故解得特征根

$$r_1 = 0, r_2 = -3.$$

(1) $f(x) = 3x^2 + 1$,属 $P_n(x)e^{\alpha x}$ 型,其中 $P_n(x) = 3x^2 + 1$,为二次多项式,$e^{\alpha x} = 1$ 即 $\alpha = 0$. 由于 $\alpha = 0$ 为特征方程单根,故设特解

$$y^* = x(a_0 x^2 + a_1 x + a_2),$$

即取 $k = 1$,$Q_n(x)$ 为二次多项式.

(2) $f(x) = (x+1)e^{-x}$,属 $P_n(x)e^{\alpha x}$ 型,其中 $P_n(x) = x + 1$ 为一次多项式,$e^{\alpha x} = e^{-x}$ 即 $\alpha = -1$. 由于 $\alpha = -1$ 不是特征方程的根,故设特解

$$y^* = (a_0 x + a_1)e^{-x},$$

即取 $k = 0$,$Q_n(x)$ 为一次多项式.

(3) $f(x) = 2e^{-3x}$,也属 $P_n(x)e^{\alpha x}$ 型,其中 $P_n(x) = 2$ 是一零次多项式,$e^{\alpha x} = e^{-3x}$ 即 $\alpha = -3$. 由于 $\alpha = -3$ 是特征方程的单根,故设特解

$$y^* = a_0 x \mathrm{e}^{-3x},$$

即取 $k=1, Q_n(x)=a_0$ 也为零次多项式.

例 6.22　求 $y''-y=2x\mathrm{e}^x$ 的通解.

解　先求对应齐次方程的通解. 特征方程为

$$r^2 - 1 = 0,$$

故特征根 $r_1=1, r_2=-1$, 故齐次方程通解

$$\overline{Y} = C_1 \mathrm{e}^x + C_2 \mathrm{e}^{-x}.$$

由于 $f(x)=2x\mathrm{e}^x$, 属 $P_n(x)\mathrm{e}^{\alpha x}$ 型, 其中 $P_n(x)=2x$ 为一次多项式, $\mathrm{e}^{\alpha x}=\mathrm{e}^x$ 即 $\alpha=1$. 因为 $\alpha=1$ 为特征方程的单根, 故设方程特解 $y^*=x(a_0 x+a_1)\mathrm{e}^x$. 将

$$y^* = (a_0 x^2 + a_1 x)\mathrm{e}^x, \quad y^{*\prime} = (a_0 x^2 + (2a_0 + a_1)x + a_1)\mathrm{e}^x,$$

$$y^{*\prime\prime} = [a_0 x^2 + (4a_0 + a_1)x + 2(a_0 + a_1)]\mathrm{e}^x$$

代入方程, 消去 e^x 并整理, 得

$$4a_0 x + 2(a_0 + a_1) = 2x.$$

比较系数:

$$\begin{cases} 4a_0 = 2, \\ 2(a_0 + a_1) = 0, \end{cases}$$

解得 $a_0 = \dfrac{1}{2}, a_1 = -\dfrac{1}{2}$. 于是有

$$y^* = \frac{1}{2}(x^2 - x)\mathrm{e}^x,$$

故原方程通解

$$y = \overline{Y} + y^* = C_1 \mathrm{e}^x + C_2 \mathrm{e}^{-x} + \frac{1}{2}(x^2 - x)\mathrm{e}^x.$$

2)　$f(x) = \mathrm{e}^{\alpha x}[A\cos\beta x + B\sin\beta x]$

或

$$f(x) = P_l(x)\cos\beta x + P_m(x)\sin\beta x,$$

其中 $P_l(x)$ 和 $P_m(x)$ 分别是 x 的 l 次与 m 次实系数多项式.

对于　　　　　　　　$f(x) = \mathrm{e}^{\alpha x}[A\cos\beta x + B\sin\beta x],$

设特解

$$y^* = x^k \mathrm{e}^{\alpha x}[a\cos\beta x + b\sin\beta x].$$

其中 a,b 为待定常数. 而

$$k = \begin{cases} 0, & \alpha \pm \mathrm{i}\beta \quad (\text{不是特征方程的根}), \\ 1, & \alpha \pm \mathrm{i}\beta \quad (\text{是特征方程的根}). \end{cases}$$

对于 $f(x) = P_l(x)\cos\beta x + p_m(x)\sin\beta x$, 设特解

$$y^* = x^k [Q_n(x)\cos\beta x + R_n(x)\sin\beta x],$$

其中 $Q_n(x)$ 和 $R_n(x)$ 为 n 次实系数多项式，$n=\max(l,m)$，系数待定. 而

$$k = \begin{cases} 0, & \pm\mathrm{i}\beta \quad (\text{不是特征方程的根}), \\ 1, & \pm\mathrm{i}\beta \quad (\text{是特征方程的根}). \end{cases}$$

特别当 $f(x)$ 中只含 $\cos\beta x$ 或 $\sin\beta x$ 时，特解的设法仍然与上面相同，即同时含 $\sin\beta x$ 和 $\cos\beta x$.

例 6.23 求 $y''-2y'+5y=\cos 2x$ 的通解.

解 特征方程为 $r^2-2r+5=0$，特征根

$$r_{1,2} = 1 \pm 2\mathrm{i},$$

故得对应齐次方程通解

$$\overline{Y} = \mathrm{e}^x(C_1\cos 2x + C_2\sin 2x).$$

方程右端 $f(x)=\cos 2x$，由于 $\pm 2\mathrm{i}$ 不是特征方程的根，故设特解

$$y^* = a\cos 2x + b\sin 2x.$$

将

$$y^* = a\cos 2x + b\sin 2x, y^{*\prime} = -2a\sin 2x + 2b\cos 2x,$$

$$y^{*\prime\prime} = -4a\cos 2x - 4b\sin 2x$$

代入方程并整理，得

$$(a-4b)\cos 2x + (b+4a)\sin 2x = \cos 2x.$$

比较系数：

$$\begin{cases} a-4b = 1, \\ b+4a = 0, \end{cases}$$

解得 $a=\dfrac{1}{17}, b=-\dfrac{4}{17}$. 于是有

$$y^* = \frac{1}{17}\cos 2x - \frac{4}{17}\sin 2x,$$

故得方程的通解

$$y = \mathrm{e}^x(C_1\cos 2x + C_2\sin 2x) + \frac{1}{17}\cos 2x - \frac{4}{17}\sin 2x.$$

例 6.24 求 $y''+3y'+2y=\mathrm{e}^{-x}+\sin x$ 的通解.

解 特征方程为 $r^2+3r+2=0$，解得的特征根 $r_1=-2, r_2=-1$，故对应齐次方程通解

$$\overline{Y} = C_1\mathrm{e}^{-2x} + C_2\mathrm{e}^{-x}.$$

现方程右端 $f(x)=\mathrm{e}^{-x}+\sin x=f_1(x)+f_2(x)$，$f_1(x)$ 和 $f_2(x)$ 分别属于前述 A 和 B 两种类型，因为若 y_1^* 是对应 f_1 的特解，y_2^* 是对应 f_2 的特解，则容易验证 $y_1^* + y_2^*$ 便是对应 f_1+f_2 的特解. 现设 $y_1^*=ax\mathrm{e}^{-x}, y_2^*=(b_1\cos x+b_2\sin x)$，则有

$$y^* = y_1^* + y_2^* = ax\mathrm{e}^{-x} + b_1\cos x + b_2\sin x.$$

将
$$y^* = ax\mathrm{e}^{-x} + b_1\cos x + b_2\sin x,$$
$$y^{*\,\prime} = a(1-x)\mathrm{e}^{-x} - b_1\sin x + b_2\cos x,$$
$$y^{*\,\prime\prime} = a(x-2)\mathrm{e}^{-x} - b_1\cos x - b_2\sin x$$

代入方程,得
$$a\mathrm{e}^{-x} + (b_1 + 3b_2)\cos x + (b_2 - 3b_1)\sin x = \mathrm{e}^{-x} + \sin x.$$

比较系数:
$$\begin{cases} a = 1, \\ b_1 + 3b_2 = 0, \\ b_2 - 3b_1 = 1, \end{cases}$$

解得 $a=1, b_1 = -\dfrac{3}{10}, b_2 = \dfrac{1}{10}$. 故有

$$y^* = x\mathrm{e}^{-x} - \frac{3}{10}\cos x + \frac{1}{10}\sin x,$$

于是方程通解

$$y = C_1\mathrm{e}^{-2x} + C_2\mathrm{e}^{-x} + x\mathrm{e}^{-x} - \frac{3}{10}\cos x + \frac{1}{10}\sin x.$$

6.6 微分方程应用举例

微分方程是来自于实际问题的一种数学模型,方程中所含的导数代表了实际问题中的各种变化率.因此建立微分方程要求我们熟悉和了解描述问题的各种变化率及问题本身所遵循的客观规律.这节我们讨论一些几何与物理中的应用问题,使读者对如何建立微分方程有所了解.

在几何与物理问题中,经常涉及一些几何上诸如切线斜率、截距、面积、体积、弧长等有关知识,也经常涉及一些物理上速度、加速度、角速度等各种物理量的变化率及物理基本定律如牛顿第二运动定律、基尔霍夫回路定律、弹簧变形的虎克定律、温度冷却定律等.

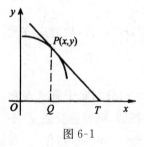

图 6-1

例 6.25 设曲线上任一点 $P(x,y)$ 处的切线与 x 轴的交点为 T,且 $|PT| = |OT|$,其中 O 表示原点,已知曲线过点 $(1,1)$,试求该曲线方程.

解 作草图(见图 6-1).设所求曲线为 $y = y(x)$,过曲线上点 $P(x,y)$ 处的切线方程为

$$Y - y = y'(X - x).$$

令 $Y=0$,得切线在 x 轴上截距 $X=-\dfrac{y}{y'}+x$,故 T 点的坐标为 $\left(x-\dfrac{y}{y'},0\right)$,所以 $|OT|=\left|x-\dfrac{y}{y'}\right|$. 而由图 6-1 可知

$$|PT|=\sqrt{(PQ)^2+(TQ)^2}=\sqrt{y^2+\left(-\dfrac{y}{y'}\right)^2}.$$

故由 $|PT|=|OT|$ 得 $\sqrt{y^2+\left(-\dfrac{y}{y'}\right)^2}=\left|x-\dfrac{y}{y'}\right|$.

两边平方并化简得曲线所满足的微分方程为

$$y'=\dfrac{2xy}{x^2-y^2},$$

这是一个一阶齐次微分方程,令 $u=\dfrac{y}{x}$,并分离变量,得

$$\left(\dfrac{1}{u}-\dfrac{2u}{1+u^2}\right)\mathrm{d}u=\dfrac{1}{x}\mathrm{d}x,$$

最后得通解

$$\dfrac{y}{x^2+y^2}=C.$$

将初始条件 $y(1)=1$ 代入得 $C=\dfrac{1}{2}$,所以所求曲线方程为

$$x^2+(y-1)^2=1.$$

例 6.26 一粒子弹以速度 $v_0=200\,\mathrm{m/s}$ 打入一块厚度为 $10\,\mathrm{cm}$ 的板,然后穿过板且以 $v_1=80\,\mathrm{m/s}$ 的速度离开板. 该板对于子弹运动的阻力和运动的速度平方成正比,问子弹穿过板的运动持续了多长时间?

解 设物体的质量为 m,设子弹在板内的运动速度为 v,所受阻力 $F=-kv^2$(k 为比例常数),其中负号表示阻力与运动方向相反. 由牛顿第二运动定律 $F=ma$ 及 $a=\dfrac{\mathrm{d}v}{\mathrm{d}t}$ 得

$$m\dfrac{\mathrm{d}v}{\mathrm{d}t}=-kv^2.$$

分离变量并积分得

$$\dfrac{1}{v}=\dfrac{k}{m}t+C.$$

根据题意 $v|_{t=0}=v_0=200\,\mathrm{m/s}$,代入上述通解得 $C=\dfrac{1}{200}$. 故子弹在板内的运动速度

$$v=\dfrac{200m}{200kt+m}.$$

现设子弹穿过板的时间为 $T(\text{s})$，则由于板的厚度为 $0.1\,\text{m}$，故由速度与行程的关系 $\dfrac{\mathrm{d}s}{\mathrm{d}t}=v$，得

$$
\begin{aligned}
0.1 &= \int_0^T v\mathrm{d}t = \int_0^T \frac{200m}{200kt+m}\mathrm{d}t \\
&= \frac{m}{k}\ln(200kt+m)\,\Big|_0^T \\
&= \frac{m}{k}\ln(200kT+m) - \frac{m}{k}\ln m
\end{aligned}
\tag{6-10}
$$

又当 $t=T$ 时，$v=v_1=80\,\text{m/s}$，故由 $80=\dfrac{200m}{200kT+m}$ 解得

$$
kT = \frac{3m}{400},
$$

代入式(6-10)得

$$
0.1 = \frac{400T}{3}\ln\Big(\frac{3}{2}+1\Big),
$$

从而得子弹穿过板的时间

$$
T = \frac{0.3}{400\ln 2.5} \approx 8.2\times 10^{-4}\,(\text{s}).
$$

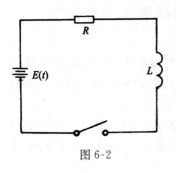

图 6-2

例 6.27　一串联有电阻 R、电感 L 及电源 $E(t)$ 的电路(R 及 L 均为常值)，合上开关后便成一回路. 试分别在 $E(t)$ 为直流电 E_0（常数）及 $E(t)$ 为交流电 $E_0\sin\omega t$ 时求出回路电流 $i=i(t)$.

解　电路如图 6-2 所示.

由基尔霍夫回路定律知，回路中各负载上的电压之和与电源电压相等，即

$$
u_L + u_R = E(t).
$$

由电学知识可知 $u_R=Ri$，$u_L=L\dfrac{\mathrm{d}i}{\mathrm{d}t}$，故得电流 $i=i(t)$ 所满足的一阶微分方程

$$
L\frac{\mathrm{d}i}{\mathrm{d}t} + Ri = E(t).
$$

(1) 当 $E(t)=E_0$ 时，方程为

$$
L\frac{\mathrm{d}i}{\mathrm{d}t} + Ri = E_0,
$$

分离变量并积分得

$$
i(t) = \frac{E_0}{R} + C_1 \mathrm{e}^{-\frac{R}{L}t}.
$$

此种情况下，$i(t)$ 随着 t 的增大而趋于常值 $\dfrac{E_0}{R}$.

（2）当 $E(t)=E_0\sin\omega t$ 时，方程为

$$L\,\frac{\mathrm{d}i}{\mathrm{d}t}+Ri=E_0\sin\omega t,$$

这是一阶线性方程. 故

$$i(t)=\mathrm{e}^{-\int\frac{R}{L}\mathrm{d}t}\Big[\int\frac{E_0}{L}\sin\omega t\,\mathrm{e}^{\int\frac{R}{L}\mathrm{d}t}\mathrm{d}t+C\Big]$$

$$=C\mathrm{e}^{-\frac{R}{L}t}+\frac{E_0}{R^2+L^2\omega^2}(R\sin\omega t-\omega L\cos\omega t),$$

所以当电源为正弦交流电 $E_0\sin\omega t$ 时，随着 t 的增大，$i(t)$ 将趋于周期与交流电一致的周期函数.

例 6.28 我方设在点 $(16,0)$ 处的导弹 B 向从原点出发沿 y 轴正向行驶的敌方导弹 A 射击，A 以常速 v 飞行，导弹 B 飞行的方向始终指向导弹 A，速度大小为 $2v$. 求导弹 B 的追踪曲线和导弹 A 被击中的位置（见图 6-3）.

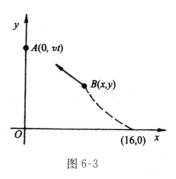

图 6-3

解 设我方发射导弹的轨道为 $y=y(x)$，经过 t 时刻后，我方导弹在点 $B(x,y)$，敌方导弹在点 $A(0,vt)$. 由于 B 的方向始终指向 A，故 B 在 (x,y) 点的切线斜率

$$y'=-\frac{vt-y}{x},\qquad (6\text{-}11)$$

其中负号是因为切线方向大于 $\dfrac{\pi}{2}$.

又 B 经 t 时刻后所走过的路程应满足

$$\int_x^{16}\sqrt{1+y'^2}\,\mathrm{d}x=2vt.\qquad (6\text{-}12)$$

将式（6-11）代入式（6-12）便得

$$\int_x^{16}\sqrt{1+y'^2}\,\mathrm{d}x=2(y-xy').$$

两边求导得 B 行走的轨道 $y(x)$ 满足的微分方程

$$\sqrt{1+y'^2}=2xy'',$$

$$且\ y(16)=0,y'(16)=0,$$

这是一个特殊高阶微分方程. 令 $y'=p,y''=p'$，则有

$$2xp'=\sqrt{1+p^2}.$$

分离变量、积分并整理得

$$p + \sqrt{1 + p^2} = C_1 \sqrt{x}.$$

将 $y'(16) = 0$ 代入解得 $C_1 = \frac{1}{4}$，故有

$$\sqrt{1 + p^2} = \frac{1}{4} \sqrt{x} - p,$$

两边平方并整理得

$$p = \frac{\sqrt{x}}{8} - \frac{2}{\sqrt{x}}, \quad 即 \quad y' = \frac{\sqrt{x}}{8} - \frac{2}{\sqrt{x}}.$$

再积分得

$$y = \frac{x^{3/2}}{12} - 4\sqrt{x} + C_2.$$

将 $y(16) = 0$ 代入解得 $C_2 = \frac{32}{3}$，于是求得导弹 B 的发射轨道为

$$y = \frac{x^{3/2}}{12} - 4\sqrt{x} + \frac{32}{3}.$$

令 $x = 0$，得 $y = \frac{32}{3}$，即导弹 A 在点 $\left(0, \frac{32}{3}\right)$ 处被击中.

例 6.29 弹簧振动问题. 设有一弹簧，上端固定，下端挂一个质量为 m 的物体. 当弹簧处于平衡位置时，物体所受的重力与弹性恢复力大小相等、方向相反. 如果有一外力使物体离开平衡位置，然后撤去外力，则物体便在其平衡位置附近上下振动. 已知阻力与其速度成正比，试求振动过程中位移 x 的变化规律.

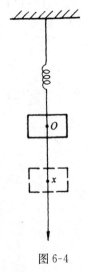

图 6-4

解 如图 6-4 所示建立坐标系，平衡位置为原点 O，物体的位移 x 是时间 t 的函数 $x(t)$. 物体在振动过程中受到两个力的作用，即弹性恢复力 f_1 与阻力 f_2. 由虎克定律可知，$f_1 = -kx$（k 为弹性系数），负号表示弹性恢复力与位移方向相反. 由题意可知，阻力 f_2 与运动速度成正比，即 $f_2 = -\mu v$（μ 为比例系数），负号表示阻力 f_2 与速度 v 方向相反. 根据牛顿第二运动定律 $F = ma$，得

$$ma = -kx - \mu v,$$

即

$$m\frac{\mathrm{d}^2 x}{\mathrm{d}t^2} + \mu \frac{\mathrm{d}x}{\mathrm{d}t} + kx = 0.$$

若记 $2n = \frac{\mu}{m}$，$\omega^2 = \frac{k}{m}$，则上式可表示为

$$\frac{\mathrm{d}^2 x}{\mathrm{d}t^2} + 2n\frac{\mathrm{d}x}{\mathrm{d}t} + \omega^2 x = 0,$$

这就是物体振动中位移 x 所满足的微分方程,它是一个二阶常系数线性齐次方程. 它的特征方程为

$$r^2 + 2nr + \omega^2 = 0.$$

特征根

$$r_{1,2} = -n \pm \sqrt{n^2 - \omega^2}.$$

下面就 n 和 ω 分三种情况讨论:

(1) $n > \omega$(称大阻尼).

此时 $r_{1,2} = -n \pm [n^2 - \omega^2]$ 是两个不相等的实根,所以方程通解

$$x(t) = C_1 \mathrm{e}^{-(n - \sqrt{n^2 - \omega^2})t} + C_2 \mathrm{e}^{-(n + \sqrt{n^2 - \omega^2})t}.$$

(2) $n = \omega$(称临界阻尼).

此时特征根 $r_1 = r_2 = -n$,是重根,所以方程通解

$$x(t) = (C_1 + C_2 t)\mathrm{e}^{-nt}.$$

(3) $n < \omega$(称小阻尼).

此时特征根 $r_{1,2} = -n \pm \sqrt{\omega^2 - n^2}\,\mathrm{i}$ 为一对共轭复根,所以方程的通解

$$x(t) = \mathrm{e}^{-nt}(C_1 \cos\sqrt{\omega^2 - n^2}\,t + C_2 \sin\sqrt{\omega^2 - n^2}\,t)$$
$$= A\mathrm{e}^{-nt}\sin(\omega_0 t + \varphi),$$

其中 $\omega_0 = \sqrt{\omega^2 - n^2}$, $A = \sqrt{C_1^2 + C_2^2}$, $\varphi = \arctan\dfrac{C_1}{C_2}$.

下面对以上结果稍作讨论. 对于前两种情况,$x(t)$ 都不是振荡函数,且当 $t \to +\infty$ 时,$x(t) \to 0$,即物体随时间 t 的增大而趋于平衡位置. 对第 3 种情况,虽然物体的运动是以 $T = \dfrac{2\pi}{\omega_0}$ 为周期的振动,但它仍随时间 t 的增大而趋于平衡位置. 总之,无论哪种情形,物体的运动均会随 t 的增大而停止,这是由于阻尼作用的结果. 这类振动常称为弹簧的阻尼自由振动.

习　题　6

1. 指出下列微分方程的阶数:

(1) $(x^2 - y^2)\mathrm{d}x + (x^2 + y^2)\mathrm{d}y = 0$;

(2) $y'' + 8y' = 4x^2 + 1$;

(3) $x(y')^2 + 2y' - 3y = 0$;

(4) $y' + \mathrm{e}^y = x^2$;

(5) $(y'')^3 + 5(y')^4 - y^5 + x^7 = 0$.

2. 验证下列隐函数或显函数是否为所给微分方程的解：

(1) $(x-2y)y'=2x-y$, $x^2-xy+y^2=1$;

(2) $y''-2y'+y=0$, $y=e^x+e^{-x}$.

3. 验证 $y=Cx^3$ 是方程 $3y-xy'=0$ 的通解，并求满足初始条件 $y(1)=\dfrac{1}{3}$ 的特解.

4. 验证 $y=e^x$ 是方程 $xy'-y\ln y=0$ 的通解，并求满足初始条件 $y(1)=2$ 的特解.

5. 验证 $e^y+C_1=(x+C_2)^2$ 是方程 $y''+y'^2=2e^{-y}$ 的通解(C_1,C_2 为任意常数)，并求满足初始条件 $y(0)=0,y'(0)=\dfrac{1}{2}$ 的特解.

6. 设曲线上任何点处的切线在 y 轴上的截距恰等于原点到该点的距离，试求曲线所满足的关系式.

7. 求下列微分方程的通解：

(1) $\dfrac{\mathrm{d}y}{\mathrm{d}x}=3xy+xy^2$;

(2) $(1+e^x)yy'=e^x$;

(3) $y'\tan x+y=-3$;

(4) $y\ln y\mathrm{d}x-\sin x\mathrm{d}y=0$;

(5) $(y+3)\mathrm{d}x+\cot x\mathrm{d}y=0$;

(6) $\dfrac{\mathrm{d}y}{\mathrm{d}x}=(x-y)^2+1$.

8. 求下列微分方程的通解：

(1) $\dfrac{\mathrm{d}y}{\mathrm{d}x}=\dfrac{y+x}{y-x}$;

(2) $\dfrac{\mathrm{d}y}{\mathrm{d}x}=e^{\frac{x}{x}}+\dfrac{y}{x}$;

(3) $\left(x+y\cos\dfrac{y}{x}\right)\mathrm{d}x-x\cos\dfrac{y}{x}\mathrm{d}y=0$;

(4) $y^2\mathrm{d}x-(xy-x^2)\mathrm{d}y=0$.

9. 求下列微分方程的通解：

(1) $y'-\dfrac{1}{x}y-x^2=0$;

(2) $\dfrac{\mathrm{d}y}{\mathrm{d}x}+2xy=xe^{x^2}$;

(3) $(1+x^2)y'-xy-1=0$;

(4) $(2y\ln y+y+x)\mathrm{d}y-y\mathrm{d}x=0$;

(5) $y'(y^2-x)=y$.

10. 求下列微分方程的通解：

(1) $xy'+y=xy^3$;

(2) $y'+y=x\sqrt{y}$;

(3) $xy'-y=y^2\ln x$.

11. 求下列各微分方程满足初始条件的特解：

(1) $y'=e^{2x-y}$, $\qquad\qquad\qquad y(0)=0$;

(2) $(x+xy^2)\mathrm{d}x-(x^2y+y)\mathrm{d}y=0$, $\qquad y(0)=1$;

(3) $(y^2-3x^2)\mathrm{d}y+2xy\,\mathrm{d}x=0$, $\qquad\qquad$ $y(0)=1$;

(4) $y'=\dfrac{y}{x}+\dfrac{x}{y}$, $\qquad\qquad$ $y(1)=2$;

(5) $x\dfrac{\mathrm{d}y}{\mathrm{d}x}+y=\sin x$, $\qquad\qquad$ $y(\pi)=1$;

(6) $y'+x^2y=x^2$, $\qquad\qquad$ $y(2)=1$.

12. 求一曲线,使它通过原点,且每点的切线斜率等于 $2x+y$.

13. 试求通过 $(-1,1)$ 点的曲线,且曲线上任一点处的切线截 Ox 轴所得的线段长度等于切点的横坐标的平方.

14. 若可微函数 $f(x)$ 满足 $f(x)=\displaystyle\int_0^x f(t)\mathrm{d}t$,则 $f(x)\equiv 0$.

15. 设 $f(x)=\mathrm{e}^{-u}$,$u=\displaystyle\int_0^x f(t)\mathrm{d}t$,其中 $f(x)$ 是 $(0,+\infty)$ 上恒正可微函数,试求 $f(x)$.

16. 已知可微函数 $f(x)$ 满足
$$\int_1^x \frac{f(t)}{t^3f(t)+t}\mathrm{d}t=f(x)-1,$$
试求 $f(x)$.

17. 求下列微分方程的通解:

(1) $y''=x+\mathrm{e}^{-x}$; $\qquad\qquad$ (2) $y'''=x\mathrm{e}^x$;

(3) $(1-x^2)y''-xy'=0$; $\qquad\qquad$ (4) $y''=y'+x$;

(5) $y''(1+\mathrm{e}^x)+y'=0$; $\qquad\qquad$ (6) $1+(y')^2=2yy''$;

(7) $y^3y''-1=0$; $\qquad\qquad$ (8) $4y'+y''=4xy''$.

18. 求下列微分方程满足初始条件的特解:

(1) $y''=2yy'$,$y|_{x=0}=1$,$y'|_{x=0}=2$;

(2) $y''-(y')^2=0$,$y|_{x=0}=0$,$y'|_{x=0}=-1$;

(3) $xy''+x(y')^2-y'=0$,$y|_{x=2}=2$,$y'|_{x=2}=1$;

(4) $2(y')^2=(y-1)y''$,$y|_{x=1}=2$,$y'|_{x=1}=-1$;

(5) $xy''-y'\ln y'+y'\ln x=0$,$y|_{x=1}=2$,$y'|_{x=1}=\mathrm{e}^2$.

19. 试求 $y''=x$ 经过点 $M(0,1)$ 且在此点与直线 $y=\dfrac{x}{2}+1$ 相切的积分曲线.

20. 设方程 $y^2y''+1=0$,求通过点 $(0,1)$ 且在该点具有斜率 $\sqrt{2}$ 的积分曲线.

21. 已知 $y_1=\mathrm{e}^{2x}$,$y_2=\mathrm{e}^{-x}$ 是微分方程 $y''+py'+qy=0$ 的两个特解,试写出方程的通解,并求满足初始条件 $y(0)=1$,$y'(0)=\dfrac{1}{2}$ 的特解.

22. 已知 $y_1 = x, y_2 = \mathrm{e}^x, y_3 = \mathrm{e}^{-x}$ 是微分方程 $y'' + p(x)y' + q(x)y = f(x)$ 的三个特解，试写出该方程的通解.

23. 下列函数组在其定义区间内是线性相关还是线性无关？

(1) $\mathrm{e}^{2x}, 3\mathrm{e}^{2x}$；

(2) $\mathrm{e}^{x^2}, x\mathrm{e}^{x^2}$；

(3) $\sin 2x, \quad \cos x \sin x$；

(4) $\mathrm{e}^x \cos 2x, \mathrm{e}^x \sin 2x$.

24. 证明下列函数是相应微分方程的通解：

(1) $y = C_1 \mathrm{e}^x + C_2 \mathrm{e}^{2x} + \dfrac{1}{12}\mathrm{e}^{5x}$ 是方程 $y'' - 3y' + 2y = \mathrm{e}^{5x}$ 的通解；

(2) $y = C_1 x + C_2 x^2 + x^3$ 是方程 $x^2 y'' - 2xy' + 2y = 2x^3$ 的通解.

25. 求下列微分方程的通解：

(1) $y'' - 4y' = 0$；

(2) $2y'' + y' - y = 0$；

(3) $y'' + 2y' + 5y = 0$；

(4) $y'' + y' + y = 0$；

(5) $y'' + 5y' + 4y = 0$；

(6) $y'' - 10y' + 25y = 0$；

(7) $y'' - 4y' + 4y = 0$；

(8) $3y'' - 2y' - 8y = 0$；

(9) $y''' - y'' - y' + y = 0$；

(10) $y^{(4)} - 2y''' + y'' = 0$.

26. 求下列微分方程的通解：

(1) $y'' + 3y' + 2y = 3x\mathrm{e}^{-x}$；

(2) $y'' + 5y' + 4y = 3 - 2x$；

(3) $y'' + y' = 2x^2 \mathrm{e}^x$；

(4) $y'' - 6y' + 9y = \mathrm{e}^{3x}$；

(5) $y'' + 4y = 2\sin 2x$；

(6) $y'' + 3y' + 2y = \mathrm{e}^{-x}\cos x$；

(7) $y'' + 2y' = \sin^2 x$；

(8) $y'' - 4y' + 4y = 8(x^2 + \mathrm{e}^{2x})$.

27. 求下列微分方程满足初始条件的特解：

(1) $y'' - 3y' + 2y = 5, y|_{x=0} = 1, y'|_{x=0} = 2$；

(2) $y'' - y = 4x\mathrm{e}^x, \ y|_{x=0} = 0, y'|_{x=0} = 1$；

(3) $y'' + 4y' + 29y = 0, y|_{x=0} = 0, y'|_{x=0} = 15$；

(4) $y'' + y = \dfrac{1}{2}\cos x, y|_{x=0} = 1, y'|_{x=0} = 1$.

28. 试求微分方程 $y'' + 4y' + 4y = \mathrm{e}^{ax}$ 的通解，其中 a 为实数.

29. 设 $f(x) = \sin x - \displaystyle\int_0^x (x-t)f(t)\mathrm{d}t$，其中 $f(x)$ 是连续函数，求 $f(x)$.

30. 一曲线通过点 $(1,0)$，其上任一点 $P(x,y)$ 处的切线在 y 轴上的截距恰等于 OP 之长，求此曲线方程.

31. 一曲线通过点 $(2,3)$，在该曲线上任一点 $P(x,y)$ 处的法线与 x 轴交点为 Q，且线段 PQ 恰被 y 轴平分，求此曲线方程.

32. 在连接 $A(0,1)$ 和 $B(1,0)$ 两点的一条上凸曲线上任取一点 $P(x,y)$，已知曲线与弦 AP 之间的面积为 x^3，求此曲线方程.

33. 一曲线通过点$(0,0)$且位于第一象限内. 在其上任取一点,过该点作两坐标轴的平行线,每一条平行线与该曲线以及坐标轴分别围成两块图形. 将此两块图形分别绕 x 轴旋转所得旋转体的体积相等,求此曲线方程.

34. 设一质量为 m 的质点作直线运动. 从速度等于零的时刻起,有一个与运动方向一致、大小与时间成正比的力作用于它,此外受到一个与速度成正比的阻力的作用. 求质点运动速度与时间的函数关系.

35. 一质量为 m 的质点由静止开始沉入液体. 当下沉时液体对它的浮力与下沉的速度成正比,求此质点运动规律.

36. 在一弹簧一端挂两个重量相等的物体,在它们的作用下,弹簧伸长了 $2a\,\mathrm{cm}$. 若剪去一个物体,另一个物体就开始振动. 若不计阻力,求物体的运动方程.

37. 长为 $6\,\mathrm{m}$ 的链条自桌面上无摩擦地下滑. 设在下滑开始时,链条自桌面垂下部分为 $3\,\mathrm{m}$,求链条从桌面上滑落的运动方程.

38. 设由一个电阻 R,电容 C 及直流电源 E 串联而成的电路,当开关 K 闭合时,电容器逐渐被充电,电容器上的电压 u_C 逐渐上升. 求电容器上电压 u_C 随时间 t 的变化规律$\left(\text{提示}:i=C\dfrac{\mathrm{d}u_C}{\mathrm{d}t}\right)$.

39. 设一物体质量为 m,以初速 v_0 从一斜面上滑下. 若斜面的倾角为 α,摩擦系数为 μ,求物体在斜面上的下滑规律.

40. 已知一质点运动的加速度 $a=5\cos(2t)-9x$,其中 t,x 分别表示运动的时间和位移.

(1) 若开始时质点静止于原点,求质点的运动方程,并求质点离开原点的最大距离;

(2) 若开始时质点以速度 $v_0=6$ 从原点出发,求其运动规律.

41. 设人口函数为 $p(t)$,且人口对时间 t 的变化率满足 $\dfrac{\mathrm{d}p}{\mathrm{d}t}=kp-m$,其中 $k=\alpha-\beta$. α,β 和 m 分别表示出生速度、死亡速率和移居人口速率,且 $\alpha>\beta(\alpha,\beta,m$ 为正常数).

(1) 求此微分方程在初始条件 $p(0)=p_0$ 下的解;

(2) m 在什么条件下,人口将按指数增长;

(3) m 在什么条件下,人口将是常数? 人口将衰减?

附 录 积 分 表

(一) 含有 $a+bx$ 的积分

1. $\displaystyle\int \frac{\mathrm{d}x}{a+bx} = \frac{1}{b}\ln(a+bx)+C.$

2. $\displaystyle\int (a+bx)^{\mu}\mathrm{d}x = \frac{(a+bx)^{\mu+1}}{b(\mu+1)}+C \quad (\mu \neq -1).$

3. $\displaystyle\int \frac{x\mathrm{d}x}{a+bx} = \frac{1}{b^2}[a+bx-a\ln(a+bx)]+C.$

4. $\displaystyle\int \frac{x^2\mathrm{d}x}{a+bx} = \frac{1}{b^3}\left[\frac{1}{2}(a+bx)^2-2a(a+bx)+a^2\ln(a+bx)\right]+C.$

5. $\displaystyle\int \frac{\mathrm{d}x}{x(a+bx)} = -\frac{1}{a}\ln\frac{a+bx}{x}+C.$

6. $\displaystyle\int \frac{\mathrm{d}x}{x^2(a+bx)} = -\frac{1}{ax}+\frac{b}{a^2}\ln\frac{a+bx}{x}+C.$

7. $\displaystyle\int \frac{x\mathrm{d}x}{(a+bx)^2} = \frac{1}{b^2}\left[\ln(a+bx)+\frac{a}{a+bx}\right]+C.$

8. $\displaystyle\int \frac{x^2\mathrm{d}x}{(a+bx)^2} = \frac{1}{b^3}\left[a+bx-2a\ln(a+bx)-\frac{a^2}{a+bx}\right]+C.$

9. $\displaystyle\int \frac{\mathrm{d}x}{x(a+bx)^2} = -\frac{bx}{a^2(a+bx)}-\frac{1}{a^2}\ln\frac{a+bx}{x}+C.$

(二) 含有 $\sqrt{a+bx}$ 的积分

10. $\displaystyle\int \sqrt{a+bx}\,\mathrm{d}x = \frac{2}{3b}\sqrt{(a+bx)^3}+C.$

11. $\displaystyle\int x\sqrt{a+bx}\,\mathrm{d}x = -\frac{2(2a-3bx)\sqrt{(a+bx)^3}}{15b^2}+C.$

12. $\displaystyle\int x^2\sqrt{a+bx}\,\mathrm{d}x = \frac{2(8a^2-12abx+15b^2x^2)\sqrt{(a+bx)^3}}{105b^3}+C.$

13. $\displaystyle\int \frac{x\mathrm{d}x}{\sqrt{a+bx}} = -\frac{2(2a-bx)}{3b^2}\sqrt{a+bx}+C.$

14. $\displaystyle\int \frac{x^2\mathrm{d}x}{\sqrt{a+bx}} = \frac{2(8a^2-4abx+3b^2x^2)}{15b^3}\sqrt{a+bx}+C.$

15. $\int \dfrac{\mathrm{d}x}{x\sqrt{a+bx}} = \begin{cases} \dfrac{1}{\sqrt{a}}\ln\dfrac{\sqrt{a+bx}-\sqrt{a}}{\sqrt{a+bx}+\sqrt{a}} + C\,(a>0)\,, \\[3mm] \dfrac{2}{\sqrt{-a}}\arctan\sqrt{\dfrac{a+bx}{-a}} + C\,(a<0). \end{cases}$

16. $\int \dfrac{\mathrm{d}x}{x^2\sqrt{a+bx}} = -\dfrac{\sqrt{a+bx}}{ax} - \dfrac{b}{2a}\int \dfrac{\mathrm{d}x}{x\sqrt{a+bx}}.$

17. $\int \dfrac{\sqrt{a+bx}}{x}\mathrm{d}x = 2\sqrt{a+bx} + a\int \dfrac{\mathrm{d}x}{x\sqrt{a+bx}}.$

(三) 含有 $a^2 \pm x^2$ 的积分

18. $\int \dfrac{\mathrm{d}x}{a^2+x^2} = \dfrac{1}{a}\arctan\dfrac{x}{a} + C.$

19. $\int \dfrac{\mathrm{d}x}{(a^2+x^2)^n} = \dfrac{x}{2(n-1)a^2(x^2+a^2)^{n-1}} + \dfrac{2n-3}{2(n-1)a^2}\int \dfrac{\mathrm{d}x}{(x^2+a^2)^{n-1}}.$

20. $\int \dfrac{\mathrm{d}x}{a^2-x^2} = \dfrac{1}{2a}\ln\dfrac{a+x}{a-x} + C \quad (|x|<a).$

21. $\int \dfrac{\mathrm{d}x}{x^2-a^2} = \dfrac{1}{2a}\ln\dfrac{x-a}{x+a} + C \quad (|x|>a).$

(四) 含有 $a \pm bx^2$ 的积分

22. $\int \dfrac{\mathrm{d}x}{a+bx^2} = \dfrac{1}{\sqrt{ab}}\arctan\sqrt{\dfrac{b}{a}}x + C \quad (a>0,b>0).$

23. $\int \dfrac{\mathrm{d}x}{a-bx^2} = \dfrac{1}{2\sqrt{ab}}\ln\dfrac{\sqrt{a}+\sqrt{b}x}{\sqrt{a}-\sqrt{b}x} + C.$

24. $\int \dfrac{x\mathrm{d}x}{a+bx^2} = \dfrac{1}{2b}\ln(a+bx^2) + C.$

25. $\int \dfrac{x^2\mathrm{d}x}{a+bx^2} = \dfrac{x}{b} - \dfrac{a}{b}\int \dfrac{\mathrm{d}x}{a+bx^2}.$

26. $\int \dfrac{\mathrm{d}x}{x(a+bx^2)} = \dfrac{1}{2a}\ln\dfrac{x^2}{a+bx^2} + C.$

27. $\int \dfrac{\mathrm{d}x}{x^2(a+bx^2)} = -\dfrac{1}{ax} - \dfrac{b}{a}\int \dfrac{\mathrm{d}x}{a+bx^2}.$

28. $\int \dfrac{\mathrm{d}x}{(a+bx^2)^2} = \dfrac{x}{2a(a+bx^2)} + \dfrac{1}{2a}\int \dfrac{\mathrm{d}x}{a+bx^2}.$

（五）含有 $\sqrt{x^2+a^2}$ 的积分

29. $\displaystyle\int \sqrt{x^2+a^2}\,\mathrm{d}x = \frac{x}{2}\sqrt{x^2+a^2}+\frac{a^2}{2}\ln(x+\sqrt{x^2+a^2})+C.$

30. $\displaystyle\int \sqrt{(x^2+a^2)^3}\,\mathrm{d}x = \frac{x}{8}(2x^2+5a^2)\sqrt{x^2+a^2}+\frac{3a^4}{8}\ln(x+\sqrt{x^2+a^2})+C.$

31. $\displaystyle\int x\sqrt{x^2+a^2}\,\mathrm{d}x = \frac{\sqrt{(x^2+a^2)^3}}{3}+C.$

32. $\displaystyle\int x^2\sqrt{x^2+a^2}\,\mathrm{d}x = \frac{x}{8}(2x^2+a^2)\sqrt{x^2+a^2}-\frac{a^4}{8}\ln(x+\sqrt{x^2+a^2})+C.$

33. $\displaystyle\int \frac{\mathrm{d}x}{\sqrt{x^2+a^2}} = \ln(x+\sqrt{x^2+a^2})+C.$

34. $\displaystyle\int \frac{\mathrm{d}x}{\sqrt{(x^2+a^2)^3}} = \frac{x}{a^2\sqrt{x^2+a^2}}+C.$

35. $\displaystyle\int \frac{x\,\mathrm{d}x}{\sqrt{x^2+a^2}} = \sqrt{x^2+a^2}+C.$

36. $\displaystyle\int \frac{x^2\,\mathrm{d}x}{\sqrt{x^2+a^2}} = \frac{x}{2}\sqrt{x^2+a^2}-\frac{a^2}{2}\ln(x+\sqrt{x^2+a^2})+C.$

37. $\displaystyle\int \frac{x^2\,\mathrm{d}x}{\sqrt{(x^2+a^2)^3}} = -\frac{x}{\sqrt{x^2+a^2}}+\ln(x+\sqrt{x^2+a^2})+C.$

38. $\displaystyle\int \frac{\mathrm{d}x}{x\sqrt{x^2+a^2}} = \frac{1}{a}\ln\frac{x}{a+\sqrt{x^2+a^2}}+C.$

39. $\displaystyle\int \frac{\mathrm{d}x}{x^2\sqrt{x^2+a^2}} = -\frac{\sqrt{x^2+a^2}}{a^2 x}+C.$

40. $\displaystyle\int \frac{\sqrt{x^2+a^2}}{x}\,\mathrm{d}x = \sqrt{x^2+a^2}-a\ln\frac{a+\sqrt{x^2+a^2}}{x}+C.$

41. $\displaystyle\int \frac{\sqrt{x^2+a^2}}{x^2}\,\mathrm{d}x = -\frac{\sqrt{x^2+a^2}}{x}+\ln(x+\sqrt{x^2+a^2})+C.$

（六）含有 $\sqrt{x^2-a^2}$ 的积分

42. $\displaystyle\int \frac{\mathrm{d}x}{\sqrt{x^2-a^2}} = \ln(x+\sqrt{x^2-a^2})+C.$

43. $\displaystyle\int \frac{\mathrm{d}x}{\sqrt{(x^2-a^2)^3}} = -\frac{x}{a^2\sqrt{x^2-a^2}}+C.$

44. $\displaystyle\int \frac{x\,\mathrm{d}x}{\sqrt{x^2-a^2}} = \sqrt{x^2-a^2}+C.$

45. $\int \sqrt{x^2-a^2}\,\mathrm{d}x = \dfrac{x}{2}\sqrt{x^2-a^2}-\dfrac{a^2}{2}\ln(x+\sqrt{x^2-a^2})+C.$

46. $\int \sqrt{(x^2-a^2)^3}\,\mathrm{d}x = \dfrac{x}{8}(2x^2-5a^2)\sqrt{x^2-a^2}+\dfrac{3a^4}{8}\ln(x+\sqrt{x^2-a^2})+C.$

47. $\int x\sqrt{x^2-a^2}\,\mathrm{d}x = \dfrac{\sqrt{(x^2-a^2)^3}}{3}+C.$

48. $\int x\sqrt{(x^2-a^2)^3}\,\mathrm{d}x = \dfrac{\sqrt{(x^2-a^2)^5}}{5}+C.$

49. $\int x^2\sqrt{x^2-a^2}\,\mathrm{d}x = \dfrac{x}{8}(2x^2-a^2)\sqrt{x^2-a^2}-\dfrac{a^4}{8}\ln(x+\sqrt{x^2-a^2})+C.$

50. $\int \dfrac{x^2\,\mathrm{d}x}{\sqrt{x^2-a^2}} = \dfrac{x}{2}\sqrt{x^2-a^2}+\dfrac{a^2}{2}\ln(x+\sqrt{x^2-a^2})+C.$

51. $\int \dfrac{x^2\,\mathrm{d}x}{\sqrt{(x^2-a^2)^3}} = -\dfrac{x}{\sqrt{x^2-a^2}}+\ln(x+\sqrt{x^2-a^2})+C.$

52. $\int \dfrac{\mathrm{d}x}{x\sqrt{x^2-a^2}} = \dfrac{1}{a}\arccos\dfrac{a}{x}+C.$

53. $\int \dfrac{\mathrm{d}x}{x^2\sqrt{x^2-a^2}} = \dfrac{\sqrt{x^2-a^2}}{a^2 x}+C.$

54. $\int \dfrac{\sqrt{x^2-a^2}}{x}\,\mathrm{d}x = \sqrt{x^2-a^2}-a\arccos\dfrac{a}{x}+C.$

55. $\int \dfrac{\sqrt{x^2-a^2}}{x^2}\,\mathrm{d}x = -\dfrac{\sqrt{x^2-a^2}}{x}+\ln(x+\sqrt{x^2-a^2})+C.$

(七) 含有 $\sqrt{a^2-x^2}$ 的积分

56. $\int \dfrac{\mathrm{d}x}{\sqrt{a^2-x^2}} = \arcsin\dfrac{x}{a}+C.$

57. $\int \dfrac{\mathrm{d}x}{\sqrt{(a^2-x^2)^3}} = \dfrac{x}{a^2\sqrt{a^2-x^2}}+C.$

58. $\int \dfrac{x\,\mathrm{d}x}{\sqrt{a^2-x^2}} = -\sqrt{a^2-x^2}+C.$

59. $\int \dfrac{x\,\mathrm{d}x}{\sqrt{(a^2-x^2)^3}} = \dfrac{1}{\sqrt{a^2-x^2}}+C.$

60. $\int \dfrac{x^2\,\mathrm{d}x}{\sqrt{a^2-x^2}} = -\dfrac{x}{2}\sqrt{a^2-x^2}+\dfrac{a^2}{2}\arcsin\dfrac{x}{a}+C.$

61. $\int \sqrt{a^2-x^2}\,\mathrm{d}x = \dfrac{x}{2}\sqrt{a^2-x^2}+\dfrac{a^2}{2}\arcsin\dfrac{x}{a}+C.$

62. $\int \sqrt{(a^2-x^2)^3}\,\mathrm{d}x = \dfrac{x}{8}(5a^2-2x^2)\sqrt{a^2-x^2} + \dfrac{3a^4}{8}\arcsin\dfrac{x}{a} + C.$

63. $\int x\sqrt{a^2-x^2}\,\mathrm{d}x = -\dfrac{\sqrt{(a^2-x^2)^3}}{3} + C.$

64. $\int x\sqrt{(a^2-x^2)^3}\,\mathrm{d}x = -\dfrac{\sqrt{(a^2-x^2)^5}}{5} + C.$

65. $\int x^2\sqrt{a^2-x^2}\,\mathrm{d}x = \dfrac{x}{8}(2x^2-a^2)\sqrt{a^2-x^2} + \dfrac{a^4}{8}\arcsin\dfrac{x}{a} + C.$

66. $\int \dfrac{x^2\,\mathrm{d}x}{\sqrt{(a^2-x^2)^3}} = \dfrac{x}{\sqrt{a^2-x^2}} - \arcsin\dfrac{x}{a} + C.$

67. $\int \dfrac{\mathrm{d}x}{x\sqrt{a^2-x^2}} = \dfrac{1}{a}\ln\dfrac{x}{a+\sqrt{a^2-x^2}} + C.$

68. $\int \dfrac{\mathrm{d}x}{x^2\sqrt{a^2-x^2}} = -\dfrac{\sqrt{a^2-x^2}}{a^2x} + C.$

69. $\int \dfrac{\sqrt{a^2-x^2}}{x}\,\mathrm{d}x = \sqrt{a^2-x^2} - a\ln\dfrac{a+\sqrt{a^2-x^2}}{x} + C.$

70. $\int \dfrac{\sqrt{a^2-x^2}}{x^2}\,\mathrm{d}x = -\dfrac{\sqrt{a^2-x^2}}{x} - \arcsin\dfrac{x}{a} + C.$

(八) 含有 $a+bx\pm cx^2\,(c>0)$ 的积分

71. $\int \dfrac{\mathrm{d}x}{a+bx-cx^2} = \dfrac{1}{\sqrt{b^2+4ac}}\ln\dfrac{\sqrt{b^2+4ac}+2cx-b}{\sqrt{b^2+4ac}-2cx+b} + C.$

72. $\int \dfrac{\mathrm{d}x}{a+bx+cx^2} = \begin{cases} \dfrac{2}{\sqrt{4ac-b^2}}\arctan\dfrac{2cx+b}{\sqrt{4ac-b^2}} + C\ (b^2<4ac), \\[3mm] \dfrac{1}{\sqrt{b^2-4ac}}\ln\dfrac{2cx+b-\sqrt{b^2-4ac}}{2cx+b+\sqrt{b^2-4ac}} + C\ (b^2>4ac). \end{cases}$

(九) 含有 $\sqrt{a+bx\pm cx^2}\,(c>0)$ 的积分

73. $\int \dfrac{\mathrm{d}x}{\sqrt{a+bx+cx^2}} = \dfrac{1}{\sqrt{c}}\ln(2cx+b+2\sqrt{c}\sqrt{a+bx+cx^2}) + C.$

74. $\int \sqrt{a+bx+cx^2}\,\mathrm{d}x = \dfrac{2cx+b}{4c}\sqrt{a+bx+cx^2} - \dfrac{b^2-4ac}{8\sqrt{c^3}}\ln(2cx+$
$b+2\sqrt{c}\sqrt{a+bx+cx^2}) + C.$

75. $\int \dfrac{x\,\mathrm{d}x}{\sqrt{a+bx+cx^2}} = \dfrac{\sqrt{a+bx+cx^2}}{c} - \dfrac{b}{2\sqrt{c^3}}\ln(2cx+b+2\sqrt{c}\sqrt{a+bx+cx^2}) + C.$

76. $\displaystyle\int\frac{\mathrm{d}x}{\sqrt{a+bx-cx^2}}=\frac{1}{\sqrt{c}}\arcsin\frac{2cx-b}{\sqrt{b^2+4ac}}+C.$

77. $\displaystyle\int\sqrt{a+bx-cx^2}\,\mathrm{d}x=\frac{2cx-b}{4c}\sqrt{a+bx-cx^2}+\frac{b^2+4ac}{8\sqrt{c^3}}\arcsin\frac{2cx-b}{\sqrt{b^2+4ac}}+C.$

78. $\displaystyle\int\frac{x\mathrm{d}x}{\sqrt{a+bx-cx^2}}=-\frac{\sqrt{a+bx-cx^2}}{c}+\frac{b}{2\sqrt{c^3}}\arcsin\frac{2cx-b}{\sqrt{b^2+4ac}}+C.$

（十）含有 $\sqrt{\dfrac{a\pm x}{b\pm x}}$ 的积分、含有 $\sqrt{(x-a)(b-x)}$ 的积分

79. $\displaystyle\int\sqrt{\frac{a+x}{b+x}}\,\mathrm{d}x=\sqrt{(a+x)(b+x)}+(a-b)\ln(\sqrt{a+x}+\sqrt{b+x})+C.$

80. $\displaystyle\int\sqrt{\frac{a-x}{b+x}}\,\mathrm{d}x=\sqrt{(a-x)(b+x)}+(a+b)\arcsin\sqrt{\frac{x+b}{a+b}}+C.$

81. $\displaystyle\int\sqrt{\frac{a+x}{b-x}}\,\mathrm{d}x=-\sqrt{(a+x)(b-x)}-(a+b)\arcsin\sqrt{\frac{b-x}{a+b}}+C.$

82. $\displaystyle\int\frac{\mathrm{d}x}{\sqrt{(x-a)(b-x)}}=2\arcsin\sqrt{\frac{x-a}{b-a}}+C.$

（十一）含有三角函数的积分

83. $\displaystyle\int\sin x\,\mathrm{d}x=-\cos x+C.$

84. $\displaystyle\int\cos x\,\mathrm{d}x=\sin x+C.$

85. $\displaystyle\int\tan x\,\mathrm{d}x=-\ln\cos x+C.$

86. $\displaystyle\int\cot x\,\mathrm{d}x=\ln\sin x+C.$

87. $\displaystyle\int\sec x\,\mathrm{d}x=\ln(\sec x+\tan x)+C=\ln\tan\left(\frac{\pi}{4}+\frac{x}{2}\right)+C.$

88. $\displaystyle\int\csc x\,\mathrm{d}x=\ln(\csc x-\cot x)+C=\ln\tan\frac{x}{2}+C.$

89. $\displaystyle\int\sec^2 x\,\mathrm{d}x=\tan x+C.$

90. $\displaystyle\int\csc^2 x\,\mathrm{d}x=-\cot x+C.$

91. $\displaystyle\int\sec x\tan x\,\mathrm{d}x=\sec x+C.$

92. $\int \csc x \cot x \, \mathrm{d}x = -\csc x + C.$

93. $\int \sin^2 x \, \mathrm{d}x = \dfrac{x}{2} - \dfrac{1}{4}\sin 2x + C.$

94. $\int \cos^2 x \, \mathrm{d}x = \dfrac{x}{2} + \dfrac{1}{4}\sin 2x + C.$

95. $\int \sin^n x \, \mathrm{d}x = -\dfrac{\sin^{n-1} x \cos x}{n} + \dfrac{n-1}{n}\int \sin^{n-2} x \, \mathrm{d}x.$

96. $\int \cos^n x \, \mathrm{d}x = \dfrac{\cos^{n-1} x \sin x}{n} + \dfrac{n-1}{n}\int \cos^{n-2} x \, \mathrm{d}x.$

97. $\int \dfrac{\mathrm{d}x}{\sin^n x} = -\dfrac{1}{n-1}\dfrac{\cos x}{\sin^{n-1} x} + \dfrac{n-2}{n-1}\int \dfrac{\mathrm{d}x}{\sin^{n-2} x}.$

98. $\int \dfrac{\mathrm{d}x}{\cos^n x} = \dfrac{1}{n-1} \cdot \dfrac{\sin x}{\cos^{n-1} x} + \dfrac{n-2}{n-1}\int \dfrac{\mathrm{d}x}{\cos^{n-2} x}.$

99. $\int \cos^m x \sin^n x \, \mathrm{d}x = \dfrac{\cos^{m-1} x \sin^{n+1} x}{m+n} + \dfrac{m-1}{m+n}\int \cos^{m-2} x \sin^n x \, \mathrm{d}x$

$$= -\dfrac{\sin^{n-1} x \cos^{m+1} x}{m+n} + \dfrac{n-1}{m+n}\int \cos^m x \sin^{n-2} x \, \mathrm{d}x.$$

100. $\int \sin mx \cos nx \, \mathrm{d}x = -\dfrac{\cos(m+n)x}{2(m+n)} - \dfrac{\cos(m-n)x}{2(m-n)} + C \ (m \neq n).$

101. $\int \sin mx \sin nx \, \mathrm{d}x = -\dfrac{\sin(m+n)x}{2(m+n)} + \dfrac{\sin(m-n)x}{2(m-n)} + C \ (m \neq n).$

102. $\int \cos mx \cos nx \, \mathrm{d}x = \dfrac{\sin(m+n)x}{2(m+n)} + \dfrac{\sin(m-n)x}{2(m-n)} + C \ (m \neq n).$

103. $\int \dfrac{\mathrm{d}x}{a+b\sin x} = \dfrac{2}{a}\sqrt{\dfrac{a^2}{a^2-b^2}}\arctan\left[\sqrt{\dfrac{a^2}{a^2-b^2}}\left(\tan\dfrac{x}{2} + \dfrac{b}{a}\right)\right] + C \quad (a^2 > b^2).$

104. $\int \dfrac{\mathrm{d}x}{a+b\sin x} = \dfrac{1}{a}\sqrt{\dfrac{a^2}{b^2-a^2}}\ln\dfrac{\tan\dfrac{x}{2} + \dfrac{b}{a} - \sqrt{\dfrac{b^2-a^2}{a^2}}}{\tan\dfrac{x}{2} + \dfrac{b}{a} + \sqrt{\dfrac{b^2-a^2}{a^2}}} + C \ (a^2 < b^2).$

105. $\int \dfrac{\mathrm{d}x}{a+b\cos x} = \dfrac{2}{a-b}\sqrt{\dfrac{a-b}{a+b}}\arctan\left(\sqrt{\dfrac{a-b}{a+b}}\tan\dfrac{x}{2}\right) + C \ (a^2 > b^2).$

106. $\int \dfrac{\mathrm{d}x}{a+b\cos x} = \dfrac{1}{b-a}\sqrt{\dfrac{b-a}{b+a}}\ln\dfrac{\tan\dfrac{x}{2} + \sqrt{\dfrac{b+a}{b-a}}}{\tan\dfrac{x}{2} - \sqrt{\dfrac{b+a}{b-a}}} + C \quad (a^2 < b^2).$

107. $\int \dfrac{\mathrm{d}x}{a^2\cos^2 x + b^2\sin^2 x} = \dfrac{1}{ab}\arctan\left(\dfrac{b\tan x}{a}\right) + C.$

108. $\displaystyle\int \frac{\mathrm{d}x}{a^2\cos^2 x - b^2\sin^2 x} = \frac{1}{2ab}\ln\frac{b\tan x + a}{b\tan x - a} + C.$

109. $\displaystyle\int x\sin ax\,\mathrm{d}x = \frac{1}{a^2}\sin ax - \frac{1}{a}x\cos ax + C.$

110. $\displaystyle\int x^2\sin ax\,\mathrm{d}x = -\frac{1}{a}x^2\cos ax + \frac{2}{a^2}x\sin ax + \frac{2}{a^3}\cos ax + C.$

111. $\displaystyle\int x\cos ax\,\mathrm{d}x = \frac{1}{a^2}\cos ax + \frac{1}{a}x\sin ax + C.$

112. $\displaystyle\int x^2\cos ax\,\mathrm{d}x = \frac{1}{a}x^2\sin ax + \frac{2}{a^2}x\cos ax - \frac{2}{a^3}\sin ax + C.$

(十二) 含有反三角函数的积分

113. $\displaystyle\int \arcsin\frac{x}{a}\,\mathrm{d}x = x\arcsin\frac{x}{a} + \sqrt{a^2 - x^2} + C.$

114. $\displaystyle\int x\arcsin\frac{x}{a}\,\mathrm{d}x = \left(\frac{x^2}{2} - \frac{a^2}{4}\right)\arcsin\frac{x}{a} + \frac{x}{4}\sqrt{a^2 - x^2} + C.$

115. $\displaystyle\int x^2\arcsin\frac{x}{a}\,\mathrm{d}x = \frac{x^3}{3}\arcsin\frac{x}{a} + \frac{1}{9}(x^2 + 2a^2)\sqrt{a^2 - x^2} + C.$

116. $\displaystyle\int \arccos\frac{x}{a}\,\mathrm{d}x = x\arccos\frac{x}{a} - \sqrt{a^2 - x^2} + C.$

117. $\displaystyle\int x\arccos\frac{x}{a}\,\mathrm{d}x = \left(\frac{x^2}{2} - \frac{a^2}{4}\right)\arccos\frac{x}{a} - \frac{x}{4}\sqrt{a^2 - x^2} + C.$

118. $\displaystyle\int x^2\arccos\frac{x}{a}\,\mathrm{d}x = \frac{x^3}{3}\arccos\frac{x}{a} - \frac{1}{9}(x^2 + 2a^2)\sqrt{a^2 - x^2} + C.$

119. $\displaystyle\int \arctan\frac{x}{a}\,\mathrm{d}x = x\arctan\frac{x}{a} - \frac{a}{2}\ln(a^2 + x^2) + C.$

120. $\displaystyle\int x\arctan\frac{x}{a}\,\mathrm{d}x = \frac{1}{2}(x^2 + a^2)\arctan\frac{x}{a} - \frac{ax}{2} + C.$

121. $\displaystyle\int x^2\arctan\frac{x}{a}\,\mathrm{d}x = \frac{x^3}{3}\arctan\frac{x}{a} - \frac{ax^2}{6} + \frac{a^3}{6}\ln(a^2 + x^2) + C.$

(十三) 含有指数函数的积分

122. $\displaystyle\int a^x\,\mathrm{d}x = \frac{a^x}{\ln a} + C.$

123. $\displaystyle\int \mathrm{e}^{ax}\,\mathrm{d}x = \frac{\mathrm{e}^{ax}}{a} + C.$

124. $\displaystyle\int \mathrm{e}^{ax}\sin bx\,\mathrm{d}x = \frac{\mathrm{e}^{ax}(a\sin bx - b\cos bx)}{a^2 + b^2} + C.$

125. $\int e^{ax} \cos bx \, dx = \dfrac{e^{ax}(b \sin bx + a \cos bx)}{a^2 + b^2} + C.$

126. $\int x e^{ax} \, dx = \dfrac{e^{ax}}{a^2}(ax - 1) + C.$

127. $\int x^n e^{ax} \, dx = \dfrac{x^n e^{ax}}{a} - \dfrac{n}{a} \int x^{n-1} e^{ax} \, dx.$

128. $\int x^n e^x \, dx = e^x \left[x^n - n x^{n-1} + n(n-1) x^{n-2} - \cdots + (-1)^n n! \right] + C.$

129. $\int x a^{mx} \, dx = \dfrac{x a^{mx}}{m \ln a} - \dfrac{a^{mx}}{(m \ln a)^2} + C.$

130. $\int x^n a^{mx} \, dx = \dfrac{a^{mx} x^n}{m \ln a} - \dfrac{n}{m \ln a} \int x^{n-1} a^{mx} \, dx.$

131. $\int e^{ax} \sin^n bx \, dx = \dfrac{e^{ax} \sin^{n-1} x}{a^2 + b^2 n^2}(a \sin bx - nb \cos bx) + \dfrac{n(n-1)}{a^2 + b^2 n^2} b^2 \int e^{ax} \sin^{n-2} bx \, dx.$

132. $\int e^{ax} \cos^n bx \, dx = \dfrac{e^{ax} \cos^{n-1} x}{a^2 + b^2 n^2}(a \cos bx + nb \sin bx) + \dfrac{n(n-1)}{a^2 + b^2 n^2} b^2 \int e^{ax} \cos^{n-2} bx \, dx.$

(十四) 含有对数函数的积分

133. $\int \ln x \, dx = x \ln x - x + C.$

134. $\int \dfrac{dx}{x \ln x} = \ln(\ln x) + C.$

135. $\int x^n \ln x \, dx = x^{n+1} \left[\dfrac{\ln x}{n+1} - \dfrac{1}{(n+1)^2} \right] + C.$

136. $\int \ln^n x \, dx = x \ln^n x - n \int \ln^{n-1} x \, dx.$

137. $\int x^m \ln^n x \, dx = \dfrac{x^{m+1}}{m+1} \ln^n x - \dfrac{n}{m+1} \int x^m \ln^{n-1} x \, dx.$

(十五) 含有双曲函数的积分

138. $\int \operatorname{sh} x \, dx = \operatorname{ch} x + C.$

139. $\int \operatorname{ch} x \, dx = \operatorname{sh} x + C.$

140. $\int \operatorname{sh}^2 x \, dx = -\dfrac{x}{2} + \dfrac{1}{4} \operatorname{sh} 2x + C.$

141. $\int \operatorname{ch}^2 x \, dx = \dfrac{x}{2} + \dfrac{1}{2} \operatorname{sh} 2x + C.$

142. $\int \mathrm{th}\,x\,\mathrm{d}x = \ln \mathrm{ch}\,x + C.$

143. $\int \mathrm{cth}\,x\,\mathrm{d}x = \ln \mathrm{sh}\,x + C.$

144. $\int x\,\mathrm{sh}\,x\,\mathrm{d}x = x\,\mathrm{ch}\,x - \mathrm{sh}\,x + C.$

145. $\int x\,\mathrm{ch}\,x\,\mathrm{d}x = x\,\mathrm{sh}\,x - \mathrm{ch}\,x + C.$

146. $\int \mathrm{th}^2 x\,\mathrm{d}x = x - \mathrm{th}\,x + C.$

147. $\int \mathrm{cth}^2 x\,\mathrm{d}x = x - \mathrm{cth}\,x + C.$

148. $\int \mathrm{sh}\,x\,\sin x\,\mathrm{d}x = \dfrac{1}{2}(\mathrm{ch}\,x\,\sin x - \mathrm{sh}\,x\,\cos x) + C.$

149. $\int \mathrm{sh}\,x\,\cos x\,\mathrm{d}x = \dfrac{1}{2}(\mathrm{ch}\,x\,\cos x + \mathrm{sh}\,x\,\sin x) + C.$

150. $\int \mathrm{ch}\,x\,\cos x\,\mathrm{d}x = \dfrac{1}{2}(\mathrm{sh}\,x\,\cos x + \mathrm{ch}\,x\,\sin x) + C.$

151. $\int \mathrm{ch}\,x\,\sin x\,\mathrm{d}x = \dfrac{1}{2}(\mathrm{sh}\,x\,\sin x - \mathrm{ch}\,x\,\cos x) + C.$

152. $\int \mathrm{arsh}\,x\,\mathrm{d}x = x\,\mathrm{arsh}\,x - \sqrt{x^2 + 1} + C.$

153. $\int \mathrm{arch}\,x\,\mathrm{d}x = x\,\mathrm{arch}\,x - \sqrt{x^2 - 1} + C.$

154. $\int \mathrm{arth}\,x\,\mathrm{d}x = x\,\mathrm{arth}\,x + \dfrac{1}{2}\ln(1 - x^2) + C.$

习 题 答 案

习 题 1

1. (1) $(-\infty,1)\bigcup(1,2)\bigcup(2,+\infty)$;

(2) $(-1,1)$;

(3) $[-2,0)\bigcup(0,1)$;

(4) $x\neq k\pi$ 且 $x\neq k\pi+\dfrac{\pi}{2}$,$k$ 为整数;

(5) $(2k\pi+\dfrac{\pi}{3},2k\pi+\dfrac{5\pi}{3})$,$k$ 为整数;

(6) $[-1,3]$.

2. (1) 不同;   (2) 不同;

(3) 相同.

3. $\varphi(3)=2$, $\varphi(2)=1$, $\varphi(0)=2$, $\varphi(0.5)=2$,$\varphi(-0.5)=\dfrac{\sqrt{2}}{2}$.

4. $\varphi(1)=0$,$\varphi\left(\dfrac{\pi}{4}\right)=\dfrac{\sqrt{2}}{2}$,$\varphi(-2)=0$.

5. (1) $y=\begin{cases} 2-3x, & x<\dfrac{2}{3} \\ 3x-2, & x\geqslant\dfrac{2}{3}. \end{cases}$

(2) $y=\begin{cases} x-1, & x<2, \\ 7-3x, & 2\leqslant x<3, \\ 1-x, & x\geqslant 3. \end{cases}$

(3) $y=\begin{cases} -5x, & x<-\dfrac{1}{2}, \\ 2-x, & -\dfrac{1}{2}\leqslant x<\dfrac{1}{3}, \\ 5x, & x\geqslant\dfrac{1}{3}. \end{cases}$

6. $a=2,b=-1,c=1$.

7. (1) 偶函数;   (2) 奇函数;

(3) 非奇非偶;   (4) 非奇非偶;

（5）奇函数； （6）偶函数.

8. 偶函数.

11. 提示：先解出 $f(x)=\dfrac{2a}{3x}-\dfrac{ax}{3}$.

12. （1）周期函数，$T=\pi$；

（2）周期函数，$T=\pi$；

（3）周期函数，$T=\dfrac{2\pi}{\omega}$ $(\omega>0)$；

（4）非周期函数；

（5）周期函数，$T=\dfrac{\pi}{2}$；

（6）周期函数，$T=2\pi$.

13. （1）当 $y\geqslant1$ 时，反函数为 $y=1+\sqrt{x+1}$；

当 $y<1$ 时，反函数为 $y=1-\sqrt{x+1}$；

（2）当 $y\geqslant0$ 时，反函数为 $y=\sqrt{x^3-1}$；

当 $y<0$ 时，反函数为 $y=-\sqrt{x^3-1}$；

（3）$y=\ln x-1$；

（4）* $y=\log_2\dfrac{x}{1-x}$；

（5）* $y=\dfrac{a^x-a^{-x}}{2}$；

（6）* $y=\begin{cases}x, & x<1,\\ \sqrt{x}, & 1\leqslant x\leqslant16,\\ \log_2 x, & x>16.\end{cases}$

15. $f(x)=x^2-2$.

16. $f(x)=\dfrac{7x-5}{x+1}$.

17. $f[\varphi(x)+1]=\dfrac{2x^2+3}{x^2+1}$.

18. $\varphi[\varphi(x)]=x^4$；$\psi[\psi(x)]=2^{2^x}$；$\varphi[\psi(x)]=2^{2x}$；$\psi[\varphi(x)]=2^{x^2}$.

19. $f[\varphi(x)]=\begin{cases}2(x^2-1), & |x|\leqslant1,\\ 0, & |x|>1.\end{cases}$

20. $f[f(x)]=1$.

21. $f[g(x)]=\begin{cases}2\ln x, & 1\leqslant x\leqslant\mathrm{e},\\ \ln^2 x, & \mathrm{e}<x\leqslant\mathrm{e}^2.\end{cases}$

$$g[f(x)]=\begin{cases}\ln 2x, & 0<x\leqslant 1,\\ \ln x^2, & 1<x\leqslant 2.\end{cases}$$

22. $f[g(x)]=\begin{cases}1, & x<0,\\ 0, & x=0,\\ -1 & x>0.\end{cases}$

$$g[f(x)]=\begin{cases}\mathrm{e}, & |x|<1,\\ 1, & |x|=1,\\ \dfrac{1}{\mathrm{e}}, & |x|>1.\end{cases}$$

24. (1) 偶函数；　　　　(2) 偶函数；

　　　(3) 奇函数；　　　　(4) 偶函数.

26*. $x=2$.

27*. $x_1=-2, x_2=4$.

28. (1) $y=\sqrt{u}, u=2-x^2$；

　　　(2) $y=\cos u, u=\dfrac{3}{2}x$；

　　　(3) $y=2^u, u=x^2$；

　　　(4) $y=\lg u, u=\sin x$；

　　　(5) $y=u^3, u=\sin v, v=5x$；

　　　(6) $y=\arctan u, u=\cos v, v=\mathrm{e}^w, w=-\dfrac{1}{x^2}$；

　　　(7) $y=u^2, u=\ln v, v=\ln w, w=x^2$；

　　　(8) $y=\arccos u, u=\sqrt{v}, v=\log_a w, w=x^2-1$.

29. $F=\dfrac{\mu W}{\cos\theta+\mu\sin\theta}$　$\left(0\leqslant\theta<\dfrac{\pi}{2}\right)$.

30. $p=\dfrac{2}{h}[hb+(h-b)x]$　$(0\leqslant x\leqslant h)$.

$S=\dfrac{b}{h}x(h-x)$　$(0\leqslant x\leqslant h)$.

31. $h(V)=\dfrac{V}{\pi r^2}$,　$0\leqslant V\leqslant\pi r^2 H$.

32. $V=\pi x\left(R^2-\dfrac{x^2}{4}\right)$,　$0<x<2R$.

33. $R=R(X)=\begin{cases}400X, & 0\leqslant X\leqslant 1\,000,\\ 400\,000+360(X-1\,000), & 1\,000<X\leqslant 1\,200,\\ 472\,000, & X>1\,200.\end{cases}$

习 题 2

1. (1) 0;　　　　　　　　　(2) 1.

5. 必要条件;一定发散;不一定.

8. $f(0^-)=-\dfrac{\pi}{2}$, $f(0^+)=\dfrac{\pi}{2}$, $\lim\limits_{x\to 0}f(x)$不存在.

9. (1) $x\to -1$ 时为无穷小, $x\to 1$ 时为无穷大;

(2) $x\to -2$ 和 $x\to 1$ 时为无穷小, $x\to 2$ 时为无穷大;

(3) $x\to \dfrac{1}{2}$时为无穷小, $x\to +\infty$时为无穷大;

(4) $x\to 0^+$ 和 $x\to 2\pi^-$ 时为无穷小, $x\to \pi$ 时为无穷大;

(5) $x\to +\infty$时为无穷小, $x\to -\infty$时为无穷大.

11. (1) 0;　　　　　　　　(2) 0;

(3) 0;　　　　　　　　(4) 0.

12. (1) $\dfrac{1}{5}$;　　　　　　　(2) $\dfrac{4}{3}$;

(3) $\dfrac{1}{3}$;　　　　　　　(4) 1;

(5) $\dfrac{3}{4}$;　　　　　　　(6) 1;

(7) $\dfrac{1}{2}$.

13. (1) $\dfrac{2}{3}$;　　　　　　　(2) $\dfrac{3}{10}$;

(3) $\dfrac{a-1}{3a^2}$;　　　　　　(4) $3x^2$;

(5) $\dfrac{1}{2}$;　　　　　　　(6) 0;

(7) $\dfrac{2^{20}\times 3^{30}}{5^{50}}$.

14. (1) 0;　　　　　　　　(2) -2;

(3) $\dfrac{15}{2}$;　　　　　　　(4) $-\dfrac{1}{56}$;

(5) $\dfrac{n(n+1)}{2}$;　　　　　(6) $\dfrac{m}{n}$;

(7) $\dfrac{1}{2}$;　　　　　　　(8) $\dfrac{2}{3}$;

(9) $\dfrac{a+b}{2}$;   (10) $\dfrac{\sqrt{2}}{2}$.

17. (1) e^2;   (2) e^2;

(3) e;   (4) e^2;

(5) e^{-3};   (6) e^{-2};

(7) e;   (8) e^3;

(9) e^{-1};   (10) e;

(11) e^3;   (12) 1.

18. (1) $\dfrac{a}{b}$;   (2) 1;

(3) 1;   (4) 3;

(5) $\cos a$;   (6) 1;

(7) $2/\pi$;   (8) 1;

(9) $\sqrt{2}$;   (10) $2/\pi$;

(11) $\dfrac{1}{2}$.

19. (1) 等价无穷小;   (2) 同阶无穷小;

(3) 高阶无穷小;   (4) 高阶无穷小;

(5) 等价无穷小;   (6) 同阶无穷小.

20. $(4-x)^2$ 是 $(2-\sqrt{x})$ 的高阶无穷小.

23. (1) 1;   (2) 2;

(3) $-\dfrac{2}{5}$;   (4) 1.

24. (1) $(-2,2)$;   (2) $(-\infty,1),(1,2),(2,+\infty)$;

(3) $[4,6]$;   (4) $(-\infty,2)$;

(5) $(-\infty,1),[2,+\infty)$;   (6) $(0,1]$;

(7) $(-\infty,+\infty)$;   (8) $[0,1),[1,3]$;

(9) $(-1,+\infty)$.

25. (1) $x=0$, 可去间断点, 补充 $f(0)=\dfrac{1}{2}$.

(2) $x=1$, 可去间断点, 补充 $f(1)=-2$; $x=2$, 第二类间断点.

(3) $x=0$, 第二类间断点; $x=1$, 可去间断点, 补充 $f(1)=-\dfrac{\pi}{2}$.

(4) $x=0$, 可去间断点, 补充 $f(0)=\dfrac{2}{3}$; $x=k\pi(k=\pm1,\pm2,\cdots)$, 第二类间

断点.

(5) $x=0$,可去间断点,补充 $f(0)=0$.

(6) $x=a$,第一类(跳跃)间断点.

(7) $x=0$,第一类(跳跃)间断点.

(8) $x=1$,第一类(跳跃)间断点.

(9) $x=0$,第一类(跳跃)间断点.

(10) $x=-1$,第一类(跳跃)间断点.

26. (1) $a=1,b=-1$; (2) $a=9,b=-12$.

27. $a=1$.

28. (1) $k=1$; (2) $k=\mathrm{e}^6$;

    (3) $k=0$; (4) $k=\dfrac{1}{2}$.

29. $a=0,b=1$.

习 题 3

1. (1) $f'(a)$; (2) $-f'(a)$;

   (3) $2f'(a)$; (4) $f(a)-af'(a)$.

2. $2,0$.

5. (1) $2x$; (2) $-4x+1$;

   (3) 0; (4) 2.

6. (1) 8; (2) 10;

   (3) $\dfrac{\sqrt{2}}{2}$; (4) 不存在.

7. (1) $2x+y-3=0$, $x-2y+1=0$;

   (2) $x-y=0$, $x+y=0$.

11. $\varphi(a)$.

12. $\mathrm{e}^{f'(0)}$.

13. (1) $-\dfrac{1}{x^2}$; (2) $\dfrac{3}{2}x^{\frac{1}{2}}$;

    (3) $-\dfrac{1}{2}x^{-\frac{3}{2}}$; (4) $\dfrac{25}{12}x^{\frac{13}{12}}$;

    (5) $\dfrac{7}{8}x^{-\frac{1}{8}}$; (6) $2^x\ln 2$;

    (7) $(5\mathrm{e})^x(\ln 5+1)$; (8) $\dfrac{1}{x\ln 10}$.

14. 96 m/s.

15. (1) 64 m/s;   (2) −128 m/s.

16. (1) 3 m/s, 11 m/s;   (2) 4 s;

    (3) 9 m/s;   (4) 11 s.

17. (1) 24 000 人;   (2) 1 600 人/天.

18. $2kr$.

19. (1) g_1 的增长率快,因为 $g_1'(t_1) > g_2'(t_1)$;

    (2) 不相同,因为在 t_2 时 $g_1' > g_2'$.

20. (1) 2 200 元,22 元;   (2) 1 125 元;   (3) 9.5.

21. 9 975, 199.5, 199.

22. $2x+4$.

23. $\dfrac{1}{(1-x)^2}, \dfrac{1}{4x^2}, \dfrac{1}{2x^2}$.

24. 0.

25. $\dfrac{2}{3}(x+1), \dfrac{4}{3}$.

26. (1) $4x+\dfrac{4}{x^3}-\dfrac{5}{x^2}+5$;

    (2) $(1+x^2)(1+4x+5x^2)$;

    (3) $e^x(3x^2+5x+3)$;

    (4) $ax^{a-1}+a^x\ln a$;

    (5) $3-\dfrac{4}{(2-x)^2}$;

    (6) $-\dfrac{2}{(x-1)^2}$;

    (7) $-\dfrac{2}{x(1+\ln x)^2}$;

    (8) $\dfrac{\sqrt{a}}{\sqrt{x}(\sqrt{a}-\sqrt{x})^2}$;

    (9) $\sec^2 x+\cot x-x\csc^2 x$;

    (10) $\sin x\ln x+x\cos x\ln x+\sin x$;

    (11) $(2x+1)\sin x+x^2\cos x$;

    (12) $\sec x(1+\tan x)+e^x\csc x(1-\cot x)$;

    (13) $\dfrac{x^2}{(\cos x+x\sin x)^2}$;

(14) $\dfrac{x\cos x - \sin x}{x^2} + \dfrac{\sin x - x\cos x}{\sin^2 x}$.

27. (1) $-\dfrac{x}{\sqrt{1-x^2}}$;

(2) $\dfrac{1 + 2\sqrt{x} + x\sqrt{x+\sqrt{x}}}{8\sqrt{x}\sqrt{x+\sqrt{x}}\sqrt{x+\sqrt{x+\sqrt{x}}}}$;

(3) $2\mathrm{e}^{2x}$;

(4) $-2x\mathrm{e}^{-x^2}$;

(5) $2x\mathrm{e}^{a^2+x^2}$;

(6) $2x\mathrm{e}^{-2x}(1-x)$;

(7) $\cos x \cdot \ln 3 \cdot 3^{\sin x}$;

(8) $-\dfrac{\ln 2}{x^2}\sec^2\dfrac{1}{x}\cdot 2^{\tan\frac{1}{x}}$;

(9) $\dfrac{4}{(\mathrm{e}^x + \mathrm{e}^{-x})^2}$;

(10) $\dfrac{1}{\sqrt{x}(1-x)}$;

(11) $\dfrac{2x}{(1+x^2)\ln a}$;

(12) $\dfrac{-2x}{a^2-x^2}$;

(13) $\dfrac{4}{2x+1}$;

(14) $\dfrac{1}{2x}\left(1+\dfrac{1}{\sqrt{\ln x}}\right)$;

(15) $\dfrac{2x-\mathrm{e}^x}{x^2-\mathrm{e}^x}$;

(16) $\dfrac{1}{2x-1}\left(x\neq\dfrac{1}{2}\right)$;

(17) $\dfrac{1}{x\ln x \cdot \ln(\ln x)}$;

(18) $2\cot 2x$;

(19) $\dfrac{1}{\ln a\,\sqrt{1+x^2}}$;

(20) $\sqrt{a^2+x^2}$.

28. (1) $n\sin x\cos x(\sin^{n-2}x - \cos^{n-2}x)$;

(2) $\dfrac{\cos x}{2\sqrt{\sin x}} + \dfrac{\cos\sqrt{x}}{2\sqrt{x}}$;

(3) $n\cos^{n-1}x(\cos x\cos nx - \sin x\sin nx)$;

(4) $\sec^2\dfrac{x}{2}\tan\dfrac{x}{2}$;

(5) $\dfrac{1}{2\sqrt{x}(1+x)} + \dfrac{1}{2(1+x^2)\sqrt{a\tan x}}$;

(6) $\dfrac{\mathrm{e}^x}{\sqrt{1-\mathrm{e}^{2x}}} + \mathrm{e}^{\arcsin x}\dfrac{1}{\sqrt{1-x^2}}$;

(7) $\dfrac{3}{2\sqrt{3x-9x^2}}$;

(8) $\sqrt{a^2-x^2}$;

(9) $\dfrac{2x}{\sqrt{1-x^4}} + \dfrac{2\arcsin x}{\sqrt{1-x^2}}$;

(10) $\arccos x$；

(11) $\dfrac{x^2}{1-x^4}$；

(12) $\mathrm{e}^{-x}\sin^2 x \cdot \operatorname{arccot} \mathrm{e}^x (3\cos x-\sin x)-\dfrac{\sin^3 x}{1+\mathrm{e}^{2x}}$；

(13) $2\mathrm{e}^x \sqrt{1-\mathrm{e}^{2x}}$；

(14) $\dfrac{1}{1+x^2}$.

30. (1) $\left(1+\dfrac{1}{x}\right)^x\left[\ln\left(1+\dfrac{1}{x}\right)-\dfrac{1}{1+x}\right]$；

(2) $(x+1)^{\ln x}\left[\dfrac{\ln x}{x+1}+\dfrac{\ln(x+1)}{x}\right]$；

(3) $x^{\sin x}\left(\dfrac{\sin x}{x}+\cos x \cdot \ln x\right)$；

(4) $2x^{2x}(1+\ln x)+(2x)^x(1+\ln 2x)$；

(5) $(\sin x)^{\cos x}(\cos x \cdot \cot x-\sin x \cdot \ln\sin x)$；

(6) $(1+x^2)^{\sec x}\left[\sec x \cdot \tan x \cdot \ln(1-x^2)-\dfrac{2x\sec x}{1-x^2}\right]$.

31. (1) $\dfrac{4x-y^3}{3xy^2-\mathrm{e}^y}$；　　　　　(2) $\dfrac{y-2x}{2y-x}$；

(3) $\dfrac{\mathrm{e}^y}{1-\mathrm{e}^y-x\mathrm{e}^y}$；　　　　(4) $-\dfrac{\sqrt{xy}}{\sqrt{x}}$；

(5) $\dfrac{ay-x^2}{y^2-ax}$；　　　　　(6) $-\dfrac{y^{\frac{1}{3}}}{x^{\frac{1}{3}}}$；

(7) $\dfrac{\mathrm{e}^y}{2-y}$；　　　　　　(8) $\dfrac{y\cos x+\sin(x-y)}{\sin(x-y)-\sin x}$.

32. $x-y+1=0,\ x+y-1=0$.

35. 800π.

36. $50\,\mathrm{km/h}$.

37. $0.4\,\mathrm{m/s}, 0.0141\,\mathrm{m/s}$.

38. 第 5 小时末:300(A 条件下),100(B 条件下);第 10 小时末:500(A 条件下),0 (B 条件下).

39. $1,2,6,0$.

40. $1,0,-2$.

41. $-2k\mathrm{e}^{-kt},2k^2\mathrm{e}^{-kt},-2k,2k^2$.

42. (1) $\dfrac{2(1-x^2)}{(1+x^2)^2}$;　　　　　　　　(2) $\dfrac{1}{x}$;

(3) $2\arctan x+\dfrac{2x}{1+x^2}$;　　　　(4) $2\cos x-x\sin x$;

(5) $\dfrac{-a^2}{\sqrt{(a^2-x^2)^3}}$;　　　　　(6) $\mathrm{e}^x(2+4x+x^2)$;

(7) $\dfrac{\cos x}{x}(1-x^2\ln x)-2\sin x(1+\ln x)$;

(8) $4\cos 2x$;　　　　　　　(9) $\dfrac{\sin(x+y)}{[\cos(x+y)-1]^3}$;

(10) $\dfrac{\mathrm{e}^{x+y}(x-y)^2}{(x-\mathrm{e}^{x+y})^3}-\dfrac{2(\mathrm{e}^{x+y}-y)}{(x-\mathrm{e}^{x+y})^2}$.

43. $-\dfrac{\sqrt[3]{4}}{3}$.

44. $\dfrac{1}{\mathrm{e}^2}$.

49. (1) $(n+x)\mathrm{e}^x$;　　　　　　(2) $\dfrac{(-1)^{n+1}\cdot n!}{(x+1)^{n+1}}$;

(3) $\dfrac{(-1)^n(n-2)!}{x^{n-1}}$ $(n\geqslant 2)$;　(4) $2^{n-1}\sin\left[2x+\dfrac{(n-1)\pi}{2}\right]$.

50. 0.017 5.

51. -0.045.

52. (1) 0.008;　　　　　　(2) $-0.000\,125$.

53. (1) $\left(1+\dfrac{1}{2\sqrt{x}}\right)\mathrm{d}x$;

(2) $-\mathrm{e}^{-x}\left[\cos(\ln x)+\dfrac{1}{x}\sin(\ln x)\right]\mathrm{d}x$;

(3) $2(\mathrm{e}^{2x}-\mathrm{e}^{-2x})\mathrm{d}x$;

(4) $\left[4(2x-1)\sin\sqrt{x}+\dfrac{(2x-1)^2}{2\sqrt{x}}\cos\sqrt{x}\right]\mathrm{d}x$;

(5) $(\sin x+x\cos x)\mathrm{d}x$;

(6) $\dfrac{\mathrm{d}x}{1+x^2}$;

(7) $-\dfrac{1+\mathrm{e}^y}{1+x\mathrm{e}^y}\mathrm{d}x$;

(8) $\dfrac{y\mathrm{e}^{xy}-2}{1-x\mathrm{e}^{xy}}\mathrm{d}x$.

54. (1) $\dfrac{v\,du-u\,dv}{v\,\sqrt{v^2-u^2}}$;　　　　(2) $e^{\sqrt{u^2+v^2}}\dfrac{u\,du+v\,dv}{\sqrt{u^2+v^2}}$;

　　(3) $\dfrac{v\,du-u\,dv}{uv}$;　　　　(4) $\sec^2\dfrac{u^2-v^2}{2}(u\,du-v\,dv)$.

55. $19.63\,\mathrm{cm}^3$.

56. $30.301\,\mathrm{m}^3$, $30\mathrm{m}^3$.

57. (1) 2.0017;　　　　(2) 1.05;

　　(3) 0.694;　　　　(4) 0.5151.

59. $L(x)=1-8x$.

习 题 4

1. (1) $\dfrac{1}{4}$;　　　　(2) 0;

　　(3) $\dfrac{4}{3}$;　　　　(4) 0.

2. (1) $\sqrt{\dfrac{7}{3}}$;　　　　(2) 0;

　　(3) $\log_2 e$;　　　　(4) $1-\dfrac{\sqrt{3}}{3}$.

4. $\dfrac{2}{3}$.

9. (1) ∞;　　(2) 1;　　(3) $a^a(\ln a-1)$;

　　(4) 2;　　(5) ∞;　　(6) -1;

　　(7) 5;　　(8) $\dfrac{2}{\pi}$;　　(9) $-\dfrac{1}{6}$;

　　(10) $-\dfrac{1}{8}$;　　(11) 0;　　(12) ∞;

　　(13) 0;　　(14) $\dfrac{1}{4}$;　　(15) 0;

　　(16) 0;　　(17) ∞;　　(18) $\dfrac{2}{\pi}$;

　　(19) ∞;　　(20) $-\dfrac{1}{3}$;　　(21) $\dfrac{1}{2}$;

　　(22) $\dfrac{2}{3}$;　　(23) 1;　　(24) e;

　　(25) 1;　　(26) 1;　　(27) 1;

　　(28) e^2;　　(29) e^4;　　(30) e^{-2};

(31) e^2；　　　　　　　(32) $e^{-\frac{\pi^2}{2}}$.

10. $f''(a)$.

12. (1) 单调增区间$(-1,+\infty)$，

　　　单调减区间$(-\infty,-1)$；

　　(2) 单调增区间$(-\infty,0)$，

　　　单调减区间$(0,+\infty)$；

　　(3) 单调增区间$(-1,0)$，$(1,+\infty)$，

　　　单调减区间$(-\infty,-1)$，$(0,1)$；

　　(4) 单调增区间$(-\infty,-2)$，$(0,+\infty)$，

　　　单调减区间$(-2,-1)$，$(-1,0)$；

　　(5) 单调增区间$(-\infty,2)$，

　　　单调减区间$(2,+\infty)$；

　　(6) 单调增区间$\left(\dfrac{1}{2},+\infty\right)$，

　　　单调减区间$\left(0,\dfrac{1}{2}\right)$.

15. (1) 极大值 $f(0)=5$，极小值 $f(2)=1$；

　　(2) 极大值 $f(2)=4e^{-2}$，极小值 $f(0)=0$；

　　(3) 极大值 $f\left(\dfrac{1}{5}\right)=\dfrac{3\,456}{3\,125}$，极小值 $f(1)=0$；

　　(4) 极大值 $f(0)=\sqrt{3}$，无极小值；

　　(5) 极大值 $f(0)=0$，极小值 $f\left(\dfrac{2}{5}\right)=\dfrac{3}{25}\sqrt[3]{20}$；

　　(6) 极大值 $f\left(\dfrac{1}{2}\right)=\dfrac{81}{8}\sqrt[3]{18}$，极小值 $f(-1)=f(5)=0$.

16. $-2,-\dfrac{1}{2}$.

17. (1) $\max f(1)=2$，$\min f(-1)=-10$；

　　(2) $\max f(4)=8$，$\min f(0)=0$；

　　(3) $\max f(1)=2e+e^{-1}$，$\min f\left(-\dfrac{1}{2}\ln 2\right)=2\sqrt{2}$；

　　(4) $\max f(1)=0$，$\min f\left(\dfrac{1}{4}\right)=-\ln 2$.

18. $2,3$.

19. $18,12$.

20. $\dfrac{4}{27}\pi r^2 h$.

21. 2 小时.

22. 50 000 个.

23. 250 个.

24. $\sqrt{\dfrac{ac}{2b}}$ 批.

25. (1) 上凸区间 $(-\infty,2)$；下凸区间 $(2,+\infty)$；拐点 $(2,-8)$；

(2) 上凸区间 $(-\infty,-1)$，$(1,+\infty)$；下凸区间 $(-1,1)$；拐点 $(-1,\ln 2)$ 和 $(1,\ln 2)$；

(3) 下凸区间 $(-\infty,+\infty)$；无拐点；

(4) 上凸区间 $(-\infty,b)$；下凸区间 $(b,+\infty)$；拐点 (b,a).

26. $-\dfrac{3}{2},\dfrac{9}{2}$.

27. $3,-9,8$.

28. (1) $x=0,y=1$；

(2) $x=-1,y=0$；

(3) $x=-1,x=1,y=0$；

(4) $x=-1,x=1,y=-2$；

(5) $x=-2,y=0$；

(6) $x=-3,y=0$.

习 题 5

1. (1) $\dfrac{4}{7}x^{7/2}+C$；　　　　　　(2) $2\sqrt{2}-\dfrac{4}{3}x^{3/2}+\dfrac{2}{5}x^{5/2}+C$；

(3) $\dfrac{1}{3}x^3+\dfrac{3}{2}x^2+9x+C$；　　(4) $\mathrm{e}^x-\ln|x|+C$；

(5) $2\sqrt{x}+\dfrac{2^x}{\ln 2}+3\ln|x|+C$；　(6) $\arcsin x+C$；

(7) $-\dfrac{1}{x}-3\arctan x+C$；　　(8) $\dfrac{1}{3}x^3-x+\arctan x+C$；

(9) $3x+\dfrac{12x}{2^2(\ln 3-\ln 2)}+C$；　(10) $-3\cos x-\cot x+C$；

(11) $\dfrac{3}{2}(x+\sin x)+C$；　　　(12) $-(\cot x+x)+C$；

(13) $\tan x-\sec x+C$；　　　　(14) $-(\cot x+\tan x)+C$；

(15) $\sin x + \cos x + C.$

2. (1) $f(x) = \tan x - \cos x + 6;$　　　(2) $f(x) = x^2 + 3x - 2.$

3. $y = \ln x + 2.$

4. $\dfrac{49}{24}$ kg.

5. $s(t) = s_0 - 2\cos t + 2.$

6. (1) $-\dfrac{1}{9}(5-3x)^3 + C;$　　　(2) $\dfrac{1}{3}\sin(3x-4) + C;$

(3) $-\sqrt{5-2x} + C;$　　　(4) $\dfrac{1}{2}e^{2x-3} + C;$

(5) $-\dfrac{1}{2}e^{-x^2} + C;$　　　(6) $-\dfrac{1}{3}\ln|1-3x| + C;$

(7) $\dfrac{3}{2}\ln(1+x^2) + C;$　　　(8) $\dfrac{1}{2}\ln^2 x + C;$

(9) $\dfrac{1}{\sqrt{3}}\arcsin\sqrt{\dfrac{3}{5}}x + C;$　　　(10) $\dfrac{1}{6}\arctan\dfrac{3x}{2} + C;$

(11) $-\cos(\ln x) + C;$　　　(12) $e^{\arcsin x} + C;$

(13) $2e^{\sqrt{x}} + C;$　　　(14) $\dfrac{1}{\sqrt{3}}\arctan\dfrac{x+3}{\sqrt{3}} + C;$

(15) $\dfrac{1}{2\sqrt{2}}\ln\left|\dfrac{x-2-\sqrt{2}}{x-2+\sqrt{2}}\right| + C;$　　　(16) $\dfrac{1}{2}(\arctan x)^2 + C;$

(17) $\dfrac{1}{2}\ln|3x^2-2x+1| + C;$　　　(18) $2\arctan\sqrt{x} + C;$

(19) $\ln|\ln x| + C;$　　　(20) $\cos\dfrac{1}{x} + C;$

(21) $\dfrac{1}{2}\arctan(2\sin x) + C;$　　　(22) $\arctan e^x + C;$

(23) $-x + 2\ln(1+e^x) + C;$　　　(24) $2\sqrt{\tan x - 1} + C;$

(25) $\dfrac{1}{2}\ln(e^{2x}+4) + C;$　　　(26) $\dfrac{1}{4}\ln^2(1+x^2) + C;$

(27) $\dfrac{1}{2}\arctan x^2 + C;$　　　(28) $\sqrt{1+\sin^2 x} + C;$

(29) $\dfrac{1}{3}\tan x^3 + C;$　　　(30) $(\arctan\sqrt{x})^2 + C;$

(31) $\dfrac{1}{2}(\ln|\tan x| + \tan x) + C;$　　(32) $2(\sin x - \cos x)^{1/2} + C;$

7. (1) $f(x) = x + \dfrac{x^2}{2} + \dfrac{1}{2}$;   (2) $f(x) = 2\sqrt{x} - 1$.

8. (1) $\dfrac{x}{\sqrt{1-x^2}} + C$;   (2) $\dfrac{\sqrt{x^2-4}}{4x} + C$;

     (3) $-\dfrac{\sqrt{1+x^2}}{x} + C$;   (4) $\dfrac{1}{3}\dfrac{x-1}{\sqrt{x^2-2x+4}} + C$;

     (5) $\arcsin e^x + e^x \sqrt{1-e^{2x}} + C$;   (6) $\sqrt{x^2-9} - 3\arccos\dfrac{3}{x} + C$;

     (7) $\ln\dfrac{\sqrt{1+e^x}-1}{\sqrt{1+e^x}+1} + C$.

9. (1) $-x\cos x + \sin x + C$;

     (2) $2\left(x\sin\dfrac{x}{2} + 2\cos\dfrac{x}{2}\right) + C$;

     (3) $\left(\dfrac{x^2}{2} - \dfrac{1}{4}\right)\arcsin x + \dfrac{x}{4}\sqrt{1-x^2} + C$;

     (4) $\dfrac{x^2}{2}\left(\ln 3x - \dfrac{1}{2}\right) + C$;

     (5) $\dfrac{e^{2x}}{2}\left(x - \dfrac{1}{2}\right) + C$;

     (6) $\dfrac{x^3}{3}\ln x - \dfrac{x^3}{9} + C$;

     (7) $x\ln\dfrac{x}{2} - x + C$;

     (8) $-\dfrac{1}{4}x\cos 2x + \dfrac{1}{8}\sin 2x + C$;

     (9) $-2\sqrt{1-x}\arcsin x + 2\sqrt{x} + C$;

     (10) $\dfrac{1}{3}x^2\sin 3x + \dfrac{2}{9}x\cos 3x - \dfrac{2}{27}\sin 3x + C$;

     (11) $\dfrac{1}{2}x^2\arctan x - \dfrac{1}{2}x + \dfrac{1}{2}\arctan x + C$;

     (12) $-\dfrac{1}{x}\ln x - \dfrac{1}{x} + C$;

     (13) $\dfrac{1}{2}x[\sin(\ln x) + \cos(\ln x)] + C$;

     (14) $-2\sqrt{x}\cos\sqrt{x} + 2\sin\sqrt{x} + C$;

     (15) $2\sqrt{x}e^{\sqrt{x}} - 2e^{\sqrt{x}} + C$;

(16) $x\tan x+\ln|\cos x|-\dfrac{x^2}{2}+C$;

(17) $-\dfrac{1}{x}\arctan x+\ln\dfrac{x}{\sqrt{1+x^2}}+C$;

(18) $\dfrac{1}{2}\mathrm{e}^{-x}(\sin x-\cos x)+C.$

10. (1) $\dfrac{13}{3}\ln|x-5|-\dfrac{7}{3}\ln|x-2|+C$;

(2) $\ln|x|-\dfrac{2}{x-1}+C$;

(3) $-\dfrac{1}{4}\ln|x|-\dfrac{1}{2x}+\dfrac{1}{4}\ln|x+2|+C$;

(4) $-\dfrac{1}{2}\ln|x+1|+2\ln|x+2|-\dfrac{3}{2}\ln|x+3|+C$;

(5) $3\ln|x-2|-2\ln|x-1|+C$;

(6) $\ln\dfrac{|x-1|}{\sqrt{x^2+1}}-\arctan x+\dfrac{1}{1+x^2}+C$;

(7) $\dfrac{1}{3}x^3+\dfrac{1}{2}x^2+x+8\ln|x|-4\ln|x+1|-3\ln|x-1|+C$;

(8) $-\dfrac{1}{97}\dfrac{1}{(x+1)^{97}}+\dfrac{1}{49}\dfrac{1}{(x+1)^{98}}-\dfrac{1}{99(x+1)^{99}}+C$;

(9) $-\dfrac{1}{10}\cos 5x+\dfrac{1}{2}\cos x+C$;

(10) $\dfrac{1}{3}\sin\dfrac{3x}{2}+\sin\dfrac{x}{2}+C$;

(11) $\dfrac{1}{7}\cos^7 x-\dfrac{2}{9}\cos^9 x+\dfrac{1}{11}\cos^{11}x+C$;

(12) $\dfrac{1}{3}\sec^3 x-\sec x+C$;

(13) $\dfrac{1}{3}\tan^3 x+\tan x+C$;

(14) $\dfrac{1}{\sqrt{2}}\arctan\left(\dfrac{\tan x}{\sqrt{2}}\right)+C$;

(15) $\dfrac{1}{2}\ln|\tan x|+\dfrac{1}{2}\tan x+C$;

(16) $\dfrac{1}{8}\ln(4\tan^2 x+9)+C$;

(17) $\ln\left|\dfrac{\sin x}{1+\sin x}\right|+C$;

(18) $\dfrac{2}{5}\cos^{\frac{5}{2}}x-2\cos^{\frac{1}{2}}x+C$;

(19) $\dfrac{1}{4}\ln\left|\dfrac{2+\tan\frac{x}{2}}{2-\tan\frac{x}{2}}\right|+C$;

(20) $x+\dfrac{2}{1+\tan\frac{x}{2}}+C$;

(21) $\dfrac{2}{3}\arctan\dfrac{5}{3}\left(\tan\dfrac{x}{2}+\dfrac{4}{5}\right)+C$;

(22) $-\dfrac{1}{2}\ln|1+\tan x|+\dfrac{1}{2}\ln|\sec x|+\dfrac{x}{2}+C$;

(23) $\dfrac{4}{3}\sqrt[4]{x^3}-\dfrac{4}{3}\ln(1+\sqrt[4]{x^3})+C$;

(24) $x-4\sqrt{x+1}+4\ln(\sqrt{x+1}+1)+C$;

(25) $2\sqrt{3+2x}+\sqrt{3}\ln\left|\dfrac{\sqrt{3+2x}-\sqrt{3}}{\sqrt{3+2x}+\sqrt{3}}\right|+C$;

(26) $2\sqrt{1-e^x}+\ln\left|\dfrac{1-\sqrt{1-e^x}}{1+\sqrt{1-e^x}}\right|+C$;

(27) $\dfrac{2}{3}\left[(x+1)^{3/2}-x^{3/2}\right]+C$;

(28) $x\sqrt{\dfrac{1-x}{x}}-\arctan\sqrt{\dfrac{1-x}{x}}+C$.

11. (1) $\ln\left(x+\dfrac{1}{2}+\sqrt{x(x+1)}\right)+C$;

(2) $\dfrac{1}{2}(x^2-1)\ln\left|\dfrac{x-1}{x+1}\right|-x+C$;

(3) $\dfrac{x^4}{8(1+x^8)}+\dfrac{1}{8}\arctan(x^4)+C$;

(4) $\ln|x+\sin x|+C$;

(5) $(4-2x)\cos\sqrt{x}+4\sqrt{x}\sin\sqrt{x}+C$;

(6) $\dfrac{\sqrt{x^2+1}(2x^2-1)}{3x^3}+C$;

(7) $\left(x+\dfrac{1}{2}\right)\ln(\sqrt{x}+\sqrt{1+x})-\dfrac{1}{2}\sqrt{x^2+x}+C$;

(8) $\dfrac{x\mathrm{e}^x}{\mathrm{e}^x+1}-\ln(1+\mathrm{e}^x)+C.$

12. (1) $\dfrac{3}{2}$;　　　　　　　　　　(2) $\dfrac{8}{3}$.

13. (1) $\displaystyle\int_0^1 x^4\,\mathrm{d}x$;　　　　　　(2) $\displaystyle\int_0^1 \dfrac{1}{1+x}\,\mathrm{d}x.$

14. (1) $\displaystyle\int_0^1 x^2\,\mathrm{d}x\geqslant\int_0^1 x^3\,\mathrm{d}x$;　　(2) $\displaystyle\int_0^{\frac{\pi}{2}} x\,\mathrm{d}x\geqslant\int_0^{\frac{\pi}{2}}\sin x\,\mathrm{d}x$;

　　(3) $\displaystyle\int_1^2 \ln x\,\mathrm{d}x\geqslant\int_1^2 \ln^2 x\,\mathrm{d}x$;　　(4) $\displaystyle\int_0^1 x\,\mathrm{d}x\geqslant\int_0^1 \ln(1+x)\,\mathrm{d}x.$

15. (1) $1\leqslant\displaystyle\int_0^1 \mathrm{e}^{x^2}\,\mathrm{d}x\leqslant\mathrm{e}$;

　　(2) $\pi\leqslant\displaystyle\int_{\frac{\pi}{4}}^{\frac{5\pi}{4}}(1+\sin^2 x)\,\mathrm{d}x\leqslant 2\pi$;

　　(3) $6\leqslant\displaystyle\int_1^4 (1+x^2)\,\mathrm{d}x\leqslant 51$;

　　(4) $\dfrac{\pi}{9}\leqslant\displaystyle\int_{\frac{1}{\sqrt{3}}}^{\sqrt{3}} x\arctan x\,\mathrm{d}x\leqslant\dfrac{2}{3}\pi.$

17. (1) 0 ;　　　　　　　　　(2) 0.

18. (1) $\sin x^2$;　　　　　　　(2) $-\sqrt{1+x^6}\cdot 3x^2$;

　　(3) $x^2(2x^3\mathrm{e}^{-x^2}-\mathrm{e}^{-x})$;　　(4) $2\arctan x\displaystyle\int_0^x \arctan t\,\mathrm{d}t$;

　　(5) $x.$

19. $y'=2x\displaystyle\int_0^{2x}\cos t^2\,\mathrm{d}t+2x^2\cos 4x^2.$

20. $\dfrac{\mathrm{d}y}{\mathrm{d}x}=\dfrac{y}{\mathrm{e}^{x^2}\sin y}.$

21. $\dfrac{\mathrm{d}y}{\mathrm{d}x}=\dfrac{1+\cos^2(y-x)}{\cos^2(y-x)-2y}.$

22. $\dfrac{\mathrm{d}^2 y}{\mathrm{d}x^2}=-\sin t^2.$

23. (1) -2 ;　　　　　　　　(2) 0 ;

　　(3) $\dfrac{1}{4}\ln\dfrac{a}{b}$;　　　　　　(4) 1.

24. $f(0)=0.$

25. (1) $\dfrac{29}{6}$;　　　　　　　　(2) $1-\dfrac{1}{\sqrt{3}}+\dfrac{\pi}{12}$;

(3) $\dfrac{\pi}{3}$;   (4) $1-\dfrac{\pi}{4}$;

(5) $5\left(1-\dfrac{\pi}{4}\right)$;   (6) 2;

(7) $\dfrac{5}{2}$;   (8) $2(\sqrt{2}-1)$;

(9) $\dfrac{5}{2}$;   (10) $2\sqrt{2}$.

26. $e^2+1-\cos 4+\cos 2$.

28. $A=8, B=3$.

29. (1) $\dfrac{1}{5}(e-1)^5$;   (2) $\sqrt{2}+\dfrac{\pi}{4}-2$;

(3) $\dfrac{3}{2}$;   (4) $2(\sqrt{3}-1)$;

(5) $1+\dfrac{\sqrt{3}}{3}$;   (6) $\dfrac{4}{3}$;

(7) $\dfrac{\pi}{4}$;   (8) $1+\ln\dfrac{2}{1+e}$;

(9) $\dfrac{8}{3}$;   (10) $\dfrac{2}{3}\ln 2$.

30. (1) $\dfrac{\pi}{4}+\dfrac{1}{2}$;   (2) $\dfrac{\pi}{12}$;

(3) $\dfrac{3}{16}\pi$;   (4) $1-\dfrac{\pi}{4}$;

(5) $\dfrac{\pi}{16}a^4$;   (6) $\sqrt{2}-\dfrac{2\sqrt{3}}{3}$;

(7) $\dfrac{\pi^3}{324}$;   (8) 0;

(9) π;   (10) $\dfrac{\pi}{2}$.

31. (1) $1-2e^{-1}$;   (2) $\dfrac{e^2}{4}+\dfrac{1}{4}$;

(3) $4(2\ln 2-1)$;   (4) $e-2$;

(5) $\dfrac{\pi}{12}+\dfrac{\sqrt{3}}{2}-1$;   (6) $\ln 2-2+\dfrac{\pi}{2}$;

(7) $\dfrac{3-2\sqrt{3}}{9}\pi-\ln(2\sqrt{3}-3)$;   (8) $\left(\dfrac{1}{4}-\dfrac{\sqrt{3}}{9}\right)\pi+\dfrac{1}{2}\ln\dfrac{3}{2}$;

(9) $\dfrac{35}{128}\pi$;　　　　　　　　　(10) 2π;

(11) $\dfrac{3\pi}{8}$;　　　　　　　　　　(12) $\dfrac{\pi}{32}$.

32. $6-2e$.

33. $\dfrac{1}{2}$.

34. (1) $\dfrac{22}{3}$;　　　　　　　　　(2) $\dfrac{\pi}{4}-\dfrac{1}{2}$;

(3) $2e^2$;　　　　　　　　　　(4) $\dfrac{e}{2}-1$;

(5) $\dfrac{\sqrt{3}}{2}+\ln(2-\sqrt{3})$;　　　(6) $\arctan\dfrac{1}{2}$.

35. (1) 1;　　　　　　　　　　(2) 发散;

(3) 发散;　　　　　　　　　(4) $\dfrac{1}{2}$;

(5) 1;　　　　　　　　　　(6) $\dfrac{\pi}{2}$;

(7) $\dfrac{\sqrt{2}}{2}\pi$;　　　　　　　　(8) $\dfrac{\pi}{2}$;

(9) $1-\ln 2$;　　　　　　　　(10) 2.

36. (1) 1;　　　　　　　　　　(2) 发散;

(3) $-\dfrac{\pi}{2}$;　　　　　　　　(4) $\dfrac{\pi^2}{8}$;

(5) $-\dfrac{4}{3}$;　　　　　　　　(6) 发散.

37. $k\leqslant 1$ 发散, $k>1$ 收敛且收敛于 $\dfrac{1}{(k-1)(\ln 2)^{k-1}}$.

38. $\dfrac{\pi}{2}$.

39. (1) $\dfrac{8}{3}\sqrt{2}$;　　　　　　　　(2) $\dfrac{1}{6}$;

(3) $e+\dfrac{1}{e}-2$;　　　　　　　(4) $\dfrac{3}{2}-\ln 2$;

(5) $\dfrac{32}{3}$.

40. (1) πa^2;　　　　　　　　　(2) $3\pi a^2$;

(3) $\dfrac{27}{2}\pi$;   (4) $\dfrac{5}{4}\pi-2$;

(5) $\dfrac{\pi}{6}-\dfrac{\sqrt{3}-1}{2}$.

41. $\dfrac{2}{3}$.

42. $\dfrac{9}{4}$.

43. $a=2\sqrt[4]{6}$.

44. $\dfrac{64}{3}$.

45. $\dfrac{2}{3}R^3\tan\alpha$.

46. (1) $\dfrac{\pi}{5}$; $\dfrac{\pi}{2}$;   (2) $\dfrac{48}{5}\pi$; $\dfrac{24}{5}\pi$;

(3) 12π; $\dfrac{206}{15}\pi$.

48. $\dfrac{7}{6}$, $\dfrac{5}{2}\pi$.

49. $\dfrac{112}{3}\pi$.

50. (1) $1+\dfrac{1}{2}\ln\dfrac{3}{2}$;   (2) $2\sqrt{3}-\dfrac{4}{3}$;

(3) $\ln(\sqrt{2}+1)$;   (4) $\sqrt{2}(e^{\frac{\pi}{2}}-1)$;

(5) $\ln(1+\sqrt{2})$;   (6) $\dfrac{3}{2}\pi a$;

(7) $\dfrac{\sqrt{1+a^2}}{a}(e^{a\varphi}-1)$.

51. 0.5J.

52. $\dfrac{27}{7}ka^{7/3}$(k 为比例系数).

53. 0.3125J.

54. $140\,000g$(J).

55. $250g$(J).

56. $109\,375\pi g$(J).

57. $562.5\pi g$(N).

58. $\dfrac{22}{3} \times 10^3 g$(N).

59. $\dfrac{kmM}{a(a+l)}$.

61. (1) $\dfrac{\pi}{2}$;   (2) $1 - \dfrac{3}{e^2}$.

62. $\dfrac{1}{2} gt$.

63. $6\,\text{kg/m}$.

习 题 6

1. (1) 一阶;(2) 二阶;(3) 一阶;(4) 一阶;(5) 二阶.

5. $e^y - \dfrac{15}{16} = \left(x + \dfrac{1}{4}\right)^2$.

6. $y - xy' = \sqrt{x^2 + y^2}$.

7. (1) $\dfrac{y}{3+y} = Ce^{\frac{3x^2}{2}}$;   (2) $e^{y^2} = C(1 + e^x)^2$;

      (3) $y = \dfrac{C}{\sin x} - 3$;   (4) $y = e^{C\left(\tan\frac{x}{2}\right)}$;

      (5) $y = C\cos x - 3$;   (6) $x - y = \dfrac{1}{x+C}$.

8. (1) $\sqrt{x^2 + 2xy - y^2} = C$;   (2) $\ln Cx = -e^{-\frac{y}{x}}$;

      (3) $\sin\dfrac{y}{x} = \ln|x| + C$;   (4) $y = Ce^{y/x}$.

9. (1) $y = Cx + \dfrac{x^3}{2}$;   (2) $y = \dfrac{1}{4}e^{x^2} + e^{-x^2}$;

      (3) $y = x + C\sqrt{1 + x^2}$;   (4) $x = y[(\ln y)^2 + \ln y + C]$;

      (5) $x = \dfrac{C}{y} + \dfrac{y^2}{3}$.

10. (1) $\dfrac{1}{y^2} = Cx^2 + 2x$;   (2) $\sqrt{y} = x - 2 + Ce^{-\frac{x}{2}}$;

      (3) $\dfrac{1}{y} = \dfrac{C}{x} + 1 - \ln x$.

11. (1) $e^y = \dfrac{1}{2}(e^{2x} + 1)$;   (2) $y^2 = 2x^2 + 1$;

      (3) $y^3 = y^2 - x^2$;   (4) $y^2 = x^2(2\ln x + 4)$;

(5) $y=\dfrac{1}{x}(\pi-\cos x-1)$；　　　　(6) $y=1$.

12. $y=2e^x-2x-2$.

13. $y=\dfrac{2x}{x-1}$.

15. $f(x)=\dfrac{1}{x+1}$.

16. $\dfrac{f^2(x)}{x^2}+\dfrac{2}{3}f^3(x)=\dfrac{5}{3}$.

17. (1) $y=\dfrac{x^3}{6}+e^{-x}+C_1x+C_2$；

(2) $y=(x-3)e^x+C_1x^2+C_2x+C_3$；

(3) $y=C_1\arcsin x+C_2$；

(4) $y=C_1e^x-\dfrac{1}{2}x^2-x+C_2$；

(5) $y=C_1(x-e^{-x})+C_2$；

(6) $4(C_1y-1)=C_1^2(x+C_2)^2$；

(7) $C_1y^2-1=(C_1x+C_2)^2$；

(8) $y=C_1(4x-1)^2+C_2$.

18. (1) $y=\tan\left(x+\dfrac{\pi}{4}\right)$；　　　　(2) $y=-\ln(x+1)$；

(3) $y=2+\ln\left(\dfrac{x}{2}\right)^2$；　　　　(4) $y=\dfrac{x-3}{x-2}$；

(5) $y=(x-1)e^{x+1}+2$.

19. $y=\dfrac{x^3}{6}+\dfrac{1}{2}x+1$.

20. $y^3=\left(\dfrac{3\sqrt{2}}{2}x+1\right)^2$.

21. $y=C_1e^{2x}+C_2e^{-x}$；$y=\dfrac{1}{2}e^{2x}+\dfrac{1}{2}e^{-x}$.

22. $y=C_1(x-e^x)+C_2(x-e^{-x})+x$.

23. (1) 相关；(2) 无关；(3) 相关；(4) 无关.

25. (1) $y=C_1+C_2e^{4x}$；

(2) $y=C_1e^{-x}+C_2e^{\frac{x}{2}}$；

(3) $y=e^{-x}[C_1\cos 2x+C_2\sin 2x]$；

(4) $y=e^{-\frac{x}{2}}\left[C_1\cos\dfrac{\sqrt{3}}{2}x+C_2\sin\dfrac{\sqrt{3}}{2}x\right]$；

(5) $y=C_1 e^{-x}+C_2 e^{-4x}$；

(6) $y=e^{5x}(C_1+C_2 x)$；

(7) $y=(C_1+C_2 x)e^{2x}$；

(8) $y=C_1 e^{-\frac{4}{3}x}+C_2 e^{2x}$；

(9) $y=(C_1+C_2 x)e^x+C_3 e^{-x}$；

(10) $y=C_1+C_2 x+e^x(C_3+C_4 x)$.

26. (1) $y=C_1 e^{-x}+C_2 e^{-2x}+\left(\dfrac{3}{2}x^2-3x\right)e^{-x}$；

(2) $y=C_1 e^{-x}+C_2 e^{-4x}+\dfrac{11}{8}-\dfrac{x}{2}$；

(3) $y=C_1+C_2 e^{-x}+e^x\left(x^2-3x+\dfrac{7}{2}\right)$；

(4) $y=e^{3x}(C_1+C_2 x)+\dfrac{1}{2}x^2 e^{3x}$；

(5) $y=C_1\cos 2x+C_2\sin 2x-\dfrac{1}{2}x\cos 2x$；

(6) $y=C_1 e^{-x}+C_2 e^{-2x}+\dfrac{1}{2}e^{-x}(\sin x-\cos x)$；

(7) $y=C_1+C_2 e^{-2x}+\dfrac{x}{4}+\dfrac{1}{16}(\cos 2x-\sin 2x)$；

(8) $y=(C_1+C_2 x)e^{2x}+2x^2+4x+3+4x^2 e^{2x}$.

27. (1) $y=-5e^x+\dfrac{7}{2}e^{2x}+\dfrac{5}{2}$；

(2) $y=e^x-e^{-x}+e^x(x^2-x)$；

(3) $y=3e^{-2x}\sin 5x$；

(4) $y=\cos x+\left(\dfrac{x}{4}+1\right)\sin x$.

28. $y=\begin{cases}(C_1+C_2 x)e^{-2x}+\dfrac{1}{(a+2)^2}e^{ax}, & a\neq-2, \\ (C_1+C_2 x)e^{-2x}+\dfrac{1}{2}x^2 e^{-2x}, & a=-2.\end{cases}$

29. $f(x)=\dfrac{1}{2}\sin x+\dfrac{x}{2}\cos x$.

$\dfrac{1}{1-2y}-2.$

31. $y^2+2x^2-1=0$.

32. $y=-6x^2+17.$

$+5x+1.$

33. $y = C\sqrt{x}$.

34. $v = \dfrac{k_1}{k_2}\left(t - \dfrac{m}{k_2} + \dfrac{m}{k_2}e^{-\frac{k_2}{m}t}\right)$.

35. $s = \dfrac{m^2 g}{k^2}\left(e^{-\frac{k}{m}t} + \dfrac{k}{m}t - 1\right)$.

36. $x(t) = a\cos\sqrt{\dfrac{g}{a}}\,t$.

37. $s(t) = \dfrac{3}{2}\left(e^{\sqrt{\frac{g}{6}}\,t} + e^{-\sqrt{\frac{g}{6}}\,t}\right)$.

38. $u_C = E\left(1 - e^{-\frac{t}{RC}}\right)$.

39. $s(t) = \dfrac{1}{2}(\sin\alpha - \mu\cos\alpha)gt^2 + v_0 t$.

40. (1) $x = \cos 2t - \cos 3t,\ x_{\max} = 2$;

　　(2) $x = \cos 2t - \cos 3t + 2\sin 3t$.

41. (1) $p(t) = \dfrac{m}{k} + \left(p_0 - \dfrac{m}{k}\right)e^{kt}$;

　　(2) $m < kp_0$;

　　(3) $m = kp_0,\ m > kp_0$.